MANUAL DE VITICULTURA

G512m Giovannini, Eduardo.
　　　　　Manual de viticultura / Eduardo Giovannini. – Porto Alegre : Bookman, 2014.
　　　　　x, 253 p. : il. ; 25 cm.

　　　　　ISBN 978-85-8260-133-4

　　　　　1. Viticultura. I. Título.

　　　　　　　　　　　　　　　　　　　　　　　CDU 634.8

Catalogação na publicação: Ana Paula M. Magnus – CRB 10/2052

EDUARDO GIOVANNINI

MANUAL DE VITICULTURA

2014

©Bookman Companhia Editora, 2014

Gerente editorial: *Arysinha Jacques Affonso*

Colaboraram nesta edição:

Editora: *Maria Eduarda Fett Tabajara*

Processamento pedagógico: *Aline Juchem*

Leitura final: *Susana de Azeredo Gonçalves*

Capa e projeto gráfico: *Paola Manica*

Ilustrações: *Maria Vitória Teixeira Giovannini*

Fotografias: *Gilmar Barcelos Kuhn, pesquisador aposentado da Embrapa Uva e Vinho (Figs. 3.5 e 3.6)*
Marcus André Kurtz Almança, professor da área de Fitopatologia do IFRS/Câmpus Bento Gonçalves (Figs. 3.1, 3.2, 3.3 e 3.4)

Editoração: *Techbooks*

Reservados todos os direitos de publicação, em língua portuguesa, à
BOOKMAN EDITORA LTDA., uma empresa do GRUPO A EDUCAÇÃO S.A.
A série TEKNE engloba publicações voltadas à educação profissional, técnica e tecnológica.

Av. Jerônimo de Ornelas, 670 – Santana
90040-340 – Porto Alegre – RS
Fone: (51) 3027-7000   Fax: (51) 3027-7070

É proibida a duplicação ou reprodução deste volume, no todo ou em parte, sob quaisquer formas ou por quaisquer meios (eletrônico, mecânico, gravação, fotocópia, distribuição na Web e outros), sem permissão expressa da Editora.

Unidade São Paulo
Av. Embaixador Macedo Soares, 10.735 – Pavilhão 5 – Cond. Espace Center
Vila Anastácio – 05095-035 – São Paulo – SP
Fone: (11) 3665-1100   Fax: (11) 3667-1333

SAC 0800 703-3444 – www.grupoa.com.br

IMPRESSO NO BRASIL
PRINTED IN BRAZIL

Autor

Eduardo Giovannini é engenheiro-agrônomo, mestre em Fitotecnia e doutor em Recursos Hídricos e Saneamento Ambiental pela Universidade Federal do Rio Grande do Sul. Atua na área de viticultura desde 1984 como viveirista, professor, pesquisador e produtor. Publicou quatro livros e diversos artigos científicos e técnicos sobre o tema.

Trabalhou na Cooperativa Vinícola Aurora, na Vinícola Almadén e prestou assistência técnica a vários empreendimentos vitícolas no país. Atualmente é professor no Instituto Federal de Educação, Ciência e Tecnologia do Rio Grande do Sul (IFRS), tendo feito parte da equipe que implantou o Curso Superior de Tecnologia em Viticultura e Enologia do Câmpus Bento Gonçalves desse Instituto. Além das atividades de ensino, dedica-se à produção de uvas e vinhos finos, em empreendimento que desenvolve com sua família.

Apresentação

O Instituto Federal de Educação, Ciência e Tecnologia do Rio Grande do Sul (IFRS), em parceria com as editoras do Grupo A Educação, apresenta mais um livro especialmente desenvolvido para atender aos **eixos tecnológicos definidos pelo Ministério da Educação**, os quais estruturam a educação profissional técnica e tecnológica no Brasil.

A **Série Tekne**, projeto do Grupo A para esses segmentos de ensino, se inscreve em um cenário privilegiado, no qual as políticas nacionais para a educação profissional técnica e tecnológica estão sendo valorizadas, tendo em vista a ênfase na educação científica e humanística articulada às situações concretas das novas expressões produtivas locais e regionais, as quais demandam a criação de novos espaços e ferramentas culturais, sociais e educacionais.

O Grupo A, assim, articula sua experiência e seu amplo reconhecimento no mercado editorial à qualidade de ensino, pesquisa e extensão de uma instituição pública federal voltada ao desenvolvimento da ciência, inovação, tecnologia e cultura. O conjunto de obras que compõe a coleção produzida em **parceria com o IFRS** se constitui em uma proposta de apoio educacional que busca ir além da compreensão da educação profissional e tecnológica como instrumentalizadora de pessoas para ocupações determinadas pelo mercado. O fundamento que permeia a construção de cada livro tem como princípio a noção de uma educação científica, investigativa e analítica, contextualizada em situações reais do mundo do trabalho.

Cada obra desta coleção apresenta capítulos desenvolvidos por professores e pesquisadores do IFRS, cujo conhecimento científico e experiência docente vêm contribuir para uma formação profissional mais abrangente e flexível. Os resultados desse trabalho representam, portanto, um valioso apoio didático para os docentes da educação técnica e tecnológica, uma vez que a coleção foi construída com base em **linguagem pedagógica e projeto gráfico inovadores**. Por sua vez, os estudantes terão a oportunidade de interagir de forma dinâmica com textos que possibilitarão a compreensão teórico-científica e sua relação com a prática laboral.

Por fim, destacamos que a Série Tekne representa uma nova possibilidade de sistematização e produção do conhecimento nos espaços educativos, que contribuirá de forma decisiva para a supressão da lacuna do campo editorial na área específica da educação profissional técnica e tecnológica. Trata-se, portanto, do começo de um caminho percorrido que pretende contribuir para a criação de infinitas possibilidades de formação profissional crítica com vistas aos avanços necessários às relações educacionais e de trabalho.

Clarice Monteiro Escott

Maria Cristina Caminha de Castilhos França

Coordenadoras da coleção Tekne/IFRS

Sumário

capítulo 1
Videira 1
Introdução 2
Botânica da videira 2
    Origem das espécies dos gêneros *Vitis* e *Muscadinia* 2
    Centros de dispersão, espécies, características e utilização 4
Anatomia e morfologia 8
    Partes da videira 8
Fisiologia 14
    Regulação fito-hormonal 14
    Fotossíntese 16
    Respiração 22
    Gutação 22
    Exsudação 22
    Transpiração 23
    Absorção de água 23
    Absorção e translocação de minerais 24
Nutrientes essenciais e suas funções 24
    Nitrogênio 25
    Fósforo 26
    Potássio 27
    Cálcio 28
    Magnésio 29
    Enxofre 29
    Boro 29
    Cobre 30
    Cloro 31
    Ferro 31
    Manganês 31
    Molibdênio 32
    Sódio 32
    Zinco 32
Crescimento e ciclo anual 33
    Formação de gemas frutíferas 34
    Formação de cachos e flores 36
    Polinização 36
    Fixação de frutos 37
    Formação de frutos e maturação 37
    Açúcares 40
    Pectinas 42
    Ácidos orgânicos 42
    Ácidos graxos 44
    Potencial hidrogeniônico 44
    Compostos fenólicos 45
    Compostos nitrogenados 47
    Compostos minerais 47
    Vitaminas 47
    Cor 48
    Sabor 48
    Aroma 49
Ecologia 50
    Limites geográficos da viticultura no mundo 50
    Latitude 50
    Altitude 51
    Relevo e exposição 51
    Florestas 52
    Massa de água e continentalidade 53
    Clima 53
    Temperatura 53
    Luminosidade 54
    Pluviosidade 54
    Vento 54
    Umidade relativa do ar 55

Granizo 55
Geada 55
Solo 56

capítulo 2
Implantação do vinhedo na produção de uvas **59**

Introdução 60
Planejamento prévio 60
    Considerações econômicas 60
    Etapas do planejamento de vinhedo comercial 61
Escolha do local 61
    Clima 61
Escolha das cultivares 68
    Porta-enxertos para a viticultura do Brasil ... 69
    Cultivares de uvas americanas e híbridas para vinho comum ou suco 79
    Cultivares de uvas viníferas para vinhos finos 90
    Cultivares de uva de mesa 110
Instalação do vinhedo 116
    Preparo do solo 116
    Demarcação do vinhedo 118
    Plantio 119
    Tratos culturais durante o primeiro ano 120
    Tratos culturais durante o segundo ano 122
    Coeficientes técnicos para implantação de vinhedos 122
Produção de mudas por enxertia 125
    Enxertia de campo 125
Adubação e nutrição 127
    Prática de adubação da videira 127
    Avaliação do estado nutricional 131

capítulo 3
Medidas de prevenção no vinhedo para a produção de uvas **141**

Introdução 142
Moléstias 142
    Moléstias fúngicas 144

Utilização de fungicidas no controle de moléstias 163
    Moléstias virais 164
    Controle de moléstias virais 168
    Moléstias bacterianas 169
Distúrbios fisiológicos e acidentes meteorológicos 170
    Distúrbios fisiológicos 170
    Acidentes meteorológicos 173
Pragas 176
    Mamíferos 176
    Aves 176
    Nematoides 177
    Ácaros 177
    Insetos 179

capítulo 4
Manejo da videira **187**

Sistemas de condução 188
    Dossel vegetativo 188
    Brotos e frutos 190
    Microclima do dossel 190
Escolha do sistema de condução 191
    Latada 192
    Espaldeira 193
Poda 194
    Propósitos da poda 195
    Princípios da poda 195
    Elementos da poda 197
    Tipos de poda 197
    Modalidades de poda 202
Práticas de manejo da videira 211
    Práticas de manejo por meios mecânicos .. 211
    Reguladores de crescimento ou fito-hormônios 214
Manejo do solo 220
    Objetivos de manejo do solo 220
    Sistemas e práticas de manejo do solo 221
Maturação e colheita 225
    Estimativa de maturação da uva 225

» capítulo 1

Videira

Neste capítulo, discutimos todos os aspectos relacionados à vida da videira, como sua estrutura, suas formas e funções, e seus processos fisiológicos, bem como a inter-relação entre eles. Discutimos também quais são as condições ideais para o desenvolvimento e a produção da videira, e as condições ambientais favoráveis à viticultura.

Objetivos deste capítulo

» Conhecer as espécies da videira, suas características principais, sua utilização e seus centros de dispersão.

» Identificar a anatomia e a morfologia da videira, ou seja, suas partes e funções.

» Examinar os processos fisiológicos da videira e analisar a inter-relação entre eles.

» Diferenciar a função e o nível de absorção dos nutrientes essenciais para o desenvolvimento e a produção da videira.

» Avaliar as condições ambientais adequadas à viticultura.

>> Introdução

>> **DEFINIÇÃO**
Quando é destinada à preparação de vinhos, usamos a designação **vitivinicultura**, que significa cultura de vinhas e elaboração de vinho.

A **videira**, também conhecida como parreira ou vinha, é a planta que produz uva. De origem latina, a palavra viticultura significa *vit(i)+cultura*, ou seja, cultura ou cultivo de vinhas. **Viticultura** é, portanto, a ciência que estuda a produção da uva, que pode ser destinada para:

- O consumo *in natura*
- A elaboração de vinhos e seus derivados
- A produção de passas

>> Botânica da videira

>> **DEFINIÇÃO**
Botânica é a ciência que estuda a vida dos vegetais, a descrição de suas características (anatômicas, morfológicas, fisiológicas, distribuição geográfica, etc.) e sua classificação.

>> Origem das espécies dos gêneros *Vitis* e *Muscadinia*

O centro de origem paleontológico das videiras atuais é a Groenlândia. Lá se encontram os fósseis mais antigos de suas ancestrais. Há 300 mil anos, durante a Era Cenozoica, no Período Terciário, surgiu a primeira espécie de videira. No final do Período Quaternário, devido à grande glaciação, essa espécie se extinguiu naquele local.

De lá, a videira se dispersou em duas direções: américo-asiática e euro-asiática. A presença milenar da videira na Terra possibilitou grande variabilidade de espécies, adaptadas às diversas situações de clima e solo, e resistentes a pragas e moléstias.

Classificação botânica
Veja a seguir (Quadro 1.1) a classificação botânica das videiras.

A família ***Vitaceae*** é constituída por onze gêneros vivos e dois gêneros fósseis. Abrange aproximadamente 600 espécies dispersas em regiões tropicais, subtropicais e temperadas. Inclui alguns gêneros com utilização ornamental

>> **NO SITE**
Para saber mais sobre a Era Cenozoica, acesse o ambiente virtual de aprendizagem:
www.bookman.com.br/tekne.

Quadro 1.1 » Classificação botânica	
Grupo	• Cormófitas (planta com raiz, talo, folha e autotróficas)
Divisão	• *Spermatophyta* (planta com flor e semente)
Subdivisão	• Angiosperma (planta com semente dentro do fruto)
Classe	• *Dicotyledoneae* (plantas com dois cotilédones, que dão origem às primeiras folhas)
Ordem	• *Rhamnales* (plantas lenhosas com um só ciclo de estames situados dentro das pétalas)
Família	• *Vitaceae* ou *Ampelidaceae* (plantas com corola de pétalas soldadas na parte superior e de prefloração valvar, com cálice pouco desenvolvido, gineceu bicarpelar, bilocular, fruto tipo baga)
Gêneros	• *Vitis* (2n = 38) e *Muscadinia* (2n = 40) (flores exclusivamente dioicas nas espécies silvestres e hermafroditas ou unissexuais nas cultivadas)

(*Ampelopsis* Michaux, *Cissus* L. e *Parthenocissus* Planchon), porém apenas os gêneros *Vitis* L. e *Muscadinia* (Planch.) Small têm importância econômica e alimentar.

As plantas da família *Vitaceae* são lianas (tipo cipós ou trepadeiras) ou, raramente, ervas não escandentes ou arvoretas, em geral com gavinhas opostas às folhas (apresentando inflorescências modificadas). Possuem folhas alternas, simples ou compostas, frequentemente palminérveas e com estípulas, e inflorescência cimosa ou paniculada, terminal, axilar ou oposta às folhas.

As flores geralmente são pouco vistosas, bissexuadas ou unissexuadas, actinomorfas, diclamídeas. O cálice é, geralmente muito reduzido, tetra ou pentâmero, gamossépalo, prefloração valvar ou aberta. A corola, tetra ou pentâmera, é dialipétala ou gamopétala (formando uma caliptra em *Vitis*), prefloração valvar.

Os estames, em número igual ao das pétalas, são anteras racimosas, disco nectarífero ou glândulas nectaríferas isoladas presentes. Já o ovário é súpero, bilocular, placentação axial, dois óvulos por lóculo. Seu fruto é a baga.

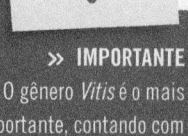

> » IMPORTANTE
> O gênero *Vitis* é o mais importante, contando com 46 espécies; o *Muscadinia* apresenta três espécies. No Brasil, há somente o gênero *Cissus*, com cerca de 50 espécies.

>> Centros de dispersão, espécies, características e utilização

A partir da origem na Groenlândia, as espécies ancestrais colonizaram novas áreas e foram diferenciando-se em novas espécies. Hoje, considera-se a existência de três centros de dispersão da videira:

- Eurásia
- Ásia
- América

Eurásia

A Eurásia é uma região de clima temperado árido, com verão quente e seco e inverno frio e úmido. É o centro onde surgiu a espécie mais cultivada no mundo.

Vitis vinifera L.

A espécie *Vitis Vinifera L.*, surgida há aproximadamente 300 mil anos no Cáucaso, difundiu-se pela Ásia Menor, Oriente Médio e costas do Mediterrâneo. Posteriormente, com a descoberta de novos continentes, foi levada às Américas e à Oceania. É a principal espécie para a elaboração de vinhos e seus derivados, para consumo *in natura* e para a produção de passas.

Destaca-se pela qualidade de seus frutos e pela fineza dos seus vinhos. Seu cultivo é limitado, pois apresenta sensibilidade às moléstias fúngicas que elevam os custos de produção, como míldio (*Plasmopora viticola* (Berk. & Curtis) Berlese & De Toni) e oídio (*Uncinula necator* (Schw.) Burill).

Essa espécie enraíza com facilidade, porém é sensível à filoxera, devendo ser propagada por enxertia. Pelas suas qualidades, é amplamente utilizada em trabalhos de melhoramento genético.

>> **IMPORTANTE**
No Brasil, algumas cultivares da *Vitis Vinifera L.* apresentam sensibilidade à podridão cinzenta da uva (*Botrytis cinerea* Pers.) e à antracnose (*Elsinoë ampelina* [De Bary] Shear), o que aumenta as dificuldades no seu cultivo.

Ásia

A Ásia é uma região de clima temperado úmido, com verão quente e úmido e inverno frio e úmido. Nessa região, que inclui Sibéria, China, Japão, Java e Coreia, existem cerca de 15 espécies. Em geral, são pouco conhecidas e raramente utilizadas.

Vitis amurensis Ruprecht

A espécie *Vitis amurensis* Ruprecht é a mais setentrional das asiáticas, sendo encontrada na Rússia, China, Coreia, Japão e Mongólia. Produz cachos e bagas pequenos, de suco intensamente colorido e sabor marcante, porém agradável. É pouco sensível ao míldio e altamente sensível à filoxera. É de alto vigor. Apresenta grande dificuldade de enraizamento. Tem interesse para o melhoramento genético por sua elevada resistência ao frio (suporta até −40°C).

Américas Central e do Norte

Cerca de 30 espécies de *Vitis* são nativas desde o Canadá até a América Central, distinguindo-se três regiões climáticas:

- Clima temperado árido (Califórnia)
- Clima temperado úmido (Canadá, Nova York, centro-leste dos Estados Unidos)
- Clima tropical úmido (Flórida, México e América Central)

Esse centro de origem é de grande importância pela sua riqueza de espécies e por utilizá-las tanto para a produção de uvas e derivados quanto para fornecer genes para os programas de melhoramento.

Vitis aestivalis Michaux

A espécie *Vitis aestivalis* Michaux ocorre no centro e leste dos Estados Unidos. É de difícil enraizamento e apresenta moderada resistência à filoxera. Possui elevada resistência ao míldio e média, ao oídio. Resiste às secas e é sensível a solos alcalinos. É extremamente vigorosa. Por essas características foi muito usada em hibridações.

Vitis berlandieri Planchon

A espécie *Vitis berlandieri* Planchon vegeta espontaneamente nos solos calcários do Texas e nordeste do México. Tem alta resistência ao míldio e ao oídio. Sua capacidade de emissão de raízes é praticamente nula. É planta de ciclo vegetativo muito longo. É sensível ao frio. Apresenta elevada resistência à filoxera e a solos calcários, motivos pelos quais foi muito utilizada em cruzamentos para obtenção de porta-enxertos.

Vitis bourquina Munson

A espécie *Vitis bourquina* Munson é nativa dos Estados da Carolina do Sul e Geórgia. Enraíza bem e tolera a filoxera, porém sua principal **cultivar**, a Herbemont, apresenta extrema sensibilidade à fusariose (*Fusarium oxysporum* f.sp. *herbemontis* Gordon). Resiste bem ao oídio, sendo sensível ao míldio, à antracnose e à podridão.

>> **DEFINIÇÃO**
O termo **cultivar** vem do inglês *cultivated variety* e significa variedade cultivada.

Vitis caribeae De Candolle

A espécie *Vitis caribeae* De Candolle é tropical, ocorrendo nas Antilhas, centro-sul da Flórida, costa leste do México e outras regiões tropicais da América. É empregada nos programas de melhoramento para a criação de porta-enxertos para climas quentes.

Vitis champinii Planchon

A espécie *Vitis champinii* Planchon é nativa das regiões de solos calcários do centro-sul do Texas. É altamente resistente aos nematoides, sendo utilizada nos programas de melhoramento genético para agregar essas características.

Vitis cinerea Engelmann

A espécie *Vitis cinerea* Engelmann é originária das margens de rios e das baixadas úmidas da região central dos Estados Unidos. Tem média resistência à filoxera e boa resistência às moléstias fúngicas, especialmente ao míldio. É utilizada em hibridações para formação de híbridos produtores diretos e de porta-enxertos.

Vitis labrusca L.

A espécie *Vitis labrusca* L. ocorre desde o sudeste do Canadá até a Carolina do Sul, na costa leste dos Estados Unidos. É a espécie americana há mais tempo conhecida, produzindo uvas com sabor característico, dito "foxado" ou "aframboesado". Apresenta facilidade de enraizamento e resiste à filoxera nas condições do sul do Brasil. Tem alta resistência ao oídio e à podridão cinzenta, sendo moderadamente resistente ao míldio. É sensível à antracnose e aos solos calcários. As populações selvagens são dioicas (existem plantas machos e plantas fêmeas) e os vinhedos da costa atlântica americana são, em realidade, feitos de híbridos naturais (com *V.vinifera*) de flores hermafroditas. Produz suco de uva de boa qualidade.

Vitis lincecumii Buckley

A espécie *Vitis lincecumii* Buckley é originária das regiões quentes e secas dos Estados do Texas, Missouri e Luisiana, habitando as florestas de carvalho. É suscetível ao míldio, tem pouca resistência à filoxera e tolera bem as secas. É muito utilizada em trabalhos de melhoramento devido ao tamanho grande de seus cachos.

Vitis riparia Michaux

A espécie *Vitis riparia* Michaux é nativa do sudeste do Canadá e costa leste dos Estados Unidos até a Virgínia, ocorrendo nos terrenos frescos e úmidos. É muito resistente à filoxera, ao míldio e ao oídio, apresentado fácil enraizamento. É a espécie americana mais tolerante ao frio, resistindo a $-30°C$. Seu ciclo vegetativo é curto. Adapta-se a solos férteis, profundos e pouco calcários, e não tolera as secas. Foi muito utilizada em hibridações para obtenção de porta-enxertos.

Vitis rupestris Scheele

A espécie *Vitis rupestris* Scheele é nativa do sul dos Estados Unidos, ocorrendo em solos pedregosos do sudoeste da bacia do Rio Mississipi. É resistente à filoxera, ao míldio, à antracnose e ao oídio. Adapta-se a solos ricos e profundos, sendo sensível à seca. É planta de ciclo vegetativo muito longo. Apresenta facilidade de enraizamento. Foi muito utilizada em hibridações para a obtenção de porta-enxertos.

Outras espécies

Outras espécies são utilizadas para finalidades distintas nos trabalhos de melhoramento genético. Para adaptação a climas tropicais existem:

- *Vitis rufotomentosa* Small
- *Vitis gigas* Fennell
- *Vitis shuttleworthii* House

Para resistência a nematoides, utiliza-se *Vitis doaniana* Munson. Há duas espécies importântes do gênero *Muscadinia*: a *Muscadinia munsoniana* Simpson e a *Muscadinia rotundifolia* Michaux (Quadro 1.2).

Além de diferenças cromossômicas, existem características morfológicas e anatômicas importantes entre os gêneros *Vitis* e *Muscadinia*. Por exemplo, nos ramos de *Vitis*, há diafragmas interrompendo a medula em cada nó, o que não ocorre em *Muscadinia*, que tem medula contínua. A casca das videiras é estriada, exceto em *Muscadinia*, que apresenta lenticelas sobre a casca lisa.

Quadro 1.2 » Espécies do gênero *Muscadinia*

***Muscadinia munsoniana* Simpson**	• Tem como *habitat* o sul da Flórida. • Apresenta absoluta resistência à filoxera e às moléstias fúngicas, por isso sendo empregada nos programas de melhoramento genético. • Planta de pouco vigor, produtora de cachos com poucas uvas, pequenas, pretas com a polpa ácida. • Frutifica continuamente.
***Muscadinia rotundifolia* Michaux**	• Ocorre desde a Virgínia até a Flórida, nos bosques úmidos, em solos não calcários. • É altamente resistente às moléstias fúngicas (porém é um pouco sensível ao oídio), aos nematoides e à filoxera. • Sua resistência ao frio é similar à da *V.vinifera*. • Seu enraizamento só é possível em condições controladas. • Adapta-se a condições de clima subtropical e tropical com vegetação e produção contínuas. • Suas bagas são de médias a grandes, de maturação irregular, com forte aroma e sabor. Podem ser agradáveis, conforme a cultivar. • Os teores de açúcares são baixos. • É usada para a produção de geleias e sucos. • Tem apresentado resultados promissores quanto à resistência à fusariose e à pérola-da-terra. • Devido às diferenças de número cromossômico, é de difícil hibridação e incompatível à enxertia com espécies do gênero *Vitis*.

>> Anatomia e morfologia

Em botânica, a **anatomia** e a **morfologia** dizem respeito ao estudo da estrutura e das formas de um ser vivo vegetal – no caso, a videira –, seja da totalidade de seu corpo organizado ou de suas partes.

>> Partes da videira

A videira é composta de várias partes que cumprem cada qual uma ou mais funções, conforme mostra a Figura 1.1.

Raízes

As raízes constituem a parte subterrânea da videira. Elas fixam a planta ao solo, tendo também a função de retirar água e nutrientes deste para a nutrição da planta. Quando originada de semente, há uma raiz principal que se aprofunda no solo, ramificando-se em raízes secundárias, terciárias e assim por diante.

> **DICA**
> O sistema radical da videira, se bem desenvolvido, pode representar um terço do peso seco total da planta.

Quando originária de uma estaca, possui diversas raízes mestras que partem de um ou mais pontos de inserção (nós), não havendo, portanto, raiz principal. Essas raízes ramificam-se várias vezes, tornando-se lenhosas rapidamente. Em geral, suas extremidades mais jovens, ainda não ramificadas, mantêm sua cor de origem, branco-amarelado. A raiz divide-se em quatro zonas, conforme o Quadro 1.3.

O ângulo formado pela direção da raiz, em relação ao tronco com a vertical, é chamado de **ângulo geotrópico**. Esse valor é característica genética da cultivar, porém é muito influenciado pelo regime de chuvas, pela textura e pelo manejo de solo empregado. Porta-enxertos com ângulo geotrópico aberto (descendentes de *V.riparia*) são mais sensíveis à seca do que os de ângulo mais fechado (descendentes de *V.rupestris*).

> **DEFINIÇÃO**
> **Simbiose** significa viver junto. É uma associação entre duas espécies na qual há benefícios para ambas.

Em condições favoráveis, as raízes da videira podem penetrar 20 m. Entretanto, a maioria delas se encontra nos primeiros 50 cm do solo. Para aumentar sua superfície de absorção de água e minerais, as radicelas da videira desenvolvem associação simbiótica com endomicorrizas. Esses fungos melhoram, sobretudo, a absorção de fosfato e, em alguns casos, micronutrientes. Em troca, a videira lhes fornece glicídios.

Quando tal **simbiose** está bem estabelecida, torna-se desnecessário o fornecimento de adubo fosfatado. Ao final do ciclo vegetativo, antes da queda das folhas, as raízes acumulam amido, formado a partir das substâncias enviadas da parte aérea. Esse amido faz que as raízes emitam novas radicelas, responsáveis pela nutrição da videira na primavera seguinte.

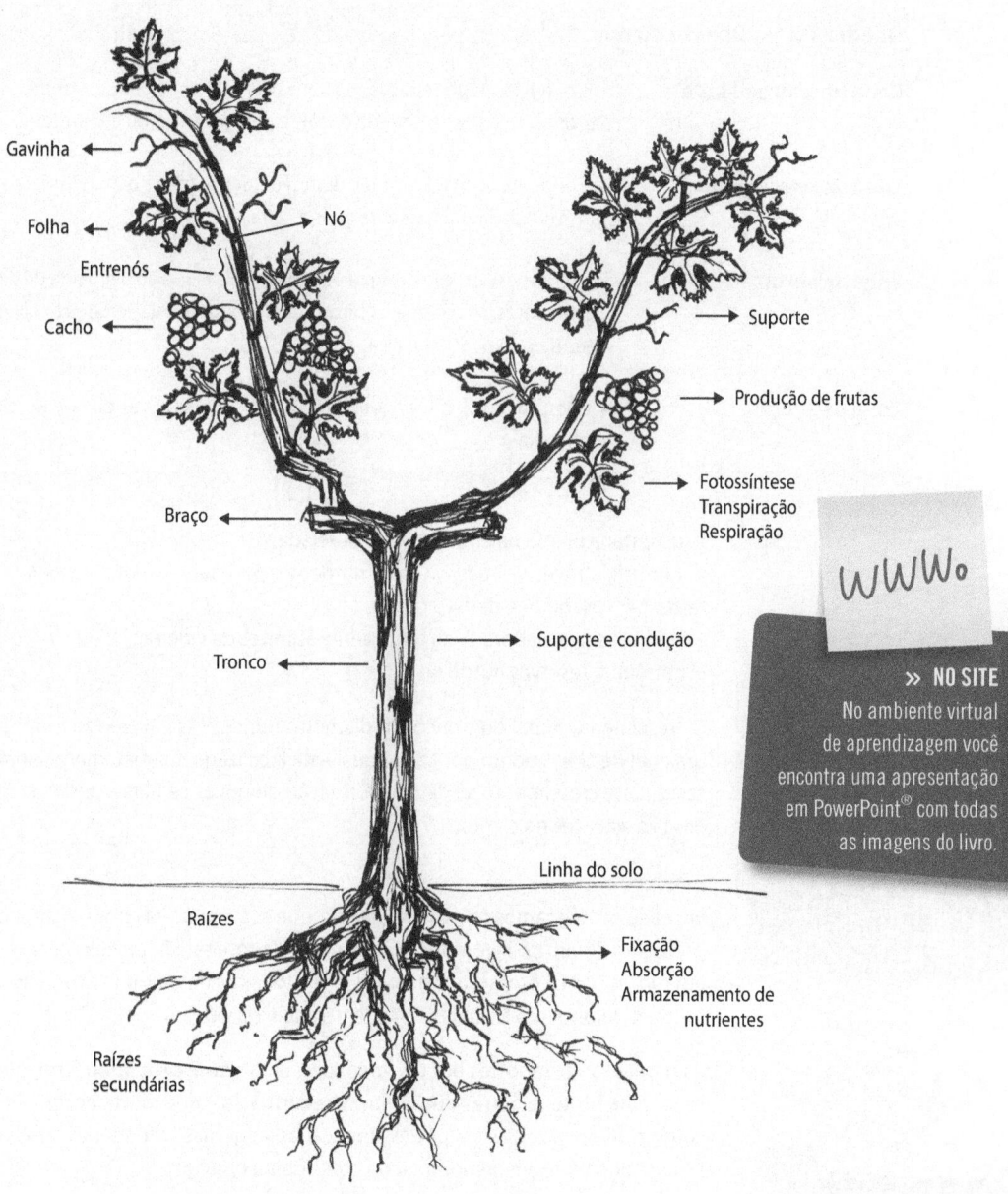

Figura 1.1 Partes da videira e suas funções.

Tronco

O tronco, também chamado de **caule** ou **cepa**, é o sustentáculo dos ramos, folhas, flores e frutos. É responsável pela sustentação da planta e conecta o sistema de raízes à parte aérea. Suas funções são:

Quadro 1.3 » Divisão da raiz

Coifa (ou extremidade)	• É a região de penetração, responsável pela abertura de caminho nos poros do solo para a entrada da raiz e pela proteção do conjunto.
Zona de crescimento	• É onde há formação de tecido novo que promove o alongamento da raiz. Situada imediatamente após a coifa.
Zona de absorção	• É onde há absorção de água e nutrientes. Esta região é provida de pelos absorventes, sendo que os mesmos não existem ou são raros em condições de solo neutro ou alcalino.
Zona de ligação	• É aquela região que conduz as seivas das partes ativas da raiz ao coleto ou nó vital.

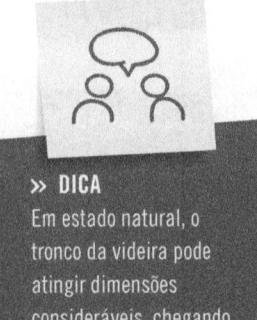

» **DICA**
Em estado natural, o tronco da videira pode atingir dimensões consideráveis, chegando a 25 m de comprimento e 0,3 m de diâmetro.

- sustentar a planta na altura do solo desejada;
- conduzir, através de seus vasos, os nutrientes minerais e a água absorvida pelas raízes para as folhas e demais partes;
- conduzir seiva elaborada da parte aérea às raízes da videira;
- armazenar reservas nutritivas.

O crescimento anual do tronco em diâmetro nunca cessa, havendo formação de um anel de crescimento por ano, o qual está localizado imediatamente abaixo da casca. Esse crescimento se dá pela formação de novas células a partir da divisão das já existentes no câmbio.

Gemas

Em cada nó dos ramos formam-se gemas, que são recobertas por escamas que as protegem durante o inverno. Passado esse período, e satisfeitas suas necessidades em frio, iniciam a brotação, dando origem a todas as demais partes aéreas que se formam durante um ciclo de crescimento anual da videira.

As gemas são compostas por três unidades: uma **gema principal**, fértil, que normalmente brota, e outras duas **gemas secundárias**, que permanecem latentes, conforme Figura 1.2. Nas espécies americanas, as gemas secundárias também são férteis, ainda que em menor grau do que a gema principal.

Ramos e brotos

Também denominados **sarmentos**, os ramos e brotos são formados por nós e entrenós (meritalos), conforme a Figura 1.3.

O comprimento dos ramos e brotos, ou sarmentos, varia com a cultivar, com o estado sanitário e com o vigor da planta. Normalmente, os entrenós são mais curtos na base dos sarmentos. Dos nós partem as folhas, gavinhas e inflorescências.

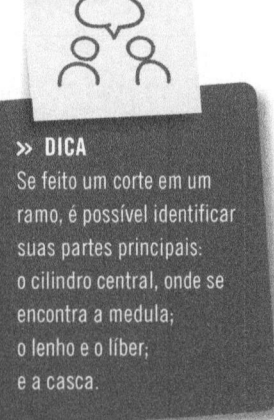

» **DICA**
Se feito um corte em um ramo, é possível identificar suas partes principais:
o cilindro central, onde se encontra a medula;
o lenho e o líber;
e a casca.

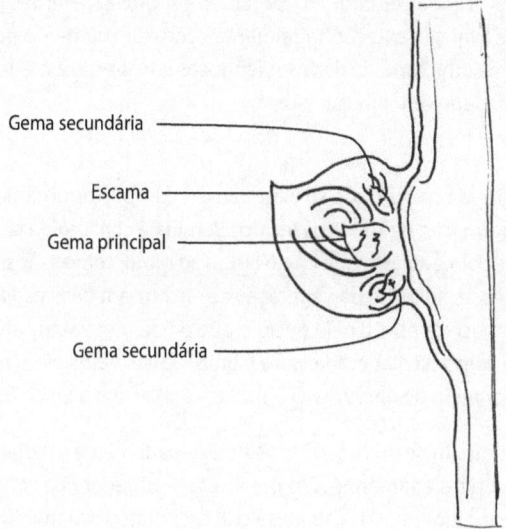

Figura 1.2 Corte esquemático da gema da videira.

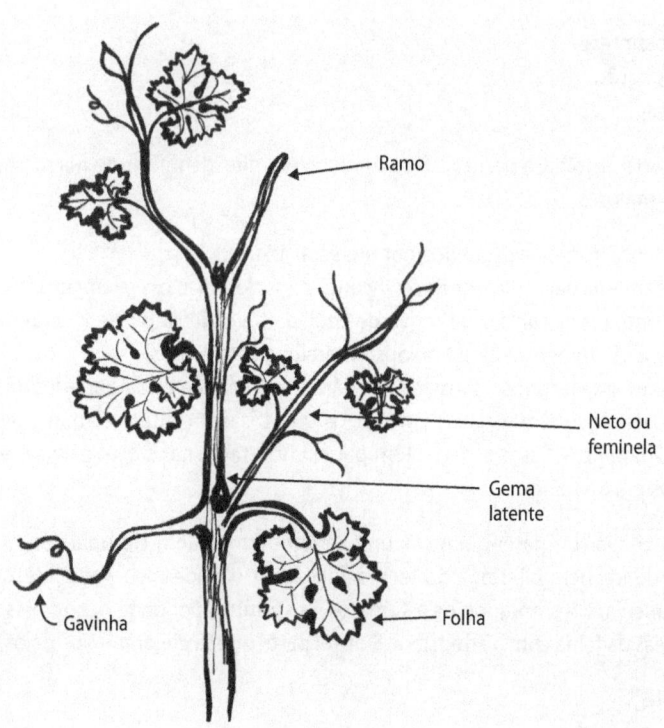

Figura 1.3 Partes dos ramos e brotos da videira.

No início do ciclo de crescimento, os ramos e brotos são herbáceos, lignificando à medida que avança a estação. Igualmente ocorre um aumento de diâmetro, pois o câmbio forma uma camada de vasos lenhosos em direção à medula e uma camada de vasos liberianos em direção à casca.

Folhas

As folhas são os órgãos onde se elaboram os compostos orgânicos que serão utilizados na formação de todos os tecidos. A folha é constituída pelo **pecíolo** e pelo **limbo**. O pecíolo é a parte que une o limbo ao ramo, como se fosse um cordão rígido. Na sua base, no início da vegetação se encontram duas estípulas que desaparecem em pouco tempo. É pelo pecíolo que passam os vasos condutores, tanto da seiva bruta como da elaborada, para o limbo foliar, vasos estes que se prolongam no limbo por meio de nervuras. O limbo é a parte funcional da folha.

As folhas originam-se nos nós, dispostas alternadamente e variando de forma, cor, pilosidade, brilho e tamanho. Em geral, a face superior fica voltada em direção à luz e a face inferior em direção ao solo. A face superior é mais brilhante, e a inferior, sendo geralmente pubescente, é esbranquiçada. Nessa face, encontram-se os **estômatos**, variando entre 50 e 400/mm^2. Nas viníferas e na maioria dos porta-enxertos, o número médio de estômatos fica entre 125 e 250/mm^2, enquanto nas americanas em geral são mais de 300/mm^2. Os estômatos são os responsáveis pelas trocas gasosas com o meio, essenciais nos processos de:

- Fotossíntese
- Respiração
- Transpiração

Um corte na folha, a partir da face superior, permite identificar, ao microscópio, as estruturas de:

- Epiderme superior, protegida por uma cutícula.
- Parênquima paliçádico, onde se encontram os cloroplastos – elementos da célula que contêm a clorofila α de cor verde-azulada e a clorofila β de cor verde-amarelada – e os pigmentos carotenoides, amarelos e alaranjados.
- Parênquima lacunoso, formado por várias camadas de células arredondadas ou elipsoides, que têm espaços entre si, os quais fazem contato com as cavidades subestomáticas. Esses espaços têm papel importante nas trocas gasosas entre a atmosfera e a folha.

Essas células do parênquima lacumoso também contêm cloroplastos, mas em quantidade bem inferior à do tecido paliçádico, e epiderme inferior, desprovida de cutícula, apresentando os estômatos – estruturas por onde ocorrem as trocas gasosas da folha com a atmosfera. É nesta parte que se encontram os pelos.

Gavinhas

As gavinhas desenvolvem-se nos nós dos sarmentos, opostas às folhas. São inflorescências transformadas, estéreis, sendo que algumas formam pequenos cachos.

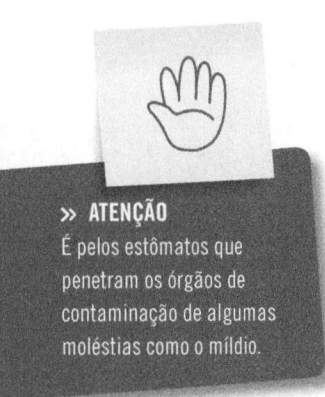

» **ATENÇÃO**
É pelos estômatos que penetram os órgãos de contaminação de algumas moléstias como o míldio.

Apresentam tigmotropismo, que é a capacidade de crescerem em curva ou enrolando-se por estímulo mecânico de contato. Têm, portanto, a função de sustentação.

Na espécie *V.labrusca*, as gavinhas são contínuas, ou seja, existem do segundo ao quinto nó. Na *V.vinifera*, elas são descontínuas – em geral, para cada dois nós com gavinha, há um sem. Normalmente, as gavinhas são bifurcadas ou trifurcadas, exceto em *Muscadinia rotundifolia*, em que são simples. Elas são os primeiros órgãos herbáceos que lignificam durante o ciclo de crescimento.

Flor e inflorescência

A coloração das flores é verde, sendo o cálice constituído por cinco sépalas rudimentares, soldadas entre si, e pela corola, com cinco pétalas soldadas entre si em posição alterna às sépalas e que formam um conjunto denominado **caliptra**. A parte masculina é composta pelos estames, que são em número de cinco, constituídos pelo filete que sustenta uma parte mais grossa dita antera, onde se forma o pólen. A parte feminina é composta pelo ovário, onde ficam os óvulos, e pelo prolongamento do mesmo, que se chama estilete, terminando pelo estigma, estrutura destinada a receber os grãos de pólen.

As flores se encontram agrupadas em inflorescências do tipo racimo, compostas pela ráquis e suas ramificações que terminam em pedicelos que sustentam as flores, conforme Figura 1.4.

Fruto e infrutescência

A infrutescência da videira é denominada **cacho**, sendo constituída pelo pedúnculo e suas ramificações (engaço), a ráquis, a qual termina em pedicelos onde se fixam os frutos denominados bagas. Do pedicelo há um prolongamento que penetra nos frutos, chamado de **pincel**, composto pelos vasos encarregados de conduzir os elementos nutricionais. Os cachos e as bagas podem ter diversas formas.

As bagas, estruturas bicarpelares, são compostas pela película, em cuja parte externa existe a pruína, cera que retém as leveduras e outros microrganismos. Em

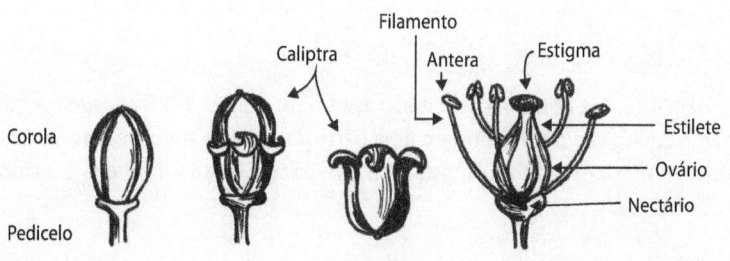

Figura 1.4   Inflorescência e flores da videira.

>> **CURIOSIDADE**
A flor da videira é, na maioria das cultivares, hermafrodita. Em algumas *M.rotundifolia*, existem somente flores femininas; nessa situação, há a necessidade de intercalar uma cultivar hermafrodita para que ocorra a polinização. Em alguns porta-enxertos, também pode ocorrer a formação de flores unicamente masculinas. Em determinadas *V.vinifera*, há flores completas que, no entanto, são funcionalmente femininas, pois produzem pólen não viável.

>> **DICA**
A ráquis representa de 2 a 6% do peso do cacho, sendo o restante composto pela baga. As sementes podem apresentar formas e tamanhos diversos, representando de 2 a 6% do peso total das bagas de uvas frescas e maduras.

> **ATENÇÃO**
> As condições ambientais afetam a composição das bagas. Cachos à sombra tendem a acumular mais cálcio e magnésio. Dosséis densos ou cachos sombreados produzem bagas maiores, diferenças que são atribuídas a modificações na atividade respiratória das bagas em condições de sombra.

sua parte interna, existem camadas de células que contêm os elementos corantes e aromáticos da uva. No interior da uva, estão as sementes, variando de 0 a 4 para a maioria das cultivares.

Em algumas *M.rotundifolia* pode haver até 10 sementes por fruto. O teor de óleo das graínhas (sementes de uva) pode variar de acordo com a cultivar, com o estado sanitário das sementes e com as ocorrências meteorológicas. Os valores observados em vários países do mundo indicam uma variação entre 8,5 e 22,5%.

>> Fisiologia

Em botânica, a **fisiologia** destina-se ao estudo das funções dos vegetais, neste caso, da videira, debruçando-se sobre os vários processos fundamentais que os envolvem, como:

- Regulação fito-hormonal
- Fotossíntese
- Respiração
- Gutação
- Exsudação
- Transpiração
- Absorção de água

>> Regulação fito-hormonal

À semelhança dos hormônios animais, os fito-hormônios são mensageiros químicos, os quais são produzidos em uma parte da planta e translocados a outras partes em que vão induzir respostas em um órgão. Eles são divididos em cinco grupos básicos:

- Auxinas
- Giberelinas
- Citocininas

- Ácido abscísico
- Etileno

Com exceção do etileno, que ocorre em forma gasosa, os demais podem estar em formas **livres** ou **combinadas**. Essas formas ocorrem em ligações com peptídeos e ésteres de glicosil. Os hormônios vegetais são produzidos pela própria planta, sendo as auxinas formadas nas extremidades dos brotos e no endosperma das graínhas, e as giberelinas, nos ápices das radículas. Veremos como ocorre cada um dos cinco grupos principais de fito-hormônios citados acima, além da cianamida hidrogenada.

Auxinas
As auxinas são formadas nos pontos de crescimento (extremidade de raízes e de brotos), em folhas jovens em desenvolvimento e nas sementes durante seu desenvolvimento. São transportadas no floema no sentido descendente da seiva. Suas principais funções são:

- Atrair açúcares e outros nutrientes de volta aos seus sítios de elaboração.
- Estimular o crescimento de células jovens.
- Inibir a abertura de gemas e a emissão de brotos abaixo dos sítios de sua produção. Esta é uma função que visa garantir a dominância apical e forçar a videira a emitir brotos sempre nas posições mais expostas ao Sol.

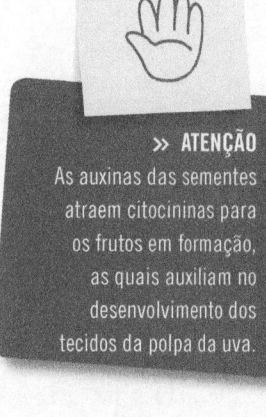

>> **ATENÇÃO**
As auxinas das sementes atraem citocininas para os frutos em formação, as quais auxiliam no desenvolvimento dos tecidos da polpa da uva.

Giberelinas
As giberelinas são formadas nos brotos novos, nas folhas jovens e provavelmente nas extremidades das raízes. Translocam-se tanto pelo floema como pelo xilema, movendo-se em todos os sentidos na videira. Suas principais funções são:

- Promover a elongação celular nos tecidos dos brotos e dos frutos.
- Suprimir a floração e a iniciação floral, reduzindo a fecundidade da planta.
- Atrair nutrientes que auxiliarão no crescimento do tecido em que ela se encontra.

Citocininas
As citocininas são formadas nas extremidades das raízes em crescimento e provavelmente nos embriões das sementes. Ascendem na seiva bruta através do xilema. Suas principais funções são promover a divisão celular em tecidos em diferenciação, bem como atrair açúcares e outros nutrientes para onde a citocinina esteja em maior concentração. Sua atividade é maior em condições de temperatura mais alta e é uma das responsáveis pela fecundidade das videiras.

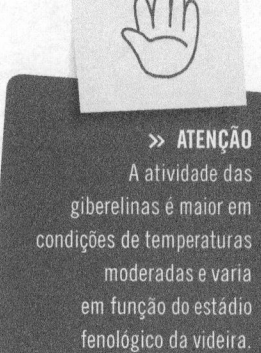

>> **ATENÇÃO**
A atividade das giberelinas é maior em condições de temperaturas moderadas e varia em função do estádio fenológico da videira.

Ácido Abscísico
O ácido abscísico (ABA) é o hormônio sinalizador de estresses nas videiras. É formado nas folhas adultas da videira e provavelmente nas raízes, em resposta a défice hídrico, calor, frio ou moléstias. À medida que a duração das horas de Sol diárias diminui, aumenta sua produção. É um fito-hormônio de reação aos demais (auxinas, giberelinas e citocininas). Sua principal função é induzir o fechamento dos estômatos em situações de estresse hídrico. Quando aumenta sua concen-

tração nos frutos em sintonia com a redução das auxinas, inicia-se o processo de maturação da uva.

Etileno

O etileno é um fito-hormônio que existe na forma gasosa, sendo empregado para a maturação de diversos tipos de frutas. A videira produz pouco ou quase nada deste. Suas principais funções são promover, quando do fornecimento externo, a maturação dos tecidos, causando a senescência das folhas e o amadurecimento da fruta, reduzir a acidez, na uva, alterando, portanto, a relação açúcar/acidez, e aumentar a matéria corante.

Cianamida hidrogenada

A cianamida hidrogenada não é propriamente um fito-hormônio e induz resposta somente nas gemas, nas quais é aplicada no período de dormência (em sua fase final) visando estimular a brotação destas. Sua principal função é regular o crescimento útil para forçar a brotação em locais onde não ocorram horas de frio suficientes para saída de dormência, ou aumentar a percentagem de gemas que desabrocham em locais onde as horas de frio são suficientes.

>> **DEFINIÇÃO**
A **fotossíntese** é o processo realizado na síntese de compostos orgânicos utilizando água, gás carbônico e energia luminosa.

>> Fotossíntese

Na fotossíntese, o primeiro açúcar que surge é a **sacarose**, forma na qual o açúcar se transloca dentro da planta. Uma parte da sacarose é consumida no próprio local de síntese pela respiração da folha e, enquanto a folha está crescendo, na edificação de seus tecidos.

Atingindo os cachos, a maior parte da sacarose transportada pelo floema é hidrolisada a **frutose** e a **glicose**. Apesar de a invertase (enzima responsável por essa reação) gerar quantidades iguais desses dois açúcares, os níveis deles variam na uva conforme o estádio fenológico.

Um dia ensolarado pode fornecer leituras acima de 2.000 $\mu E/m^2/s$ (micro-Einsteins por metro quadrado por segundo) e, em condições nubladas, esse valor pode cair a 300 $\mu E/m^2/s$. A intensidade da radiação solar medida no centro de dosséis vegetativos densos pode não atingir 10 $\mu E/m^2/s$, mesmo em dias em que a radiação acima da copa esteja em 2.000 $\mu E/m^2/s$. Isso é motivado pela grande absorção que é feita pelas folhas da videira. Medições feitas em diversas situações indicam que, na camada de folhas, 90 a 94% da energia é absorvida, sendo os restantes 6 a 10% transmitidos para as camadas internas.

Desprezando os efeitos da reflexão entre folhas e os eventuais lampejos que possam ocorrer (rápidas aberturas no dossel provocadas por movimentos da folhagem que permitem a entrada de luz), em um dia com 2.000 $\mu E/m^2/s$ incidindo na camada foliar externa, teria-se 120 µE/m²/s na segunda camada foliar (6%) e apenas 7 µE/m²/s na terceira camada foliar.

Uma vez que o ponto de compensação (quando a fotossíntese se equivale à respiração) fica em torno de 30 a 40 µE/m²/s, essa terceira camada foliar estaria parasitando as demais. Devido à absorção seletiva da radiação pelas folhas da videira, à medida que a radiação passa de uma a outra camada, o espectro se modifica. As folhas absorvem uma parte da radiação solar, especialmente na chamada **luz visível** (400 a 700 ηm).

Esses comprimentos de onda são os que formam as luzes e nos dão a ideia de cor dos objetos. A cor percebida é o comprimento de onda refletido por um corpo. A **clorofila** absorve sobretudo a luz violeta-azul e a alaranjada-vermelha, portanto as folhas refletem a verde e a amarela. Como as folhas absorvem a luz visível (especialmente os comprimentos que são úteis para a fotossíntese, que são o azul e o vermelho), esta se reduz em relação aos demais comprimentos de onda do espectro.

A radiação ultravioleta (300 ηm) é fortemente absorvida pela cutícula da epiderme dos tecidos da videira. Desse modo, pode chegar a valores próximos a zero na segunda camada de folhas. Uma consequência importante disso é que a relação vermelho/vermelho extremo ("red/far red") 660/730 ηm se reduz à medida que passa a camadas mais internas do dossel. A videira responde a esta alteração através de seu sistema de fitocromo. Os pigmentos que atuam na fotossíntese da videira são as clorofilas α e β. A equação geral resumida é:

$$6\ CO_2 + 12\ H_2O \rightarrow C_6H_{12}O_6 + 6\ O_2 + 6\ H_2O$$

Essa reação ocorre na presença de clorofila, enzimas e cofatores e demanda 673 mil calorias em energia luminosa. A formação de carboidratos na fotossíntese é, simplificadamente, uma reação de **oxirredução endoergônica**, na qual o agente redutor é a água, que é oxidada a O_2, e o CO_2 é reduzido a carboidrato. O oxigênio liberado na fotossíntese provém da água, e não do gás carbônico. Nessa perspectiva, a fotossíntese ocorre em duas etapas: a etapa fotoquímica e a etapa química.

Etapa fotoquímica

Na etapa fotoquímica, há a necessidade de energia luminosa. Essa etapa ocorre nas lamelas e nos "grana" dos cloroplastos. Inicialmente ocorre a **fotólise da água**, ou seja, a quebra da molécula de água sob ação da luz, havendo liberação de oxigênio para a atmosfera e transferência de átomos de hidrogênio para transportadores de hidrogênio. A substância receptadora de hidrogênio é o NADP (NAD + fosfato).

Após essa etapa, ocorre a **fosforilação acíclica**, que é a adição de fosfatos em presença da luz, ao ADP, formando ATP. Nos cloroplastos, as moléculas de clorofila α e β, ao receberem energia luminosa, excitam os elétrons, ficam oxidadas, ou seja, perdem os elétrons. A fase final desta etapa é a **fotofosforilação cíclica**,

>> CURIOSIDADE
A luz é uma forma de energia radiante composta por vários comprimentos de onda, sendo absorvida por uma série de pigmentos. Cada pigmento absorve determinados comprimentos de onda, podendo-se determinar o seu espectro de absorção com um espectrofotômetro.

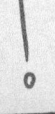

>> IMPORTANTE
A etapa fotoquímica ocorre quando há energia luminosa, enquanto a etapa química independe da ação da luz. Entretanto, observe que tanto a etapa química quanto a fotoquímica ocorrem durante o dia, quando acontece a fotossíntese.

onde ocorre a adição de fosfato ao ADP, produzindo ATP em presença de luz e clorofila.

Esse processo ocorre somente na clorofila α. Os elétrons excitados passam por aceptores de elétrons e liberam energia aos poucos, a qual será utilizada na síntese de ATP. Ao final desta etapa são produzidas moléculas de O_2, liberadas para a atmosfera, ATP e o composto $NADPH_2$, utilizados nas reações da etapa química da fotossíntese.

Etapa química

A etapa química ocorre no estroma dos cloroplastos, sem necessidade da luz. É nessa fase que se forma o açúcar, o que ocorre pela reação do gás carbônico atmosférico e os $NADPH_2$ e ATP produzidos nas reações de claro. Essas reações são o **Ciclo de Calvin** (das pentoses), havendo produção de glicose e liberação de água. A velocidade do processo de fotossíntese é influenciada por vários fatores, como:

- Intensidade luminosa
- Concentração de CO_2
- Temperatura ambiente
- Estado hídrico do solo
- Estádio da folha
- Abertura dos estômatos
- Teor de açúcar nas folhas
- Características genéticas

>> **NO SITE**
Para saber do que se trata o Ciclo de Calvin, acesse o ambiente virtual de aprendizagem.

Intensidade luminosa

A **taxa de fotossíntese** tem um acréscimo com a luz até uma determinada intensidade. Ao atingir tal ponto, diz-se que a folha está saturada de luz, o que ocorre nas videiras entre os 2.500 e 5.000 candelas-pés em cultivos em condições boas. Esse valor corresponde a 40.000 lux ou ainda $700\mu E/m^2/s$.

À medida que a intensidade luminosa diminui para aproximadamente 125 candelas-pés, é atingido o **ponto de compensação**, quando a quantidade de produtos fotossintetizados é igual à perdida pela respiração. Esse valor corresponde a 2 a 5 W/m^2 ou 400 a 1.000 lux ou 30 a 40 $\mu E/m^2/s$. Continuando a diminuição da intensidade luminosa, as folhas tornam-se parasitas da videira.

Em geral, a camada externa do dossel absorve 90% da luz empregada na fotossíntese, e as internas recebem o restante. A fotossíntese líquida em videira atinge valores entre 30 e 60 $ng/cm^2/s$ (nanogramas por centímetro quadrado de área foliar por segundo). A produtividade desse processo é tal que cada mg de CO_2 fixado corresponde à produção de 0,68 mg de glicose e 0,65 mg de sacarose.

O ponto de compensação luminoso ou fótico corresponde à taxa de luz em que a atividade fotossintetizante é igual à atividade respiratória. Neste ponto, a videira consome quantidade de O_2 em respiração igual à que é produzida na fotossíntese (ou consumo de CO_2 igual à produção de CO_2).

>> **DICA**
Caso as condições hídricas do solo não sejam satisfatórias, há uma redução da transpiração com consequente aumento da temperatura do tecido vegetal e diminuição ainda maior da fotossíntese.

Concentração de dióxido de carbono

O dióxido de carbono na atmosfera normalmente está na concentração de 0,03% (300 ppm). Para uma fotossíntese máxima seriam necessárias de 2 a 3 vezes essa concentração. Em recintos fechados, é possível o aumento de produtividade da videira por meio de enriquecimento da atmosfera em CO_2. A turbulência do ar, ao misturar camadas de ar com diferentes concentrações de CO_2, aumenta a eficiência da fotossíntese.

Temperatura ambiente

O ótimo de temperatura para a realização de fotossíntese pela videira fica entre 25°C e 30°C. Abaixo ou acima destas, há um decréscimo na taxa, cessando a menos de 10°C e a mais de 45°C. Ao meio-dia, em jornadas ensolaradas e quentes, a folhagem submetida à radiação solar direta é desfavorecida, pois a fotossíntese diminui. Isso se deve à elevação da temperatura da folha pela incidência da radiação solar.

Estado hídrico do solo

Quando a água fica retida no solo, por força de pressão osmótica alta, os estômatos se fecham e a fotossíntese diminui. Isso poderá ocorrer mesmo havendo água no solo, nos casos em que a demanda de evapotranspiração seja superior à oferta do fluxo absorvido pela planta (a planta está absorvendo menos água do que é demandado em transpiração).

Estádio da folha

A máxima atividade fotossintética é atingida quando a folha atinge o tamanho adulto, por volta dos 30 a 40 dias após ter aberto. Quando tiver de dois terços a três quatros do tamanho adulto, a folha atinge o ponto de compensação (produz tanto quanto consome). Da fase adulta em diante, há um constante e gradual decréscimo na taxa.

Abertura dos estômatos

Na face inferior da folha da videira, existem entre 50 e 400 estômatos/mm^2. Pela manhã, quando a luz solar atinge as folhas, os estômatos se abrem. Isso causa um aumento na concentração de açúcar, que conduz a um aumento na pressão osmótica das células-guardas dos estômatos. Desse modo, a água flui para tais células fazendo-as inchar e tornarem-se túrgidas. Assim ocorre a abertura dos estômatos. Na ausência de luz, os estômatos se fecham. Seu fechamento também pode ser causado por falta de água no solo, por altas taxas de transpiração ou por baixa intensidade luminosa.

O défice hídrico causa o fechamento progressivo dos estômatos, diminuindo a transpiração. O fluxo de CO_2 (centenas de vezes menor que o vapor d'água) só é afetado quando a deficiência hídrica é muito forte. A diminuição da fotossíntese é forte quando o potencial de água da folha é inferior a -12 ou -15 bars ($-1,2$ ou $-1,5$ MPa).

>> ATENÇÃO
Em climas ou dias frios, a fotossíntese é fraca nas manhãs de primavera e nas manhãs e tardes de outono. Isso se deve à redução de temperatura. Em climas quentes, ocorre o oposto, pois há uma queda na fotossíntese no meio da jornada, especialmente se houver deficiência hídrica.

>> ATENÇÃO
O ácido abscísico também influencia o fechamento dos estômatos. Videiras em estresse hídrico fecham seus estômatos e, portanto, param a absorção de água pelas raízes e de dióxido de carbono pelas folhas, causando diminuição na taxa de fotossíntese.

Teor de açúcares nas folhas
A acumulação de açúcares nas folhas reduz a intensidade da fotossíntese, enquanto seu transporte rápido a estimula. Esse fenômeno é muito importante quando a migração é perturbada (por exemplo, incisão anular, temperatura matinal baixa no outono). O contrário ocorre quando há um rápido transporte dos açúcares (por exemplo, quando a relação superfície foliar/peso de frutos é pequena).

Características genéticas
A intensidade da fotossíntese varia com a cultivar. Na França, foi medida a quantidade de açúcares em kg/ha/ano, variando de 4.208, na cv. Cinsault, a 2.594 na cv. Cabernet Sauvignon. As cvs. Merlot e Syrah produziram, respectivamente, 2.845 e 2.607. Na Serra Gaúcha, a Cabernet Sauvignon pode produzir próximo de 7.000 kg/ha/ano.

Evolução da fotossíntese durante o ciclo vegetativo

A folha torna-se exportadora de nutrientes quando atinge aproximadamente 50% do tamanho máximo. Até então, desenvolve-se à custa de açúcares provenientes da raiz e demais partes permanentes, da transformação do amido e da sua própria fotossíntese. Até o florescimento, a atividade fotossintética da videira é insuficiente para as necessidades de edificação (novos tecidos) e respiração. No início do verão, as folhas atingem aproximadamente 75% de seu tamanho máximo, sendo sua fotossíntese intensa. Em janeiro (no Hemisfério Sul), o crescimento da folha cessa.

A fotossíntese mantém-se até a queda das folhas, independentemente da data da vindima, diminuindo progressivamente devido ao envelhecimento das folhas (que

Quadro 1.4 » Efeito de desfolhamento

Acidental	• O desfolhamento total antecipado é péssimo para a maturação da uva, para a maturação dos ramos e para o acúmulo de reservas.
	• O desfolhamento parcial da base do ramo, ocorrido do verão em diante, não causa grandes transtornos.
	• O desfolhamento parcial do meio do ramo ou da parte superior é muito prejudicial, pois atinge as folhas mais iluminadas e as mais ativas.
	• A colheita mecânica derruba entre 20 e 40% das folhas, especialmente as mais velhas.
	• Tendo em vista que o período entre a colheita e a queda das folhas não representa muito no total de fotossíntese, a diminuição não é grande.
Não acidental	• A desponta muito severa, especialmente a feita muito tardiamente, pode ser extremamente prejudicial à videira.
	• Idealmente é feita entre a floração e a mudança de cor da uva, não retirando muitas folhas de uma vez.

têm sua eficiência reduzida) e a alterações dos fatores climáticos (menor temperatura, dias mais curtos).

A produção fotossintética após a colheita representa de 20 a 30% da produção do período "mudança de cor/queda das folhas", o que é muito importante para a formação de substâncias de reserva. O efeito de desfolhamento pode ser **acidental** e **não acidental**, como mostra o Quadro 1.4.

A videira responde às alterações de fotoperíodo e tem suas características morfológicas afetadas por ele. Essas respostas são induzidas pelo sistema de **Fitocromo**. Os fitocromos são proteínas com uma ligação covalente a uma molécula de pigmento, o qual é chamado **cromóforo**. Ao absorver a luz, há uma alteração na estrutura do cromóforo, causando uma mudança na conformação da porção proteína, o que desencadeia as respostas à luz.

Como a absorção pelas folhas reduz a porção de radiação vermelha no dossel, o balanço vermelho/vermelho extremo passa de 1,2/1,0 na radiação fora do dossel para até 0,13/1,0 dentro do dossel. Em condições ensolaradas (camada externa do dossel), predomina a forma ativa do **Fitocromo FVe** (60% do total), valor que cai para menos de 20% em condições de sombra.

Há evidências de que a forma inativa do **Fitocromo FV** cause atraso no início da síntese de antocianas, redução no acúmulo de açúcar e aumento no teor de nitrato e de amônio nas bagas. Diversas enzimas também são ativadas pelo Fitocromo FVe. São elas:

- A enzima málica (responsável pela síntese e metabolismo do ácido málico)
- A fenilalanina-amônio-liase (responsável pela produção de fenóis e antocianinas)
- A invertase (responsável pela hidrólise da sacarose)

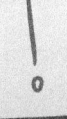

>> **IMPORTANTE**
O Fitocromo existe em duas formas: a **inativa FV** (Fitocromo Vermelho ou "Pr"), que tem o pico de absorção em 660 ηm, e a **ativa FVe** (Fitocromo Vermelho extremo ou "Pfr"), que tem o pico de absorção em 730 ηm.

A radiação solar ultravioleta é responsável por ativar o processo de engrossamento da epiderme da videira. A cutícula absorve fortemente esse comprimento de onda. Desse modo, as partes da videira expostas ao Sol retiram do espectro solar toda a radiação ultravioleta que utilizam para enrijecer seus tecidos.

Por consequência, as camadas mais internas do dossel têm suas cutículas mais fracas. Esse fato, combinado à maior umidade e à demora em secar tecidos sombreados, explica, em parte, a maior sensibilidade destes tecidos aos fungos. A energia recebida, a temperatura ambiente e as disponibilidades de solo em água são os fatores de meio que mais afetam a fotossíntese:

- A energia recebida depende da latitude e da nebulosidade.
- A temperatura depende da energia recebida e de particularidades geográficas.
- As disponibilidades do solo em água dependem de características específicas do solo, da sua situação geográfica e topográfica e da pluviosidade. Nos locais onde a pluviosidade seja insuficiente, a **irrigação** pode complementá-la.

Assim, conseguir o melhor aproveitamento desses fatores é o objetivo do viticultor, visando obter o máximo de fotossíntese e o melhor desempenho de seu vinhedo.

>> Respiração

> **>> DEFINIÇÃO**
> A **respiração** é o desdobramento de produtos orgânicos da fotossíntese com liberação de energia.

A respiração ocorre nas folhas, através dos estômatos. Os fatores que afetam a respiração são as concentrações de O_2 e CO_2, sendo que este último, em alta concentração, inibe a respiração. A umidade estimula o processo, assim como a temperatura, a presença de enzimas e os agentes mecânicos também influem. A reação, resumidamente, é a seguinte:

$$C_6H_{12}O_6 + 6\,O_2 \rightarrow 6\,H_2O + 6\,CO_2 + \text{energia}$$

Uma pequena quantidade dessa energia é perdida como calor, sendo a maior parte canalizada para trabalhos químicos. A temperatura alta, diurna ou noturna, aumenta a taxa de respiração, causando perdas do que foi produzido na fotossíntese. Esta é uma das causas de menor teor de açúcares em uvas de regiões muito quentes ou de pouca diferença entre a temperatura do dia e da noite.

A presença de enzimas está relacionada à boa nutrição da videira, visto que, em geral, as enzimas contêm micronutrientes. Os agentes mecânicos que influem na respiração são os ligados à circulação de ar na camada próximo à superfície das folhas. Ventos fracos aumentam a respiração ao proporcionarem uma constante mistura das camadas de ar.

> **>> DEFINIÇÃO**
> A **gutação** é a eliminação de água sob forma líquida. Entretanto, não é água pura que a videira elimina nesse processo, mas uma solução fracamente salina.

>> Gutação

A gutação ocorre pelos hidatódios (estômatos aquíferos), localizados nos bordos das folhas. As condições para que ocorra são: temperaturas baixas, alta umidade relativa do ar e solo saturado com água. Também é necessário que a atividade radicular já tenha se intensificado para haver absorção de água.

> **>> DEFINIÇÃO**
> A **exsudação** é a eliminação de uma solução aquosa no local de um ferimento (poda, por exemplo).

>> Exsudação

Na exsudação, grandes quantidades de líquido podem ser perdidas. Esse líquido é uma seiva muito diluída, sendo desprezíveis as perdas em nutrientes, ainda que esta contenha citocininas e giberelinas. Esse processo ocorre na primavera, após o início de atividade radical intensa.

Para reduzir o vigor de plantas excessivamente fortes, pode ser útil forçar esse processo, atrasando a poda até que as extremidades dos ramos já tenham emitido brotações. Nesse caso, a exsudação será grande, podendo diminuir o vigor geral da videira.

» Transpiração

O processo de transpiração é influenciado por diversos fatores (Quadro 1.5).

A transpiração dá-se, principalmente, pelos estômatos, podendo ocorrer através da cutícula das paredes das células da folha. Conforme as células perdem água para a atmosfera, vão recebendo, por osmose, mais água das células adjacentes, que também recebem das células adjacentes e assim por diante, até atingirem os vasos que contêm água livre.

Assim é estabelecido um gradiente hídrico entre a atmosfera e o sistema de condução de seiva da videira. Havendo transpiração, desencadeia-se o mecanismo de absorção de água e nutrientes minerais, sendo, o processo de absorção de água, portanto, um dos processos metabólicos de maior importância.

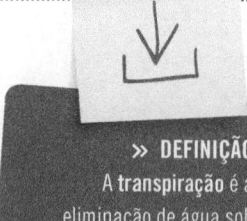

> » **DEFINIÇÃO**
> A **transpiração** é a eliminação de água sob forma de vapor, sendo importante na subida da seiva bruta.

» Absorção de água

Visando repor as grandes quantidades de água que são perdidas em transpiração para a atmosfera, a videira necessita retirar do solo um volume equivalente. O

Quadro 1.5 » Fatores que influenciam o processo de transpiração	
Pressão atmosférica	• Quando está baixa, permite maior perda de água da planta para o ar.
Umidade relativa do ar	• Quando baixa, há maior transpiração.
Temperatura	• Quanto mais alta maior a transpiração, dentro de certos limites, pois, ao atingir valores extremos (acima de 45°C), a videira paralisa sua atividade, fechando os estômatos e suprimindo a transpiração.
Ventilação	• Com o aumento da velocidade do vento há um aumento da transpiração, pois o vento remove a camada de ar adjacente à folha, facilitando as trocas gasosas desta com a atmosfera.
Superfície exposta	• Quanto maior a área foliar exposta, mais intensa a transpiração.

> » **IMPORTANTE**
> A influência da água na fisiologia da videira está diretamente ligada ao estímulo, ao crescimento e às funções metabólicas. A condição ideal para a videira crescer e produzir colheitas abundantes e de boa qualidade é um solo que assegure um aporte de água suficiente e constante, porém limitado.

mecanismo comum de absorção de água pela videira resulta de movimento por osmose para dentro das raízes.

As perdas para atmosfera geram um gradiente das folhas às raízes, fazendo a água passar das que contêm mais água para as mais secas. Assim, havendo um défice nas raízes, estas o suprem absorvendo a água da camada de solo que as circunda. Esse processo é influenciado pelos mesmos mecanismos que atuam na transpiração.

›› Absorção e translocação de minerais

Os minerais dissolvidos na solução do solo podem ser absorvidos pelas raízes da videira. A absorção é feita exclusivamente na região dotada de pelos. Os mecanismos que atuam nesse processo são o **fluxo de massa**, a **difusão** e a **interceptação radicular**. No fluxo de massa, os íons são conduzidos juntamente à água absorvida, sendo que quanto maior a absorção maior a transpiração. Na difusão, conforme as raízes retiram da solução os íons que necessitam, geram um gradiente entre a sua superfície e o meio que as circunda. Assim, empobrecido o meio em íons, há difusão das partes mais concentradas de solução do solo para as proximidades das raízes, de onde foram retirados íons. Na interceptação radicular, conforme as raízes se expandem no solo, vão colonizando novas regiões e no caminho interceptam íons que desta maneira absorvem.

Após atingirem o xilema das raízes, os minerais são conduzidos em transporte ascendente na corrente transpiratória. Há também uma menor condução pelo floema. A absorção de minerais pelas folhas da videira é muito eficiente. Soluções contendo os minerais penetram no tecido de forma rápida e eficaz. Desse modo, alguns nutrientes podem ser ministrados à videira via foliar, desde que a concentração da solução não seja deletéria.

›› **IMPORTANTE**
Uma planta de videira contém obrigatoriamente C, H e O, obtidos da atmosfera e da água, e N, P, K, Ca, Mg, S, B, Cl, Co, Cu, Fe, Mn, Mo, Na e Zn, normalmente obtidos da solução do solo. Outros nutrientes podem estar presentes dependendo do meio onde é cultivada.

›› Nutrientes essenciais e suas funções

Na videira e no vinho, alguns nutrientes têm funções e características específicas, dependendo de seu nível de absorção, seja ele de falta/carência ou de excesso de nutrientes. Esses nutrientes são:

- Nitrogênio
- Fósforo
- Potássio
- Cálcio
- Magnésio
- Enxofre
- Boro
- Cobre
- Cloro
- Ferro
- Manganês
- Molibdênio
- Sódio
- Zinco

>> Nitrogênio

Na videira e no vinho, o nitrogênio (N) faz parte da clorofila, das proteínas, dos ácidos nucleicos e das vitaminas. Tem influência na síntese dos aromas da uva, além de promover melhor maturação dos sarmentos. Uma fraca deficiência de nitrogênio não mostra sintomas nas folhas da videira. Quando se acentua, dois sintomas típicos surgem.

O primeiro inicia nas folhas mais velhas e caracteriza-se por uma perda de intensidade da coloração do limbo foliar, o qual adquire uma tonalidade mais pálida, abrangendo de modo uniforme toda a folha. Na continuação, a cor verde-pálida pode evoluir para uma clorose generalizada.

O segundo sintoma é uma diminuição do vigor vegetativo, detectado principalmente no menor crescimento dos ramos. Em situações em que a deficiência não é muito intensa, o único sintoma que costuma aparecer é a queda do vigor.

Outras reações podem acompanhar essa sintomatologia, como: redução de tamanho dos entrenós dos sarmentos e das próprias folhas, cujos pecíolos se tornam avermelhados, diminuição do vingamento floral, menor volume das bagas, teores mais baixos de açúcares e ácidos totais, insuficiência da maturação e produção de vinhos menos aromáticos e perfumados. A falta e o excesso de nitrogênio provocam diversos problemas (Quadro 1.6).

Outros fatores podem ser responsáveis pela redução do vingamento floral, como a carência de boro e de zinco, o tempo frio ou o surgimento de golpes de calor no decurso do período de floração.

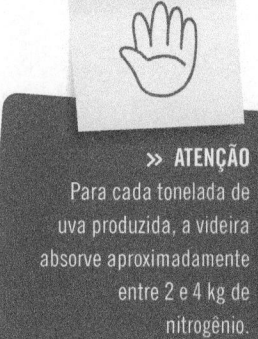

>> **ATENÇÃO**
Para cada tonelada de uva produzida, a videira absorve aproximadamente entre 2 e 4 kg de nitrogênio.

Quadro 1.6 » **Problemas provocados pela falta e pelo excesso de nitrogênio**

Falta de nitrogênio	• Clorose e nanismo foliar (fraco desenvolvimento da vegetação e das raízes). • Encurtamento dos entrenós. • Baixa fertilização dos cachos (produção reduzida). • Maturação imperfeita. • Diminuição da resistência do pedicelo (desgrana maior). • Diminuição do açúcar e da acidez total. • Vinho pouco aromático e pouco perfumado (falta de buquê pela diminuição em aminoácidos).
Excesso de nitrogênio	• Ramos demasiadamente longos com vegetação intensa e luxuriante. • Folhas com um verde carregado e maiores dimensões. • Entrenós com aumento de comprimento, tornando-se achatados. • Aumento da respiração com diminuição do teor de açúcares (o teor de açúcares diminui em virtude de seu maior consumo pelo aumento da atividade respiratória). • Perda da qualidade da uva em função de incremento das substâncias proteicas. • Sombreamento e diminuição da fotossíntese. • Infecção por fungos (míldio e podridões). • Reprodução excepcional de leveduras na fermentação do mosto (diminuição da graduação alcoólica e prejuízos ao envelhecimento do vinho, elevação dos álcoois superiores e turbidez do vinho). • Aumento da exigência em K^+ e Mg^{++}. • Aborto de flores. • Maturação retardada e imperfeita dos cachos. • Dessecamento da ráquis.

» Fósforo

O fósforo (P) faz parte de vitaminas, ácidos nucleicos, ADP, ATP e NADP (metabolismo glucídico). Ele favorece o crescimento do ápice da raiz e do ramo, por acelerar o processo mitótico, e o desenvolvimento do perfume, do aroma e da fineza do vinho. Além de favorecer a maturação e lignificação dos sarmentos, ajuda na maturação dos frutos e atua na síntese e composição de substâncias orgânicas, como nucleoproteínas, fosfoproteínas, lecitina e fitina.

O fósforo participa da respiração, do metabolismo dos glicídios e do transporte de energia, assim como favorece a floração, fixação e qualidade dos frutos, contribuindo para o acúmulo de substâncias de reserva nos tecidos. A sintomatologia da carência de fósforo na videira não é, em termos práticos, conhecida. Só em meios artificiais se tem conseguido obter algumas respostas que vão desde colorações vermelho-violáceas e subsequentes necroses junto à margem do limbo, até prejuízos qualitativos na uva.

As reduzidas exigências de fósforo por parte da videira, em relação a outros macronutrientes, como o nitrogênio, o potássio e o cálcio, a capacidade destas plantas para extrair do solo quantidades adequadas para as suas necessidades, bem como a fácil mobilidade do fósforo na planta, podem explicar, em grande parte, a falta de sintomas de deficiência na cultura. O excesso de fósforo (raríssimo) aumenta a acidez do mosto e pode provocar deficiência de ferro e zinco. Já a falta de fósforo provoca:

- Redução do sistema radicular e da parte aérea
- Fraca lignificação dos sarmentos
- Fraca diferenciação das gemas
- Menor fecundação
- Retardamento na maturação dos frutos
- Diminuição do teor de açúcares

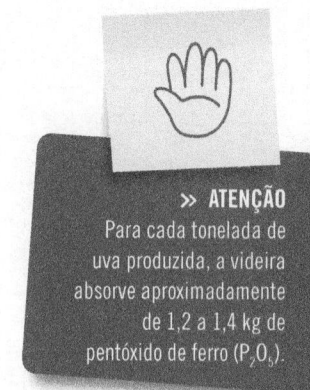

> » **ATENÇÃO**
> Para cada tonelada de uva produzida, a videira absorve aproximadamente de 1,2 a 1,4 kg de pentóxido de ferro (P_2O_5).

» Potássio

O potássio (K) tem a importante função de ser estimulante da fotossíntese, regulando a intensidade de utilização do CO_2. Além disso, mantém a turgescência do protoplasma celular, aumentando a resistência a moléstias (míldio e podridões). Também ajuda no processo de lignificação de raízes e sarmentos e favorece a transpiração foliar por ser um dos reguladores da abertura e fechamento dos estômatos (célula-guarda).

O potássio tem importância na diferenciação das gemas e na germinação do grão de pólen, estimulando a síntese de aminoácidos importantes na formação do buquê. Também influencia o perfume e aroma do vinho e favorece a perfeita maturação do cacho. As plantas necessitam de potássio na formação dos açúcares e amido, na síntese de proteínas e na divisão celular. O potássio também é responsável por:

- Neutralizar os ácidos orgânicos
- Regular as atividades de outros nutrientes minerais
- Ativar enzimas
- Ajudar a regular a necessidade hídrica da planta

Além disso, o potássio contribui para amenizar os danos causados pelo frio. É considerado essencial para a formação dos carboidratos e participa de outros processos, embora não seja encontrado na formação de componentes orgânicos. Cerca de 1 a 4% do peso seco da planta é potássio.

O potássio confere resistência ao frio e às moléstias, seja pela maior resistência dos tecidos das videiras bem nutridas com potássio, seja pelo melhoramento conferido por este no mecanismo fisiológico de resistência a parasitas, através dos compostos fenólicos e ações antifúngicas.

A maior demanda de potássio é da metade ao fim do verão, quando são acumuladas grandes quantidades desse elemento na maturação dos frutos. Por isso, deficiências temporárias de potássio são associadas com superproduções. A carência de potássio implica numa série de transtornos, seja em nível vegetativo seja em nível fisiológico e em nível qualitativo. Em nível fisiológico, implica em alteração do metabolismo e do transporte dos açúcares e em variações na síntese do nitrogênio, no mecanismo hormonal e enzimático e nos fenômenos da respiração, fotossíntese e transpiração. No nível qualitativo, verificam-se sérios danos nas características organolépticas e químico-físicas da uva, tanto em caso de carência como de excesso de potássio. Na carência de potássio, verifica-se uma influência negativa no conteúdo de açúcares, na cor (antocianinas), no conteúdo total de polifenóis e sais minerais.

A carência grave de potássio pode necrosar a ráquis do cacho, causando secamento das uvas. O secamento da ráquis do cacho pode ocorrer pela deficiência de potássio ou por infecção por podridão. Além disso, esta alteração é de natureza fisiológica e ocorre devido a numerosas causas:

- Genéticas (sensibilidade da cultivar produtora e do porta-enxerto)
- Ambientais (chuva, irrigação, temperaturas baixas na floração)
- Equilíbrio hormonal e nutricional

A falta de potássio provoca redução na fecundação, no tamanho do cacho, na maturação e no teor de açúcares, e aumenta a acidez do mosto. Já o excesso de potássio provoca o dessecamento da ráquis (menor absorção de Ca^{++} e Mg^{++}) e antecipa o repouso hibernal, além de retardar o início da brotação e reduzir a acidez do mosto, surgindo sintomas de deficiência de magnésio (Mg).

O excesso desse nutriente (Mg) ocorre quando a relação K_2O/MgO é superior a 10, provocando, além do dessecamento da ráquis, uma antecipação na entrada do repouso vegetativo e um atraso na retomada da atividade vegetativa no ciclo seguinte, bem como sintomas de carência de magnésio.

> **» ATENÇÃO**
> Para cada tonelada de uva produzida, a videira absorve aproximadamente 6 kg de óxido de potássio (K_2O).

» Cálcio

O cálcio (Ca) participa da estrutura da membrana celular, favorecendo a permeabilidade das células e neutralizando o ácido oxálico (tóxico para a videira). É importante para o crescimento apical tanto das raízes como da parte aérea e ajuda na translocação dos carboidratos, favorecendo a síntese de açúcares e de substâncias aromáticas, produzindo vinhos apreciados.

A falta de cálcio provoca diminuição no crescimento da planta pela morte do ápice vegetativo, redução do crescimento radical e dessecamento da ráquis. O excesso de cálcio provoca o aparecimento de sintomas de deficiência de ferro (clorose férrica) e, menos comum, de potássio, magnésio e boro, e reduz o crescimento das raízes, dos ramos e das folhas.

> **» ATENÇÃO**
> Para cada tonelada de uva produzida, a videira absorve aproximadamente 6 kg de óxido de cálcio (CaO).

» Magnésio

O magnésio (Mg) tem como funções fazer parte da clorofila e facilitar o transporte de carboidratos e ativar certas enzimas. Além disso, favorece a absorção do ferro e participa da neutralização do ácido oxálico. A falta de magnésio leva a menor teor de açúcares no mosto e pode provocar o dessecamento da ráquis (> absorção de potássio). Já o excesso de magnésio pode levar à deficiência de potássio. O sintoma foliar desta carência é a clorose das folhas basais.

> **» ATENÇÃO**
> Para cada tonelada de uva produzida, a videira absorve aproximadamente 1 kg de óxido de magnésio (MgO).

» Enxofre

Os sintomas de deficiência do enxofre (S) são semelhantes aos sintomas de deficiência de nitrogênio. Em ambos os casos, os limbos foliares apresentam uma clorose uniforme. A explicação disso é que o nitrogênio é um componente da molécula de clorofila e o enxofre não é. Entretanto, o enxofre é essencial na formação da clorofila. É interessante mencionar que, nos casos de falta de enxofre, mesmo quando os sintomas não podem ser percebidos, o florescimento é normal, mas os frutos não se desenvolvem.

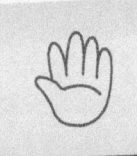

> **» ATENÇÃO**
> Para cada tonelada de uva produzida, a videira absorve aproximadamente 0,5 kg de enxofre (S).

» Boro

O boro (B) apresenta como funções favorecer a síntese de ácidos nucleicos e, portanto, o crescimento vegetativo. Além disso, favorece a fecundação, aumenta a germinação do pólen e facilita a translocação de carboidratos. Também fazem parte das suas funções:

- ativar a síntese da clorofila e a produção de açúcar;
- participar do mecanismo de ação da giberelina e na síntese do ácido β-indolacético (auxina);
- influir na absorção e transporte do cálcio na planta;
- favorecer a síntese do RNA e DNA.

A falta de boro provoca deficiência na fecundação, reduzindo o número de bagas por cacho, formando uvas de tamanho reduzido e sem sementes, bem como bagas com manchas de cor chumbo na polpa do fruto. Além disso, a falta de boro

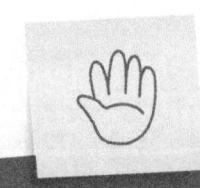

> **ATENÇÃO**
> Podem ainda aparecer bagas de tamanho um pouco menor que o normal, com um formato achatado, ou surgir a moléstia fisiológica "do chumbo", caracterizada pela formação de manchas com contorno difuso, com tonalidade escura e metálica, lembrando a cor do chumbo.

provoca a produção reduzida de açúcar por bloquear a formação do ATP, prejudicando o envelhecimento do vinho, e reduz o crescimento das raízes pela má formação da parede celular (falta de ácido nucleico).

A falta de boro pode gerar vários sintomas, como: os entrenós podem ser curtos e a gema terminal pode morrer enquanto diversas ramificações laterais evoluem, originando uma vegetação concentrada e com aspecto emaranhado. Além disso, as folhas das bases podem mostrar diversos tipos de deformação, desde formato em leque até serrilhadas irregulares nos bordos dos limbos, acompanhadas por nervuras proeminentes, em função da reação das cultivares. Mais tarde, as folhas apresentam, junto às margens, manchas cloróticas ou avermelhadas, dependendo se variedade branca ou tinta; as inflorescências chegam, em alguns casos, a secar antes mesmo da floração. Como a deficiência de boro afeta decisivamente a polinização e o vingamento floral, os cachos são, com frequência, atingidos em maior ou menor intensidade pelo desavinho e pela bagoinha.

Quando esse nutriente se encontra em carência no fluído estomático, ocorrem alterações no comportamento do pólen, cujos grânulos podem até não germinar ou romper-se, induzindo as flores a cair dentro das duas ou três semanas logo após a fecundação, provocando desavinho.

Em outros casos, menos severos, os grânulos germinam, mas os tubos polínicos deformam-se, paralisam o seu crescimento, ou então avançam pelo estigma, mas não atingem o micrópilo do óvulo para produzir a fecundação. Nessa hipótese, formam-se bagoinhas.

O excesso de boro:

- causa clorose reticulada e queima das margens das folhas;
- provoca distúrbio na floração por intoxicar o pólen e queimar a flor;
- reduz o peso da baga e a produção;
- aumenta o teor de álcool metílico pela maior hidrólise de pectina no vinho.

> **ATENÇÃO**
> Para cada tonelada de uva produzida, a videira absorve aproximadamente de 7 a 10 g de boro.

>> Cobre

Nas culturas em que se empregam compostos à base de cobre (Cu) para o controle de pragas e moléstias, dificilmente ocorrerá deficiência desse micronutriente em vista das quantidades absorvidas pelas folhas. O uso contínuo desses produtos, ano após ano, pode determinar o acúmulo de cobre no solo até níveis tóxicos.

O excesso desse micronutriente, por antagonizar o ferro, provoca sintomas que caracterizam a deficiência de ferro, particularmente a necrose das folhas, deficiente vingamento floral e consequentemente desavinho, queda de bagas, além de diminuição da expansão vegetativa e do aparelho radicular das plantas.

>> Cloro

O cloro (Cl) apresenta as funções de atuar na diferenciação do xilema e na organização do tecido palissádico das células. Além disso, é necessário para a operação do fotossistema II da fotossíntese, ou seja, para a decomposição fotoquímica da água, que é acompanhada pela liberação de O_2.

>> Ferro

Nas videiras afetadas por uma ligeira deficiência de ferro (Fe), as folhas mais novas podem logo denunciar uma perda da coloração verde, que se estende a toda a folha, com exceção das nervuras, mesmo as mais finas. Essa descoloração deixa os limbos com uma tonalidade verde-pálida ou amarelo-pálida.

A descoloração ganha maior intensidade à medida que a carência se intensifica, até atingir o aspecto típico em que clorose férrica se generaliza em toda a folha, contrastando abertamente com o fino retículo debaixo das nervuras verdes. Em caso muito severo, as próprias nervuras perdem a cor, ou os limbos adquirem tonalidade esbranquiçada, mostrando zonas periféricas necrosadas e secas.

Os tecidos cloróticos podem tornar-se acastanhados e também formar necroses, enquanto as folhas mais novas podem dobrar-se, secar e cair. Os ramos, em casos de acentuada carência, paralisam o crescimento, ficam curtos e ramificam, e amadurecem com dificuldade. Nos climas de inverno frio, os ramos podem ser destruídos parcial ou totalmente. Se a deficiência se revela antes da floração, pode haver pouco vingamento floral, ocorrendo então o desavinho nos cachos, por efeito da reduzida germinação que ocorre nos grânulos de pólen.

>> Manganês

A principal função do manganês (Mn) é ser ativador de muitas enzimas de óxido-redução, descarboxilases, hidrolases e transferidoras de grupos (de radicais fosfatados e ATP, por exemplo). Os sintomas foliares de deficiência de manganês podem ter início logo depois da floração nos casos de carências severas, ou surgir em época posterior na hipótese de deficiência menos intensa.

Os primeiros sinais surgem nas folhas mais velhas e se manifestam por descoloração isolada nas áreas entre as nervuras principais e secundárias, atingindo também as margens do limbo. Seguidamente, essas manchas isoladas confluem e tornam-se cloróticas nas cultivares brancas, ou avermelhadas nas castas tintas. Com o tempo, podem formar-se nas folhas adultas necroses periféricas que chegam a penetrar entre as nervuras.

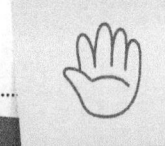

> **>> ATENÇÃO**
> Para cada tonelada de uva produzida, a videira absorve aproximadamente 27 g de ferro.

> **>> ATENÇÃO**
> A sintomatologia de carência de manganês pode ser confundida com a provocada pela carência de magnésio. Em ambos os casos, a clorose ou avermelhamento se processa nas folhas da base, as mais velhas. Contudo, quer nas margens, quer entre as nervuras, as zonas afetadas mostram as colorações de forma mais contínua no caso da deficiência do magnésio, enquanto na carência do manganês se distinguem mais as divisões entre as pequenas manchas originais, o que promove um aspecto marmorizado.

Os ramos atingidos pela carência de manganês, além de poderem paralisar o seu crescimento, costumam ainda apresentar pontuações escuras agrupadas em áreas mais ou menos extensas, pontuações que podem invadir as gavinhas, os pecíolos das folhas e os pedúnculos dos cachos. Os próprios cachos podem sofrer de desavinho ou bagoinhas, chegando a produção a reduzir, ao mesmo tempo em que as uvas podem ficar sujeitas a um atraso na maturação.

No caso de toxicidade pelo manganês, geralmente notada na proximidade da floração, as folhas novas, subapicais, tornam-se verde-amareladas, formam necroses nos bordos dos limbos, ou mesmo nas áreas intervenais, apresentando formato poligonal delimitado por pequenas nervuras.

As folhas podem enrolar um pouco ou dobrar as suas margens. As áreas dessecadas e mortas pelas necroses caem com maior intensidade, o mesmo acontecendo com as folhas. Em alguns cachos, embora em poucos, pode observar-se também o desavinho.

» Molibdênio

De modo geral, quando há carência de molibdênio (Mo), aparece clorose nas folhas mais velhas, na forma de manchas que podem tornar-se necróticas, e ocorre encurtamento e estrangulamento do limbo. Em algumas plantas, a lâmina se curva para cima, enquanto em outras se curva para baixo, ao longo da nervura principal. A deficiência de molibdênio constantemente resulta em acentuada diminuição no teor de ácido ascórbico do tecido.

» Sódio

Os principais efeitos do excesso de sódio (Na) nas videiras são causados pelas propriedades físicas do solo e por problemas de permeabilidade. Os efeitos diretos do excesso de sódio nos tecidos das plantas ainda não são bem definidos, porque o excesso de sódio é comumente associado com o excesso de cloro.

» Zinco

O zinco (Zn) é necessário na formação das auxinas, para o alongamento dos entrenós, e na formação dos cloroplastos e do amido. Na videira, o zinco é essencial ao desenvolvimento normal das folhas, à elongação dos brotos, ao desenvolvimento do pólen e ao completo desenvolvimento das bagas. Os sintomas de deficiência de zinco dependem do grau de carência e da cultivar.

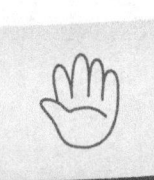

> **» ATENÇÃO**
> Os sintomas foliares da deficiência de zinco normalmente aparecem no início do verão, quando começam a sair brotações laterais. As brotações novas ou laterais são pequenas, de folhas deformadas, com clorose entre as nervuras e limbo verde-escuro.

Em contraste com as folhas normais que têm seios peciolares profundos, as folhas afetadas apresentam limbos mal desenvolvidos. No fruto, a deficiência de zinco afeta a formação e o desenvolvimento das bagas. As videiras com deficiência de zinco tendem a produzir cachos soltos e em menor quantidade do que normal, geralmente produzindo bagoinhas e bagas normais com menos sementes que o habitual.

Crescimento e ciclo anual

Crescimento é o aumento ordenado e irreversível das dimensões de uma planta, sendo consequência de divisão celular e de elongação celular. O crescimento é condicionado por fatores ambientais como temperatura, luminosidade, umidade, disponibilidade de nutrientes, entre outros.

A videira permanece em repouso vegetativo até que a temperatura média atinja a sua temperatura de base. Para efeito de estudos comparativos internacionais, considera-se temperatura de base como 10°C. Esse valor fica próximo a 8°C em regiões frias. No Rio Grande do Sul, para Cabernet Franc, 14°C é a temperatura de base.

A temperatura de 10°C é a mínima a partir da qual há divisão celular e, portanto, crescimento para as videiras. Tal valor se modifica com a cultivar e de ano a ano. O período de dormência da videira pode ser dividido em duas fases, conforme Quadro 1.7.

Quadro 1.7 » Fases do período de dormência da videira

Quiescência	• Esta fase se deve a condições exógenas, quando não há crescimento porque os fatores de meio são desfavoráveis. É o que ocorre nas regiões quentes do Brasil, quando as videiras não entram em verdadeira dormência, tendo seu crescimento paralisado pela supressão da irrigação.
Repouso	• Esta fase é de controle endógeno, na qual fatores internos impedem que haja crescimento apesar das condições do meio serem favoráveis. Durante este período, o balanço hormonal está favorável aos inibidores em relação aos promotores de crescimento. Ao final do período de repouso, o balanço inverte-se, havendo início de crescimento. Este período pode ser interrompido com o uso de citocininas, calor, frio ou dessecação e pode ser prolongado com aplicações de giberelinas.

Satisfeitas as necessidades em frio e atingida a temperatura de base, as escamas que cobrem as gemas se separam, dando início à **brotação**. No início, esse crescimento é lento, pois é quando as células dos brotos estão em ativa divisão. À medida que aumenta a temperatura, o crescimento e elongação do broto é cada vez mais rápida. Em 3 a 4 semanas, atinge o auge.

O processo de **florescimento** induz a uma diminuição na velocidade de elongação dos brotos. Isso se deve à competição por nutrientes, afetando a atividade dos hormônios e das enzimas. Como os ramos da videira não têm gemas terminais, havendo condições favoráveis de meio (umidade, calor e nutrientes), o seu crescimento não cessa. Isso é o que ocorre nas regiões tropicais do Brasil, especialmente nas cultivares que têm como componente genético espécies oriundas de climas quentes.

A elongação do ramo, o aumento de diâmetro das partes velhas da videira e a formação das flores são feitos às expensas das reservas acumuladas durante o repouso vegetativo. Essas substâncias de reserva são provenientes da atividade fotossintética das folhas, especialmente da que é feita após a colheita da uva. Portanto, para que haja um bom desenvolvimento na primavera, é necessário que as folhas da videira permaneçam ativas pelo maior tempo possível no outono.

O açúcar é convertido em amido nas partes permanentes da videira (tronco, braços e raízes). Para iniciar um novo ciclo vegetativo, este é convertido de amido a açúcar. A brotação nova depende dessas reservas até atingirem, aproximadamente, 50% de seu tamanho, quando passam a exportar mais material fotossintetizado do que importar das reservas.

> **» IMPORTANTE**
> No sul do Brasil, o ciclo vegetativo se encerra com a queda das folhas, que ocorre em função de infecção por moléstias e danos causados por geadas. Conforme o crescimento dos ramos diminui, as flores vão ficando aptas para a **antese** (abertura).

» Formação de gemas frutíferas

A formação das gemas frutíferas e sua fertilidade sofrem influência de muitos fatores. Os primórdios das inflorescências são formados durante a estação que precede o ano em que as flores surgirão. Os fatores que mais influem no aumento da fertilidade das gemas são:

- exposição das gemas à luz solar;
- suprimento equilibrado de nitrogênio em relação às reservas de carboidratos;
- nutrição mineral equilibrada;
- suprimento de água regular.

A diferenciação das gemas inicia no fim da primavera, completando-se durante o verão. A parte do ramo mais frutífera geralmente é a porção mediana deste. A formação e a fertilidade da gema frutífera são influenciadas por muitos fatores. Os fatores que retardam o ciclo normal do desenvolvimento da videira – como crescimento rápido e contínuo, superprodução e nebulosidade – atrasam a formação da gema frutífera e diminuem sua fertilidade, aparecendo cachos menores e malformados.

O ciclo de crescimento vegetativo (desenvolvimento dos ramos) que acumula substâncias de reserva é um importante fator na diferenciação das gemas frutíferas. Práticas que aumentem excessivamente o vigor dos ramos diminuem a fertilidade das gemas, enquanto as práticas que promovem um crescimento normal favorecem uma adequada fertilidade. O acúmulo de hidratos de carbono, na forma de amido, tem uma forte relação com a formação das gemas frutíferas.

A diferenciação das gemas frutíferas começa no início do verão, enquanto o acúmulo de amido tem início um pouco antes (no final da primavera). Esse processo é mais intenso na parte mediana do ramo, e a diferenciação das gemas também ocorre primeiro nesta parte do ramo. O suprimento adequado de nitrogênio favorece o crescimento normal dos ramos e a cor verde das folhas. Isso determina uma boa formação de gemas frutíferas.

Regiões ensolaradas favorecem o balanço entre crescimento vegetativo e fertilidade das gemas. Em regiões menos ensolaradas, a quantidade de nitrogênio a ser aplicada deve ser menor. O excesso desse elemento é prejudicial à formação da gema frutífera e à frutificação ("pegamento" do fruto). A relação hidratos de carbono/nitrogênio também desempenha papel importante na formação da gema frutífera, conforme Quadro 1.8.

> **» DICA**
> Como vimos anteriormente, os **elementos minerais** podem ter um papel importante, seja por deficiência ou por excesso. O excesso de água no solo, p.ex., acentua o crescimento das gemas. Já a falta de água (ponto de murcha) diminui sua fertilidade.

Quadro 1.8 » Relação hidratos de carbono/nitrogênio

Hidrato de carbono moderado e nitrogênio elevado	• Promove o crescimento vegetativo intenso e a baixa formação de gemas frutíferas e produção de uvas. • Condição típica de plantas jovens em solos muito férteis ou fortemente adubados com nitrogênio e úmidos. • As folhas serão grandes, os entrenós longos, o crescimento será estendido por um período mais longo e a maturação do lenho deficiente.
Hidrato de carbono elevado e nitrogênio moderado	• O crescimento vegetativo será moderado com formação abundante de gemas frutíferas e de uva. • Condição típica de videiras maduras, desenvolvidas em solos moderadamente férteis e com teor de umidade adequado. • As folhas serão de tamanho normal, com entrenós de comprimento médio e maturação precoce do lenho.
Hidrato de carbono elevado e nitrogênio baixo	• Pobre desenvolvimento vegetativo e com limitada formação de gemas frutíferas e de uva. • Condição típica de cultivos em solos pobres de nitrogênio. • As folhas serão pequenas, verde-amareladas, com crescimento retardado do ramo, entrenós curtos e pouco lenho, porém maduro.

Há uma forte correlação entre o número de horas de Sol no período entre a brotação das gemas e a diferenciação das gemas e a porcentagem de gemas frutíferas. A variação no número de gemas frutíferas pode ser explicada pelo número de horas de Sol e pela temperatura média diária durante a formação dos primórdios florais no fim da primavera e início do verão.

Em regiões muito quentes, a fertilidade das gemas é reduzida, devido a um crescimento vegetativo contínuo e ativo, acompanhado por modificações nutricionais da videira. Nessas regiões, o acúmulo de hidratos de carbono é retardado e pouco intenso. A fertilidade das gemas é influenciada pela luz incidente sobre a gema, e não pela iluminação sobre a planta como um todo e pela fotossíntese.

> **» ATENÇÃO**
> Temperaturas muito altas (acima de 40°C) ou muito baixas (inferiores a 15°C) prejudicam o processo de florescimento.

» Formação de cachos e flores

As flores se formam em um período de 6 a 8 semanas, que vai da brotação ao florescimento. O broto frutífero que nasce de uma gema composta contém um cacho em posição oposta à folha basal, situado do 2° ao 5° nó. Como vimos, em geral, a parte mediana do ramo é a mais frutífera. As flores da videira são agrupadas em forma de cacho. Quando há flores, chama-se **inflorescência**. O desenvolvimento das inflorescências inicia no ano anterior ao florescimento.

A diferenciação das gemas frutíferas inicia no fim da primavera ou no início do verão (meados de novembro a início de dezembro), começando pelas gemas que já estão mais desenvolvidas. O processo é rápido. No fim do verão, todas as gemas que se desenvolverão em ramos frutíferos no próximo ano já estarão diferenciadas. Os rudimentos dos cachos continuam a se desenvolver até o fim do verão. Após, entram em descanso vegetativo no inverno, permanecendo dormentes até o início da primavera.

Durante o florescimento, as pétalas que compõem a caliptra se destacam na base, soltando-se todas juntas. Ao se destacarem, provocam a liberação do pólen dos estames que cai sobre o estigma. O processo ocorre em um período de até dois dias dentro da mesma inflorescência e dura, dentro de um mesmo vinhedo, até 20 dias.

» Polinização

O grão de pólen é muito pequeno (cerca de 20 μm de diâmetro) e tem forma oval. Tem uma parede formada por duas membranas. Internamente é formado por uma massa de protoplasma e de substâncias nutritivas de reserva. O grão de pólen liberado na floração atinge o estigma, de onde deverá iniciar o processo de fecundação. O grão de pólen é composto por três núcleos, um dos quais formará o tubo polínico e os demais fecundarão os óvulos ao atingirem o ovário.

As anteras normalmente se abrem logo após a queda das caliptras. Essa abertura é rápida, formando uma "nuvem" de pólen. Os dois sacos polínicos de cada lobo da antera abrem-se simultaneamente.

Alta umidade ou chuva prejudicam a abertura, pois dificultam o secamento das camadas externas das células. Dias nublados também retardam a abertura, pois aumentam a umidade e diminuem a temperatura do ar. As cultivares de *V.vinifera* são autopolinizadas. Completa-se esta fase com a chegada do grão de pólen ao estigma, onde este absorve o fluído estigmático e incha.

Depois de inchado, há a formação do tubo polínico, que penetra no estigma e se desenvolve em direção aos óvulos. Lá, irá ocorrer a fusão dos núcleos dos dois, iniciando a formação dos frutos. A polinização é afetada por fatores ambientais. Temperaturas baixas na fase de formação dos frutos causam o lento desenvolvimento do tubo polínico, que em alguns casos poderá não atingir o óvulo e, consequentemente, não haver fecundação. Chuvas nesse período causam diluição do fluído estigmático, que poderá não permitir o inchamento do grão de pólen sobre o estigma. Do mesmo modo, as chuvas prejudicam a fecundação pela lavagem que causam nas flores, carregando o pólen antes que este atinja o estigma. A carência de boro nos tecidos também é causa de desenvolvimento irregular do tubo polínico.

> » **ATENÇÃO**
> A abertura das anteras é afetada pela temperatura. Abaixo de 16°C a condição para abertura é pequena; acima de 40°C também, especialmente em condições de clima seco.

» Fixação de frutos

A fixação dos frutos é resultado da polinização, fertilização e formação de sementes. Alguns dias após o período de florescimento, entre 50 e 60% dos pistilos e bagas malformadas caem do cacho. Esses pistilos não haviam sido fecundados. Em algumas cultivares, permanecem bagoinhas, caracterizando o distúrbio chamado de **corrimento**. Nessa fase, há uma redução da carga total de frutos que ocorre naturalmente na videira, regulando sua capacidade de nutrir e amadurecer as uvas com o estado geral da videira.

» Formação de frutos e maturação

A formação normal de frutos da videira é decorrente da produção de sementes. No entanto, há outros mecanismos que induzem a formação de bagas completa ou parcialmente sem sementes e com "sementes vazias". Há cultivares que, em um mesmo cacho, têm esses tipos de fruto. Entretanto, o mais comum é verificar um só tipo de formação.

> **DEFINIÇÃO**
> De origem grega, a palavra **sigmoide** remete à forma da letra grega sigma, Σ, e significa "semelhante ao S".

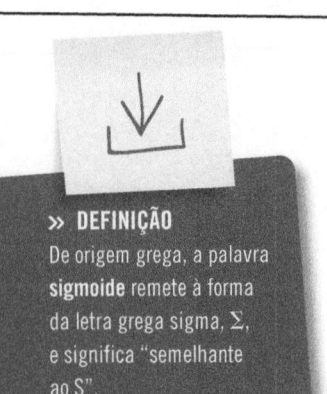

Principais tipos de frutificação

Após a fixação dos frutos, há uma fase de crescimento rápido, repartido em três períodos, que graficamente formam um padrão sigmoide. No primeiro período, a uva tem um rápido crescimento – é quando o pericarpo e a semente aumentam de tamanho, enquanto o embrião permanece pequeno. Há grandes teores de ácidos orgânicos no fruto nesta fase e uma alta taxa de respiração. O fruto contém clorofila e faz fotossíntese. Esse período dura, normalmente, de 5 a 7 semanas.

No segundo período, o crescimento da uva é mais lento, o endocarpo torna-se mais duro e ocorre grande crescimento do embrião, que completa seu desenvolvimento. O fruto tem altos teores de ácidos e inicia a síntese de açúcar. Começa a perda de clorofila e inicia-se o período de mudança de cor. Esse período dura de 2 a 4 semanas.

No terceiro período, há um novo grande acréscimo no crescimento da baga – devido ao aumento do tamanho das células. Ocorre o amolecimento da uva, o acúmulo de açúcar, a redução na acidez, o acúmulo de matérias corantes na película e o desenvolvimento dos aromas. Esse período dura de 5 a 8 semanas. A divisão dos períodos é variável com a cultivar e com o andamento do ano meteorológico. Os principais tipos de frutificação são:

- Partenocarpia estimulativa
- Estenoespermocarpia
- Semente vazia
- Frutificação normal

Partenocarpia estimulativa

A partenocarpia estimulativa é quando, para ter um fruto, há necessidade de um estímulo, geralmente provocado (por exemplo, incisão anelar). A cv. Black Corith é um exemplo. Apesar de ter pólen de alta germinabilidade, não há desenvolvimento de óvulos após o florescimento. Isso ocorre devido à má-formação do saco embrionário e à degeneração dos núcleos.

A partenocarpia estimulativa parece ser fortemente induzida por auxinas (principalmente) e por giberelinas. Haveria uma síntese considerável desses fito-hormônios nas flores e nos cachos, durante a germinação do grão de pólen. A uva se forma sem semente.

Estenoespermocarpia

A estenoespermocarpia é um tipo de frutificação em que há polinização e fertilização, seguidas de aborto do embrião. É o caso da Thompson Seedless e da Perlette. Essas cultivares apresentam, esporadicamente, desenvolvimento de fruto por partenocarpia estimulativa. Quando isso ocorre, as bagas são bem menores que na estenoespermocarpia. A uva se forma sem semente.

Semente vazia

No tipo de frutificação semente vazia, ocorre a polinização e a fertilização. Normalmente há o desenvolvimento do zigoto (ovo) até um determinado momento, quando então abortam. As sementes são de tamanho normal, mas vazias por dentro, com aparência de que tiveram embriões que abortaram e endosperma que degenerou e encolheu. Esse tipo de frutificação se deve a fatores genéticos e/ou nutricionais.

Frutificação normal
A frutificação normal ocorre na maioria das cultivares de videira. Por ocasião da abertura das anteras, o grão de pólen é jogado sobre o estigma do pistilo, onde germina. Os tubos polínicos crescem no estilo em direção ao ovário.

As duas células espermáticas entram no saco embrionário, sendo que uma delas fecunda o óvulo e forma o zigoto. Este se desenvolve em embrião e, posteriormente, em semente. A outra célula espermática une-se aos dois núcleos do saco embrionário, dando origem às substâncias nutritivas de reserva do endosperma.

Estádios de maturação
A maturação da uva pode ser dividida em quatro estádios: o verde, o de amadurecimento, o de maturação e o de supermaturação (Quadro 1.9).

Quadro 1.9 » Estádios de maturação

Estádio verde	• Do pegamento do fruto ao início de maturação. Há pouco açúcar, acidez alta e polpa dura.
	• A glicose predomina em relação à frutose. Os ácidos tartárico e málico estão em sua maior concentração.
Estádio de amadurecimento	• Do início da maturação até a maturação.
	• As uvas brancas tornam-se translúcidas, e as tintas mostram pigmentação.
	• A baga amolece.
Estádio de maturação	• É o estádio no qual a uva atingiu a composição compatível com os objetivos enológicos (maturação tecnológica).
	• Difere da maturação fisiológica (quando a uva atingiu os máximos teores de açúcar devido à fotossíntese, ou também considerado quando o embrião dentro da semente está apto a germinar).
	• Os teores de açúcar são máximos, os de acidez mínimos e a glicose e a frutose estão em proporção próxima a 1, variando de ano para ano e com a cultivar.
Estádio de supermaturação	• Importante para a produção de alguns vinhos licorosos. Dá-se em função de desidratação da uva, havendo uma concentração dos componentes da mesma.
	• Há maior teor de açúcares e maior acidez (poderá haver uma diminuição na acidez devido à metabolização do ácido málico).

Fatores de maturação

Há diversos fatores que afetam a maturação da uva. Há diferenças de potencial devido às características genéticas de cada cultivar. O potencial de acumular açúcar varia entre as cultivares. A soma térmica é outro fator importante, sendo que, em geral, quanto maior a soma térmica no período, maiores os teores de açúcares. A produtividade do vinhedo também influencia na maturação.

Em geral, a superprodução (muita carga de uva) provoca atraso na maturação ou mesmo impede a completa maturação dos frutos. Além disso, o sistema de condução é outro fator que afeta a maturação ao modificar a captação e a distribuição da radiação solar dentro do dossel vegetativo. Quanto mais luz e mais bem distribuída for entre as folhas, melhor a maturação da uva.

O estado sanitário da videira e a ocorrência de moléstias foliares (havendo desfolha precoce) afetam e prejudicam a maturação da uva, assim como a presença de viroses (especialmente o enrolamento da folha), que causa a diminuição na capacidade de maturar a uva. Algumas práticas de manejo, como a incisão anelar, aceleram o amadurecimento da uva. Já a adubação nitrogenada retarda e dificulta a maturação. A composição do mosto de uva fresca, sã e madura é variável (Quadro 1.10).

> **» ATENÇÃO**
> São verificados teores mais baixos de açúcar nos frutos sombreados ou em vinhedos com dosséis densos (pouca luz). Esse fato está associado ao aumento do tamanho das bagas (e à diluição dos açúcares). Por outro lado, a exposição ao Sol apressa o processo de maturação como um todo, especialmente o acúmulo de açúcar.

» Açúcares

A maior parte dos açúcares da uva provém das folhas, na forma de sacarose, que é transformada em frutose e glicose nas bagas. Em algumas espécies de videira, parte da sacarose permanece nessa forma na uva, chegando a 20% nas muscadíneas, 2% nas híbridas e apenas 0,4% nas viníferas.

Uma pequena parte do total de açúcares é originária de fotossíntese da própria uva, e uma quantidade também pequena (mas que pode atingir até 40% do total) é recebida das estruturas de reserva da videira. Uma parcela ínfima é produzida na própria baga, metabolizando os ácidos málico e tartárico. Predominam a glicose e a frutose, sendo esta última de sabor mais doce. Além da sacarose (que pode se desdobrar em glicose e frutose), outros açúcares estão presentes na uva:

- Rafinose
- Estaquiose
- Melibiose
- Maltose
- Galactose

Esses açúcares não são fermentecíveis e não influenciam as características sensoriais do vinho. A relação glicose/frutose varia no decorrer da maturação da uva, diminuindo de 5/1 no início do ciclo, para 2/1 na mudança de cor, atingindo 1/1 na maturação da uva. Na supermaturação, a relação se inverte para 0,9/1 (predomina a frutose).

Quadro 1.10 » Amplitude da composição (mínimo e máximo) do mosto de uva fresca, sã e madura

Componente	% mínimo	% máximo
Água	70	85
Carboidratos	15	25
Dextrose (glicose)	8	13
Levulose (frutose)	7	12
Pentoses	0,08	0,20
Pectinas	0,01	0,10
Inositol	0,02	0,08
Ácidos orgânicos	0,3	1,5
Ácido tartárico	0,2	1,0
Ácido málico	0,1	0,8
Ácido cítrico	0,01	0,05
Tanino	0,01	0,10
Compostos nitrogenados	0,03	0,17
Proteína	0,001	0,01
Amina	0,017	0,11
Humina	0,001	0,002
Amida	0,001	0,004
Amoníaco	0,001	0,012
Resíduos	0,01	0,02
Compostos minerais	0,3	0,5
Al	traços	0,003
B	traços	0,007
Ca	0,004	0,025
Cloretos	0,001	0,010
Cu	traços	0,0003
Fe	traços	0,003
Mg	0,010	0,025
Mn	traços	0,0051
Na	traços	0,020
K	0,15	0,25
P (fosfatos)	0,02	0,05
Ru	traços	0,001
Si (ácido silícico)	0,002	0,005
S (sulfatos)	0,003	0,035

Fonte: Adaptado de Hidalgo (2002) e Winkler e colaboradores (1974).

Também há diferenças varietais (na Chardonnay predomina a frutose, enquanto a Chenin Blanc tem alto teor de glicose) e diferenças em razão de condições de clima (em clima quente, tende a predominar a glicose). Do mesmo modo que com outros componentes da uva, os teores de açúcares variam muito de acordo com as cultivares e com as condições ambientais. Em geral, a uva madura contém de 12 a 28% de açúcar. Os aumentos que ocorrem após a maturação se devem à concentração, por perda de água, na fase de supermaturação. Os teores ideais para a elaboração de vinho variam com o objetivo, mas, em geral, ficam entre 21 e 25%.

>> Pectinas

As pectinas são derivadas do ácido poligalacturônico, apresentando-se na uva sob as formas de protopectina, pectina e ácido péctico. A protopectina se encontra principalmente nas paredes primárias das células, transformando-se em pectina à medida que a uva amadurece, amolecendo a fruta.

As *V.vinifera* têm quantidades pequenas de pectina em comparação às uvas americanas. A pectina é a responsável pela formação de um dos precursores do álcool metílico durante a fermentação, o que deveria tornar descartáveis as uvas americanas para a elaboração de aguardente bagaceira. Por outro lado, a pectina é o que permite a obtenção de doces e geleias de textura ideal, sendo as uvas americanas as mais utilizadas na elaboração desses produtos.

>> Ácidos orgânicos

São muitos os ácidos orgânicos presentes nas uvas. Geralmente predomina o **ácido tartárico**, que é pouco abundante na natureza, sendo um produto quase que exclusivo da uva. O segundo ácido mais presente na uva é o **ácido málico**, que ocorre em várias espécies vegetais e é o característico da maçã. Estes dois ácidos perfazem 90%.

Os ácidos **ascórbico**, **cítrico** e **fosfórico** também existem na uva em quantidades menores. Outros ácidos podem estar presentes em teores extremamente baixos. Até que a uva atinja metade de seu tamanho normal, há um incremento no teor de ácidos. Posteriormente, à medida que a uva amadurece, os teores diminuem.

Os ácidos tartárico e málico são elaborados nas folhas (a maior parte), mas também nas bagas. Do que está presente nos frutos, mais de 50% desses ácidos migraram das folhas através do floema. Uma parte é originada no próprio fruto, elaborado a partir de sacarose que chega até os frutos via floema.

Nos frutos em desenvolvimento, há um aumento progressivo de ácido málico e tartárico, desde a frutificação até um pouco antes da mudança de cor, diminuin-

> **>> IMPORTANTE**
> O ácido tartárico é mais forte do que o málico. Assim, cultivares com a mesma acidez, mas com maior teor de ácido tartárico do que málico, têm um pH mais baixo (uvas mais ácidas). Por isso, para regiões quentes, preferem-se cultivares com relação ácido tartárico/ácido málico elevada.

do durante a maturação. Entretanto, há aumento nos teores de seus sais mono e dibásicos. Desse modo, a relação sais/ácidos livres aumenta durante a maturação da uva, elevando o pH. A redução da acidez total durante a maturação do fruto ocorre, principalmente, em razão da decomposição do ácido málico.

O ácido tartárico tem um papel importante no vinho, graças à sua fineza organoléptica. O ácido málico, geralmente, é desagradável e áspero. No entanto, esse último desaparece nos vinhos através da fermentação malolática. Nos vinhos brancos, porém, é desejável uma pequena quantidade de ácido málico para melhorar sua qualidade.

As condições ambientais afetam os teores de ácidos da uva. Frutos expostos ao Sol tendem a ter maior acidez titulável e maior concentração de ácido tartárico do que frutos à sombra. Esse aumento de acidez pode ou não estar relacionado a uma diminuição de pH e acúmulo de potássio. Os menores teores de ácido málico nos frutos expostos ao Sol se devem a um incremento na atividade da enzima málica.

Ácido málico

O ácido málico é sintetizado pela videira tanto na presença de luz quanto na falta dela. Portanto, sua síntese não é diretamente ligada à atividade fotossintética. O cloroplasto das folhas é o principal local de síntese, mas pode ser formado em todos os órgãos a partir dos açúcares. As raízes, porém, têm um papel restrito. O ácido málico é facilmente respirado no fruto, formando CO_2 e H_2O (ciclo de Krebs).

As principais enzimas envolvidas nesse processo são a málica e a de-hidrogenase málica. Os fatores ambientais influenciam na síntese e na degradação do ácido málico. Sua síntese será sempre maior do que a degradação, sempre que houver energia, poder redutor ou substrato dentro da planta para tal. Na baga da uva, a produção de ácido málico é pequena, além de ser totalmente consumida. Ele acumula-se na baga por ser produzido pelas folhas. Durante a maturação, sua concentração diminui, pois a baga necessita de energia para acumular glicose e frutose. Tal energia é obtida da degradação do ácido málico. As práticas estimulantes de vigor da videira causam aumento no teor de ácido málico da uva. Isso ocorre porque aumentam as atividades foliares, retardando as diversas fases do desenvolvimento.

Adubações com nitrogênio e abundância de potássio no solo aumentam o teor de ácido málico. A degradação desse ácido também é influenciada pelas condições do meio. A temperatura influencia diretamente: as uvas provenientes de regiões e/ou anos mais frios são muito mais ricas em ácido málico do que as de regiões e/ou anos quentes.

O sistema de condução também exerce influência no teor de ácido málico da uva. Nos cachos que ficam muito altos em relação ao solo, as uvas são mais ricas em

> **» CURIOSIDADE**
> Cachos situados à sombra têm maiores teores de ácido málico do que aqueles expostos ao Sol, mas não está claro se isso se deve à ação da temperatura ou da luz. Aumentando a temperatura, há uma maior estimulação da enzima málica (responsável pela degradação de ácido málico) do que da enzima pep-carboxilase (responsável pela síntese de ácido málico).

> **» DICA**
> Há diferenças varietais nos teores de ácido málico. Por exemplo, Pinot Noir tem maior teor do que Cabernet Sauvignon, enquanto a cv. Isabel tem teores muito baixos de ácido málico.

ácido málico, o que se deve à diminuição da temperatura média à medida que se afasta do solo.

Ácido tartárico

O ácido tartárico é sintetizado a partir da glicose, passando pelo intermediário, ácido ascórbico. Portanto, depende da atividade fotossintética, necessitando da presença de luz. Nas folhas, encontra-se na forma de tartarato de cálcio. É sintetizado em grandes quantidades nas folhas muito jovens e em todos os órgãos com multiplicação celular intensa. É mais estável do que o ácido málico.

Não foram identificadas enzimas que o degradem. Sabe-se, porém, que se transforma em CO_2 em todos os estágios de desenvolvimento do fruto (o mesmo não ocorre com seus sais). As condições de meio que favorecem o acúmulo de ácido tartárico são pouco conhecidas. Aparentemente, as condições que favorecem a migração são mais importantes do que as que favorecem a síntese.

A temperatura, a luminosidade e o vigor da planta pouco afetam seu acúmulo. No entanto, há tendência de haver teores mais elevados desse ácido em condições de baixas temperaturas. Quando ocorrem chuvas, por exemplo, há um aumento no fluxo de ácido tartárico das folhas para as bagas.

>> Ácidos graxos

Os ácidos graxos estão presentes em pequenas quantidades, mas atuam como precursores de substâncias aromáticas. A proporção dos ácidos graxos encontrados na uva varia com a cultivar. Entre esses ácidos, encontram-se:

- Palmítico
- Esteárico
- Oleico
- Linoleico
- Linolênico

>> Potencial hidrogeniônico

O aumento gradual do potencial hidrogeniônico (pH) da uva durante a maturação reflete a formação de sais ácidos às expensas dos ácidos livres. A coloração da uva é influenciada pelo pH, sendo mais vermelha e brilhante em pH baixo e mais azulada e escura em pH alto. O pH da uva controla a fermentação. Deve ficar em valores entre 3,4 e 3,8. Em valores inferiores, haverá dificuldades na fermentação. Em valores superiores, a conservação do vinho será prejudicada.

Compostos fenólicos

Os compostos fenólicos desempenham diversas funções na uva e nos vinhos. São muito importantes, pois determinam a cor e a qualidade dos vinhos. A película e a semente são as principais áreas de acumulação de compostos fenólicos. As antocianas e as flavonas estão localizadas nos vacúolos das células da película (no caso das cultivares tintórias, também se depositam nos vacúolos da polpa). Os taninos são mais abundantes nas sementes do que nas películas.

Os compostos fenólicos apresentam diversas propriedades. A cor da baga deve-se às antocianas (vermelha) e flavonas, carotenoides e feofitinas (amarela). As folhas das viníferas tintas geralmente avermelham no final do ciclo enquanto as folhas das brancas amarelecem. As cultivares americanas, tanto tintas como brancas, geralmente amarelecem as folhas.

Os compostos fenólicos têm propriedades oxirredutoras. As funções fenóis se oxidam facilmente em quinona. Os alfa-difenóis são os mais facilmente oxidáveis (é o caso dos ácidos proto-cafeico, gálico, cafeico, da cianidínea, da delfinidínea, da petunidínea e das quatro moléculas de flavonas que formam os taninos).

A oxidação da uva durante a colheita e o transporte à cantina depende da abundância de sistemas enzimáticos que catalisam as reações. A presença de tirosinase (polifenol-oxidase), que é uma enzima ligada às membranas celulares da película da uva, acentua a oxidação. A enzima lacase (de origem exógena, produzida pela *Botrytis cinerea*) também causa a oxidação dos mostos, danificando à cor dos vinhos. A oxidação, porém, faz parte do processo de amadurecimento dos vinhos. Deve ocorrer de forma lenta e gradual: quando ocorre de forma rápida e intensa, compromete a qualidade do vinho, gerando alterações na cor e efeito gustativo indesejado. As propriedades gustativas dos compostos fenólicos se alteram durante a maturação da uva.

Os compostos fenólicos têm ação bactericida, em razão da presença de ácidos fenólicos e flavonoides. Têm ação antiviral resultante da ação combinada de taninos e proteínas. Apresentam também ação protetora à esclerose das artérias, pois as catequinas condensadas reforçam as paredes das artérias, aceleram a depuração do colesterol e se opõem à produção de histaminas.

A evolução dos teores de compostos fenólicos é fundamental para a obtenção de uva de qualidade. Na mudança de cor da uva, os taninos já estão presentes em aproximadamente 50% do seu teor total. Pouco antes da maturação, atingem o máximo. Já as antocianas atingem seu máximo durante ou após a maturação. Os compostos fenólicos se caracterizam, portanto, por:

- Taninos
- Ácidos fenólicos
- Flavonoides

> **ATENÇÃO**
> No vinho, a cor vermelha deve-se às antocianas, taninos-antocianas e taninos. A coloração alaranjada dos vinhos envelhecidos deve-se à condensação e polimerização oxidativa dos taninos. A cor branca dos vinhos deve-se, principalmente, a alguns tipos de taninos, mas também às flavonas.

> **IMPORTANTE**
> Devido às suas propriedades, como ação antioxidante e ação bactericida, responsáveis pela maturação da uva, os compostos fenólicos são determinantes da cor, do sabor e da qualidade dos vinhos.

> **DICA**
> Em uvas pouco maduras, as sementes e ráquis verdes contêm taninos agressivos, grosseiros e herbáceos. Esses são pouco apreciados devido à sensação de adstringência e gosto amargo. Nas uvas maduras, as películas fornecem taninos que evoluem com o tempo, entre diferentes formas e graus de condensação, dando equilíbrio e qualidade ao vinho.

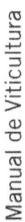

Tanino

O tanino está presente no fruto desde a mudança de cor da baga. São polímeros das flavonas. Na uva, aparece tanto na película como nas sementes, além de estar presente no engaço. A formação dos taninos acompanha a utilização dos açúcares. Os frutos verdes contêm grandes quantidades de tanino, que vão sendo hidrolizados durante o amadurecimento e mesmo durante o armazenamento das uvas.

Na uva madura, os taninos se encontram, fundamentalmente, nos engaços e nas sementes. Os taninos contribuem com parte do sabor da uva e dos vinhos. No vinho, encontram-se taninos formados de 2 a 10 monômeros, que influem na qualidade da cor. O grau de condensação dos taninos é responsável pela sua qualidade gustativa.

Ácidos fenólicos

Os ácidos fenólicos apresentam-se na uva sob a forma de ésteres, principalmente formando uma função ácida de um fenol e a função álcool de um açúcar ou de um ácido orgânico. Podem ser derivados do ácido benzoico (ácido gálico e vanílico) ou derivados do ácido cinâmico (ácido p-cumárico e cafeico).

Flavonoides

As moléculas dos compostos fenólicos estão, normalmente, no estado combinado, seja com um ácido orgânico seja com um açúcar (flavonóis e antocianóis, respectivamente). Combinam-se com elas mesmas na formação de polímeros (caso dos taninos). Veja o Quadro 1.11.

Em outras espécies de *Vitis* e na maioria de seus descendentes, encontram-se heterosídeos com moléculas de açúcar nas posições 3 e 5 (3 – 5 diglucosídeos). Isso permite a distinção entre viníferas, que têm somente monoglucosídeos, e americanas e/ou híbridas, que também têm diglucosídeos (principalmente malvidina).

Quadro 1.11 » Flavonoides

Flavonóis e flavonas	• Os flavonóis existem geralmente na forma de heterosídeos pela fixação de uma molécula de açúcar. Estes são chamados de flavonas.
	• São pigmentos amarelos, presentes em pequenas quantidades e sem importância qualitativa notável para o vinho.
Antocianídeos e antocianas	• Há cinco tipos de antocianídeos na videira: cianidínea, peonidínea, delfinidínea, petunidínea e malvidínea.
	• São heterosídeos formados pela combinação de uma aglicona (antocianidínea) e de um açúcar (geralmente glicose), fixados no C 3 em *V.vinifera*.
	• A antocianina mais abundante é a 3-monoglucosídeo da malvidínea.

›› Compostos nitrogenados

Vários compostos nitrogenados estão presentes na uva, como o cátion amônio e diversos compostos orgânicos. A uva contém vários aminoácidos que são essenciais para o crescimento das leveduras. Os teores e os tipos de aminoácidos presentes variam com a cultivar, local, estádio de maturação, condições de cultivo e método de determinação. Os aminoácidos mais importantes são:

- Ácido glutâmico
- Arginina
- Histidina
- Leucina
- Valina
- Ácido aspártico
- Fenilalanina
- Triptofano
- Prolina
- Serina
- Treonina

Os teores de aminoácidos livres aumentam à medida que a uva amadurece. Esses têm importância como precursores de substâncias aromáticas. A arginina predomina em algumas cultivares. A prolina predomina nas cultivares Cabernet Sauvignon, Merlot e Cabernet Franc.

›› Compostos minerais

Os compostos minerais são obtidos da solução do solo. A partir deles, ficam retidos na uva diversos elementos minerais. São estimados por meio combustão do fruto e determinação da composição das cinzas que restam. Em geral, de 0,2 a 0,6% do peso da uva fresca é composto por minerais. Os teores variam em função do solo onde está o vinhedo e, eventualmente, em função dos tratamentos fitossanitários que o vinhedo recebe.

›› Vitaminas

A uva contém vitamina A em quantidades de até 30 U.I. por 100 g de fruto. Entretanto, ela se perde na uva passa e na uva conservada a frio. O complexo vitamínico B (tiamina, riboflavina, piridoxina, ácido pantotênico, ácido nicotínico, inositol, biotina e ácido fólico) está presente na uva em quantidades apreciáveis. Os teores de vitamina C são mensuráveis, porém muito baixos.

>> Cor

O pigmento predominante na uva verde é a **clorofila**. À medida que ocorre a maturação, outros pigmentos, até então mascarados, começam a ser discernidos. Geralmente, os pigmentos encontram-se nas primeiras quatro camadas de células internas da película, fazendo exceção as cultivares tintórias que têm pigmentos na polpa. Os pigmentos da uva são antocianidinas modificadas pelo modo que se ligam às moléculas de glicose. São cinco tipos as existentes na uva:

- Cianidina
- Delfinidina
- Petunidina
- Peonidina
- Malvidina

Na espécie *V.vinifera*, existem somente monoglucosídeos (antocianidinas ligadas a apenas uma molécula de glicose), enquanto nas demais espécies ocorrem também diglucosídeos. Esse fato permite discriminar a origem de mostos e vinhos por **cromatografia**. Além das características genéticas, diversos fatores ambientais afetam a coloração da uva, como a luminosidade, temperatura, umidade do solo e nutrição.

Também fatores fisiológicos podem determinar alterações na pigmentação da uva, como a área foliar, a carga de frutos e a disposição do dossel vegetativo. A temperatura afeta não apenas no quanto de soma térmica é necessário para a completa maturação da uva. Também a variação de temperatura do dia para a noite afeta a deposição de pigmentos em uvas tintas. Quanto maior a diferença de temperatura do dia para a noite, melhor a coloração da uva.

> **>> IMPORTANTE**
> A exposição do cacho à luz solar é extremamente importante para as uvas tintas de coloração fraca. As uvas que normalmente têm teores altos de pigmentos necessitam de menor ou nenhuma exposição à radiação direta.

>> Sabor

O sabor resulta da reação complexa que se dá na boca, do gosto com o aroma. Muitas substâncias são identificadas pelo paladar humano, sendo basicamente quatro as sensações de sabor, a saber: doce, ácido, salgado e amargo. Também na boca identifica-se a sensação táctil de **adstringência**.

A qualificação da uva, tanto para mesa como para industrialização, depende mais da proporção relativa entre esses componentes do que dos seus teores absolutos. Parte da sensação de sabor, nas uvas de mesa, deve-se à sua textura.

> **>> DICA**
> A qualificação da uva depende, principalmente, da relação entre o sabor e o aroma.

Do mesmo modo que os aromas, os sabores se encontram em maior quantidade na película da uva.

» Aroma

Durante o processo de amadurecimento, a uva desenvolve os mais distintos aromas. O grande acúmulo de substâncias aromáticas ocorre nos últimos estádios da sua maturação. A maior parte dos aromas se encontra na película da uva, podendo haver substâncias aromáticas na polpa das moscatéis.

Na cultivares oriundas de *V.labrusca*, o aroma característico, dito "foxado" ou "aframboesado", deve-se à substância antranilato de metila. A uva Concord bem madura, produzida em condições favoráveis, poderá conter até 3,8 mg dessa substância aromática por litro de suco.

Dentre as viníferas, o grupo dos moscatéis é o que apresenta os aromas mais marcados, que se devem, principalmente, às substâncias linalol e geraniol (e, em menores teores, nerol, terpineol, citronelol, limoneno e hexanol). Tais aromas, em geral, permanecem no vinho, mas são destruídos pelos processos de produção de suco. Outras viníferas contêm determinadas substâncias distintas que lhes conferem aromas diversos, como:

- Cabernet Sauvignon (2-metoxi-3-isobutilpirazina)
- Sauvignon Blanc
- Sémillon
- Gewürztraminer (4-vinilguaiacol)
- Riesling Renano

Esses aromas permanecem no vinho, sendo precursores dos seus **buquês**. Outras viníferas são praticamente neutras em aroma. Mesmo estas podem fornecer vinhos providos de buquê, devido aos diversos processos que ocorrem durante a maturação e o envelhecimento do vinho.

As condições ambientais afetam os aromas da uva. Cachos expostos à luz solar têm menos aromas herbáceos, devido ao aumento na síntese de monoterpenos que mascaram aromas herbáceos originados pelas metoxipirazinas.

A concentração dessas metoxipirazinas em Cabernet Sauvignon pode chegar a 2,5 vezes o valor encontrado em cachos ao Sol. Esses efeitos podem ser alterados por práticas de manejo do vinhedo, como desfolhas ao redor dos cachos, desde que executadas antes da fase de viragem (início da maturação).

≫ Ecologia

Em botânica, **ecologia** diz respeito ao estudo da interação dos vegetais entre si e com o meio ambiente, considerando as suas adaptações morfofisiológicas. O desenvolvimento da videira depende, portanto, das variações em:

- Temperatura
- Clima
- Luminosidade
- Umidade
- Tipo de solo
- Regime pluviométrico
- Presença de nutrientes apresentados pelo meio ambiente

≫ Limites geográficos da viticultura no mundo

A videira é cultivada em todos os locais onde as condições de ambiente sejam razoavelmente favoráveis. A temperatura é o fator mais importante, limitando a cultura da videira. Essa limitação é provocada pelas baixas temperaturas, ainda que temperaturas demasiado altas também possam constituir um obstáculo à cultura.

Quanto mais próximo dos polos, menor é a temperatura, sendo necessário considerar os limites tolerados pela videira. Boas condições para a viticultura são encontradas entre os paralelos 30° e 49°N e 30° a 44°S. Condições especiais de viticultura, como no Equador, a 0° de latitude, onde o fator **altitude** atua amenizando o clima local, e no Vale do Rio São Francisco, no nordeste brasileiro, à latitude 9°S, são exceções.

≫ Latitude

As videiras encontram-se no Hemisfério Norte entre as latitudes 10° e 50°. Além desses limites, as condições necessárias para seu cultivo não ocorrem reunidas, especialmente no que diz respeito à temperatura ou às precipitações atmosféricas. Quanto maior a latitude, mais baixas são as temperaturas. Para cada grau de latitude que aumenta corresponde um atraso na brotação entre 2 e 6 dias e um prolongamento do ciclo vegetativo.

A latitude faz mudar o ângulo de incidência, aumentando o albedo conforme se aproxima dos polos. Esse efeito também se verifica na variação das estações do ano e durante as horas do dia. Quanto mais perpendicular a incidência da radiação (latitudes baixas, verão, próximo ao meio-dia), menor o albedo e maior a utilização de energia. Quanto mais tangencial a incidência da radiação (latitudes altas, inverno, nascer e pôr do Sol), maior o albedo e menor a utilização de energia.

O efeito da latitude no ganho solar se explica da seguinte forma: quanto mais elevada a latitude, maior a distância que a radiação solar precisa viajar através da atmosfera (portanto, maiores perdas) e maior a área da superfície da Terra sobre a qual uma determinada quantidade de radiação é distribuída (portanto, o mesmo feixe de luz se distribui sobre mais superfície).

> **IMPORTANTE**
> A variação sazonal do ângulo de incidência do Sol é explicada pela inclinação do eixo de rotação da Terra e varia conforme a posição do planeta em relação ao Sol em sua trajetória. A inclinação da direção do Sol, que ocorre no verão, aumenta tanto a duração do dia quanto a intensidade da radiação que chega à superfície.

» Altitude

A videira adapta-se bem a diversas altitudes, desde 61 m abaixo do nível do mar (Califórnia) até 2.473 m de altitude (Bolívia). Cada aumento de 100 m de altitude corresponde a um atraso na brotação de 1 a 2 dias e um atraso na maturação de 1 a 4 dias. A temperatura decresce em média 0,6°C para cada 100 m de altura, causando atraso de um dia para cada 30 m de altura (até os primeiros 1.000 m) e, após, um dia a cada 20 metros.

» Relevo e exposição

As encostas de pequeno declive são melhores para a viticultura, pois nelas há melhor drenagem, tanto da água nos solos como do ar frio na superfície. Quanto ao relevo, as colinas são mais propícias à videira, pois nelas os nevoeiros dissipam-se mais rapidamente, aumentando as possibilidades de insolação. Exposição em relação ao Sol é um fator importante para a videira. No Hemisfério Sul, um vinhedo instalado em uma pendente voltada para o Norte, em latitude superior a 23°30′ (além do Trópico de Capricórnio) terá sempre maior insolação do que outros.

Além das influências da latitude, da estação do ano e do horário do dia, há um efeito relativo à exposição solar de uma superfície que está diretamente relacionado ao relevo. Na latitude 40°, em relação a uma superfície plana há consideráveis reduções ou incrementos no total de radiação incidente, em função da declividade.

Como exemplos, temos, no Hemisfério Sul, um declive de 100% voltado para o quadrante Norte. Esse declive terá 35% a mais de radiação incidente, enquanto um voltado ao quadrante Sul terá 74% a menos de radiação incidente quando comparado à superfície plana (declive 0%). Em declive de 58%, a face Norte receberá 31% a mais de radiação incidente, e a face Sul 42% a menos de radiação do que a superfície plana.

Em um declive mais corriqueiro para as condições brasileiras (27%), a face Norte receberá 19% a mais de radiação, enquanto a face Sul receberá 28% a menos de radiação do que a condição de planície. Em latitudes menores, esse efeito não é tão pronunciado, mas ainda existe. Alguns parâmetros climatológicos e/ou fenológicos da planta são afetados pela exposição solar dada ao vinhedo, conforme Quadro 1.12.

Quadro 1.12 » Efeitos relativos da orientação solar (exposição em relação ao ponto cardinal) sobre parâmetros climatológicos e/ou fenológicos da videira

Parâmetro climatológico ou fenológico	Orientação solar (exposição)			
	Norte	Sul	Leste	Oeste
Época de brotação	Adiantada	Atrasada	Atrasada	Adiantada
Temperatura máxima na videira	Maior	Menor	Menor	Maior
Rapidez em secar as folhas pela manhã	Sem efeito	Sem efeito	Rápido	Lento
Aquecimento dos frutos em função de radiação solar	Maior	Menor	Menor	Maior
Aquecimento da videira no inverno em função da radiação solar	Maior	Menor	Menor	Maior

» Florestas

As florestas nativas, maçicos florestais cultivados, bosques, capões ou outras formações arbóreas têm um efeito benéfico para o clima em geral, pois atuam como reguladores da umidade atmosférica devido à alta capacidade de evapotranspiração desses ecossistemas. Desse modo, as florestas diminuem a amplitude térmica diária e estacional, o que pode ser benéfico (ou, em alguns casos, não) para a viticultura.

Além desses efeitos, as árvores podem constituir-se em quebra-ventos, o que é altamente vantajoso, pois a proteção aos ventos reduz a quebra de ramos e diminui a incidência de antracnose na videira. Já a existência de árvores que possam impedir o fluxo de massas de ar frio pode aumentar o risco de geadas nos locais onde o ar fica represado.

❯❯ Massa de água e continentalidade

As grandes massas de água atenuam as mudanças bruscas na temperatura. Os outonos são mais longos e os primeiros calores de fins de primavera e início de verão são amenos. Essas condições podem ser benéficas para a videira. Entretanto, o ar próximo aos oceanos ou outras massas de água de grande porte (lagoas, grandes açudes, lagos, etc.) têm sempre um conteúdo maior de umidade do que as massas de ar que estão mais afastadas. Isso torna o ambiente mais favorável à incidência de moléstias fúngicas, as quais necessitam de alta umidade atmosférica para se desenvolverem. Quanto mais para o interior dos continentes e, portanto, longe dos oceanos, maior é a variação de temperatura diária e sazonal. Dependendo de outras características climáticas da região, esse efeito poderá ser benéfico ou não.

> ❯❯ **DICA**
> Em locais de clima normalmente quente, é desejável que haja maior variação diária da temperatura, para que haja melhor coloração das uvas. Em locais de clima frio, esse efeito é indesejável, pois poderá haver prejuízos à maturação da uva.

❯❯ Clima

O Brasil, por sua área imensa, apresenta diversos tipos de clima. Sabe-se, atualmente, que o cultivo da videira é possível em praticamente todo o território nacional, até mesmo na região amazônica (conforme descobriu-se mais recentemente), apesar de suas elevadas temperaturas e umidade do ar.

A região sul-brasileira encontra-se em área que, em termos de comparação com a viticultura mundial, seria considerada inadequada, devido ao excesso de umidade atmosférica. No entanto, escolhendo-se as melhores macrorregiões e cultivares adaptadas, e adotando-se práticas culturais condizentes, pode-se chegar a produções de alta qualidade.

> ❯❯ **CURIOSIDADE**
> Nas regiões de clima com estação seca e estação de chuvas, as práticas culturais e o manejo de irrigação vêm permitindo a viticultura em moldes diferentes dos de qualquer outro lugar no mundo.

❯❯ Temperatura

Para amadurecer seus frutos, a videira precisa de calor, especialmente no período entre a floração e a maturação da uva. Neste período final, ela exige temperaturas próximas aos 30°C para que a acidez dos frutos não seja muito elevada. A soma de temperaturas necessárias varia com a cultivar, sendo menor nas de ciclo precoce (Chardonnay e Pinots) e maior nas de ciclo tardio (Cabernet Sauvignon e Nebbiolo).

Extremos de temperatura limitam a viticultura. As temperaturas mínimas mortais para a videira variam com a espécie e a cultivar. As espécies americanas suportam, quando estão em dormência, temperaturas mais baixas que as europeias, respectivamente, −25°C e −15°C. Durante o ciclo vegetativo, a videira resiste até −1,1°C na abertura das gemas, até −0,5°C na plena floração e até −0,5°C no fruto jovem.

> ❯❯ **IMPORTANTE**
> Temperaturas altas também limitam o cultivo. A partir de 39°C e até os 45°C ocorre uma redução progressiva nas atividades vitais da videira. Acima dessas temperaturas, as atividades cessam e a temperatura de 55°C é letal para a planta.

>> Luminosidade

Para que a fotossíntese tenha as melhores condições é necessário um determinado número de horas de Sol. Alta luminosidade favorece a formação de uva com elevado teor de açúcares e baixo teor de ácidos. Em geral, quanto maior a luminosidade, melhor a qualidade da uva. Normalmente, as videiras necessitam, durante seu período vegetativo, de 1.200 a 1.400 horas de Sol. Esses valores ocorrem em todo o país.

>> Pluviosidade

A videira, especialmente a *V.vinifera*, se adapta melhor a um clima seco, com precipitações próximas de 600 mm. Entretanto, suporta climas com chuvas de 1.600 mm anuais, sem dificuldades. O regime de chuvas ideal seria com precipitações no inverno e primavera, e com verão seco. Isso propiciaria uma boa brotação e crescimento dos ramos e uma melhor e mais completa maturação da uva.

Períodos secos são bem suportados pela videira, dependendo do tipo de solo (e suas características de armazenamento de água), do porta-enxerto (e seu tipo de enraizamento) e da densidade de plantio (quanto maior, mais sensível às secas). Em condições europeias normais, o valor médio de necessidade de água é de 4 L/dia/planta e o consumo de 500 L/kg de material lenhoso formado.

Locais com precipitações anuais inferiores a 450 mm somente permitem uma viticultura irrigada. Do mesmo modo, locais com precipitações altas, porém mal distribuídas, também demandam irrigação (Vale do Rio São Francisco, com 800 mm/ano, e noroeste Paulista, com 1.280 mm/ano). No sul do país, visto que todas as regiões apresentam chuvas superiores ao limite mínimo de 600 mm/ano para o desenvolvimento da videira, o que pode tornar-se limitante é o **excesso de precipitação**.

> **>> DICA**
> Em princípio, quanto menos chuva, melhor a uva produzida.

>> Vento

Ventos fortes são danosos à videira, pois quebram ramos novos e também aumentam a incidência de moléstias. No sul do Brasil, os ventos do sul-sudoeste (minuano) e do oeste-sudoeste (pampeiro) causam grandes danos às videiras, aumentando a intensidade das infecções por antracnose.

Por outro lado, ventos secos podem ser benéficos ao reduzirem a umidade atmosférica e, por conseguinte, ao diminuírem a incidência de míldio e podridões. Já ventos fortes e/ou excessivamente secos podem causar danos ao desidratarem as uvas e, eventualmente, até as folhas. Os ventos estão associados ao avanço das massas de ar. No sul do Brasil, três tipos de massas de ar predominam:

- Massa Polar Atlântica, que é fria e úmida
- Massa Equatorial, que é quente e úmida
- Massa Tropical Continental, que é quente e seca

Em locais sujeitos aos ventos constantes, a proteção a eles permite aumentar a produtividade dos vinhedos em quase 30% devido a um aumento na área foliar.

» Umidade relativa do ar

A umidade relativa do ar condiciona diversas atividades metabólicas da videira. A absorção de água pela planta é maior em condições de baixa umidade do ar. A respiração e a transpiração também são inversamente proporcionais à umidade relativa do ar. Em geral, locais com alta umidade relativa do ar propiciam maior incidência de moléstias fúngicas da videira. A umidade considerada ideal fica entre os 62 e os 68%.

» Granizo

A quebra dos ramos reduz a produção (que em geral não se recupera na mesma safra) e a área foliar (que eventualmente se recupera durante o ciclo vegetativo, dependendo do estado fenológico em que se encontra a planta). O rompimento das bagas (sem que caiam da videira) aumenta a incidência de moléstias fúngicas nestes pontos.

> **» IMPORTANTE**
> A ocorrência de granizo é prejudicial à videira, pois causa quebra de ramos, rompimento de bagas e injúrias no lenho. Onde o granizo bate, formam-se lesões nas quais se acumulam esporos de fungos.

» Geada

Durante o período de repouso da videira, a ocorrência de geada não causa dano. Entretanto, se as geadas atingirem os brotos novos na primavera, os danos são muito graves. As **geadas de advecção**, causadas pela entrada de frentes de ar de temperatura muito baixa, são extremamente danosas. As geadas de advecção são chamadas de **geadas negras** e matam as células por desidratação. Ocorrem raramente, pois é necessário que a temperatura da frente fria seja muito baixa, e não há meios de controle.

As **geadas de radiação** ocorrem nas seguintes condições:

- Quando a temperatura do ar já está baixa.
- Quando a superfície da terra (solo e vegetação) perde calor por radiação durante a noite.
- Quando a massa de ar que cobre esta superfície, resfria, ficando mais densa.
- Quando, comportando-se como um fluido, devido à sua maior densidade, o ar frio escorre para os locais mais baixos do relevo.

> **» IMPORTANTE**
> As chuvas de pedra costumam ocorrer ano após ano nos mesmos locais, sendo a rota que estas seguem afetada por condições de relevo.

• Quando, nos locais mais baixos do relevo, a temperatura atinge valores suficientemente baixos para haver condensação do vapor de água contido na massa de ar, antes de se formar orvalho.

Portanto, os meios para reduzir os riscos são **aquecimento do ar** e **turbilhonamento do ar**, a fim de evitar que o ar frio se deposite e impedir que o ar perca calor (o que se obtém aumentando a quantidade de água na massa de ar, já que esta tem um calor específico alto e custa mais a perder calor).

›› Solo

A videira adapta-se a vários tipos de solo, com exceção dos turfosos, dos muito úmidos e dos muito adensados. Com a criação de porta-enxertos foi possível adequar a viticultura às mais diversas situações, havendo cultivares adaptadas para cada caso.

Profundidade

Para um bom desenvolvimento e crescimento do sistema de raízes, a videira deve dispor de uma profundidade de solo suficiente. Com isso, eliminam-se os solos rasos (menos de 50 cm de profundidade), os solos com lençol freático próximo à superfície e os solos com algum impedimento de ordem química que limitem a expansão das raízes a maiores profundidades.

Solos profundos permitem à videira um abastecimento regular e constante de água e nutrientes, o que é favorável à qualidade da uva. Solos rasos também podem ser utilizados, desde que o fornecimento de água e nutrientes seja feito por fertirrigação.

Textura e estrutura

O emprego de porta-enxertos permite o plantio de vinhedos em diversos tipos de solos, desde os **arenosos** (menos de 10% de argila) até os **argilosos** (próximo a 50% de argila). Entretanto, o melhor desenvolvimento é obtido em solos **francos**, onde as percentagens de argila, silte e areia sejam similares.

Cor

A cor do solo pode desempenhar um papel importante. Em geral, solos escuros aquecem com maior facilidade, sendo recomendados para o plantio de uvas tintas, enquanto solos claros aquecem menos e mais lentamente, sendo recomendados para cultivares de uva branca.

Composição química

A composição química é importante na nutrição da videira. O pH condiciona a disponibilidade de vários nutrientes minerais. No Brasil, recomenda-se a correção de pH para atingir 6. No entanto, são produzidos vinhos de qualidade em solos de pH

›› **DICA**
Solos arenosos, em geral, são quimicamente menos férteis, mas propiciam um enraizamento maior. Por outro lado, solos argilosos são quimicamente mais férteis, mas o enraizamento é menor. Solos francos estão em situação intermediária.

desde 5,5, a 8. A presença de argila e matéria orgânica está diretamente ligada à Capacidade de Troca de Cátions (CTC) do solo.

A CTC tem influência direta na nutrição química da videira, sendo que, quanto maior seu valor, maiores os teores de matéria orgânica e argila. Porém, sabe-se que solos muito férteis levam a uma produção excessiva e a uma consequente redução qualitativa da uva. Desse modo, os melhores vinhos são obtidos em solos não muito ricos quimicamente.

> **» NO SITE**
> Acesse o ambiente virtual de aprendizagem para fazer atividades relacionadas ao que foi discutido neste capítulo.

» RESUMO

Ao longo deste capítulo, estudamos a videira sob diferentes aspectos. Vimos os aspectos anatômico e morfológico, ou seja, estrutura, formas e características de suas partes. Além disso, vimos aspectos fisiológicos, isto é, seus processos orgânicos e vitais, bem como a relação interdependente entre eles, e aspectos ecológicos, referentes ao estudo da sua relação da videira com o meio ambiente.

Vimos também que o conhecimento das funções e necessidades da videira e das condições ambientais adequadas ao seu cultivo, como temperatura, clima, nutrição, manejo do solo, etc., é essencial no processo de produção de uva e, consequentemente, na qualidade do vinho produzido, assuntos que trataremos mais detalhadamente no próximo capítulo.

capítulo 2

Implantação do vinhedo na produção de uvas

Há etapas e critérios a serem seguidos para se obter sucesso na implantação do vinhedo e, consequentemente, na produção de uvas. Neste capítulo, veremos como avaliar as condições de um local de plantio de vinhedo. Aprenderemos que é necessário fazer um planejamento prévio para a implantação de um vinhedo e aprenderemos as etapas desse planejamento. Por fim, veremos como determinar o tipo de uva e a cultivar adequada para obter uma boa produção.

Objetivos deste capítulo

» Examinar as condições do local de plantio do vinhedo (econômicas, climáticas, biológicas, históricas).

» Estabelecer um planejamento prévio de implantação do vinhedo, considerando primordialmente a viabilidade econômica.

» Aplicar as etapas de planejamento prévio na implantação do vinhedo, reconhecendo a importância de cada uma delas.

» Diferenciar os tipos de uva e as cultivares adequadas à finalidade de sua produção.

» Relacionar as características e os tipos das cultivares americanas e europeias.

» Avaliar os critérios de porta-enxertos para cada tipo de cultivar.

» Saber os métodos de avaliação e prática de adubação e nutrição do vinhedo.

❯❯ Introdução

Por ser um investimento de longo prazo, de alto custo e que deverá durar vários anos, o plantio de um vinhedo exige um planejamento prévio, a fim de avaliar as condições adequadas e necessárias para sua execução. Algumas das condições a serem avaliadas são:

- Viabilidade econômica
- Clima
- Região
- Histórico de cultura da região
- Adequação física e química do solo
- Disponibilidade de água e nutrientes

❯❯ Considerações econômicas

A parte mais importante de um planejamento prévio é determinar se o projeto será ou não economicamente viável. O potencial de mercado deve ser explorado antes do plantio do vinhedo para saber onde a uva poderá ser vendida. A variedade escolhida deve ser uma que interesse às indústrias.

Para obter informações sobre isso, deve-se consultar as tabelas de preço pago pelas cantinas para cada variedade, bem como se informar a respeito de tendências futuras e de novas áreas de vinhedo que ainda não entraram em produção. O essencial para o sucesso de um vinhedo é a combinação favorável de local, cultivares de videira e correto manejo da cultura, como veremos neste capítulo.

> ## **PARA REFLETIR**
>
> Antes de plantar um vinhedo em um novo local, várias questões devem ser consideradas:
>
> - O novo vinhedo será economicamente viável?
> - O clima é adequado para a cultivar de videira escolhida?
> - O solo poderá suportar um vinhedo sadio?
> - Há água suficiente e de boa qualidade para os tratos fitossanitários e talvez irrigação no primeiro ano?
> - As culturas anteriores neste local tiveram sucesso?
> - Existem problemas de ordem biológica neste local?

Etapas do planejamento de vinhedo comercial

Para o racional plantio de um vinhedo comercial, algumas etapas devem ser seguidas. Um ano antes do previsto para o plantio do vinhedo, o produtor deve aplicar essas etapas para, quando iniciar o trabalho a campo, ter uma ideia clara dos problemas que serão enfrentados. O Quadro 2.1 apresenta as etapas de planejamento de implantação de um vinhedo.

Escolha do local

Como vimos, existem diversos fatores a serem observados na escolha do local de plantio do vinhedo. Dentre eles, um dos mais importantes é o **clima**.

Clima

O primeiro item a ser observado quando da implantação de um vinhedo é o clima da região. Um estudo prévio deve ser feito, com base nos dados climáticos locais,

Quadro 2.1 » Etapas de planejamento de implantação de um vinhedo

- Determinar as tendências de mercado e de demanda das cantinas, no caso de uva para indústria, e as tendências de mercado de uva *in natura* no caso de uva de mesa. Escolher então as cultivares apropriadas.

- Fazer uma prospecção no solo por meio de pequenas escavações, visando determinar sua adequação física e química para viticultura.

- Verificar a existência de mananciais de água (analisando sua quantidade e qualidade), visando irrigação e tratos fitossanitários.

- Coletar amostras de raízes de plantas nativas e de solo para verificar a presença de nematoides, de fusariose, de pérola-da-terra, de pé-preto etc.

- Verificar a presença de videiras ou outras frutíferas que estejam morrendo, para determinar a *causa mortis* – se por moléstia ou problema nutricional (deficiência ou toxidez).

- Limpar a área e, se necessário, fazer seu nivelamento.

- Subsolar o solo quando este estiver seco. Lavrar em profundidade, desmanchar os torrões, deixando-o pronto para fumigação (se necessário para controlar pragas de solo).

- Controlar invasoras perenes, como grama-seda (*Cynodon dactylon*), tiririca (*Cyperus* spp), quicuio (*Pennisetum clandestinum*), etc.

- Mapear o local onde será implantado o vinhedo (medição com trena).

- Fazer um mapa em escala do local, incluindo orientação das fileiras, do espaçamento entre fileiras e dentro das fileiras, do comprimento das fileiras (permitindo manobrar as máquinas), de ruas e estradas internas para escoar a produção, do sistema de irrigação (se necessário), do sistema de drenagem (se necessário), da área para carregar veículos e caminhões.

- Encomendar o material de propagação para o viveirista. Evidentemente, deve ser material de sanidade garantida e com identidade varietal correta. Caso sejam adquiridas estacas de porta-enxertos, barbados ou mudas enxertadas já prontas, o ideal é fazer a encomenda com um ano de antecedência, prevendo uma perda de até 30% das mudas.

- Instalar sistema de drenagem (se necessário).

- Instalar sistema de irrigação e proteção contra geada (se necessário).

- Plantar uma cultura de cobertura para proteção do solo adequada ao clima e solo locais, como pensacola (*Paspalum notatum*), ervilhaca (*Vicia sativa*), trevo-de-carretilha (*Medicago polymorpha*) ou outras.

- Se necessário, instalar proteção contra lebres e roedores.

- Instalar o vinhedo no início da primavera, após ter passado o risco de geadas.

visando identificar o potencial de produção, bem como o melhor tipo de produto a ser obtido. Feita uma escolha adequada, será possível elaborar um produto de qualidade. Em geral, vinhos de melhor qualidade provêm das áreas menos quentes, porém nem sempre é assim.

Dentre alguns fatores climáticos importantes, a temperatura é o mais limitante. No Brasil, são raríssimos os locais de soma térmica insuficiente para a viticultura. Nos lugares mais frios, a ocorrência de geadas na primavera pode ser limitante à viticultura, se estas forem muito frequentes.

É fundamental levar em conta todos os fatores climáticos que influenciam o desenvolvimento da videira e, para tanto, devem ser obtidos dados climáticos da região onde se pretende instalar o vinhedo, sendo necessário conhecer os seguintes dados:

- Temperatura média mensal
- Precipitação média mensal
- Horas de Sol mensal

Para que se defina o tipo de clima vitícola e o manejo a ser dado na videira, a avaliação destes dados se faz essencial. Um fator chave para definir o tipo de clima vitícola e manejo a ser dado é saber a temperatura média do mês mais frio. Caso seja inferior a 18°C, é necessário fazer uma prospecção no solo por meio de pequenas escavações, visando determinar sua adequação física e química para viticultura. Caso seja superior a 18°C, é necessário verificar a existência de mananciais de água (analisando sua quantidade e qualidade), visando irrigação e tratos fitossanitários.

Outro fator-chave para definir o tipo de clima vitícola e manejo a ser dado é a precipitação pluvial anual. Se superior a 600 mm, então se deve praticar a **viticultura convencional**. Se a precipitação pluvial for inferior a 80 mm/mês por três meses consecutivos, então se deve praticar a **viticultura tropical**, com irrigação e quebra de dormência.

Viticultura convencional

Na viticultura convencional, alguns índices devem ser observados:

- Condições de repouso hibernal
- Soma térmica
- Condições heliotérmicas
- Condições hidrotérmicas
- Condições para maturação da uva

Condições de repouso hibernal

Para que se obtenha produção com regularidade, longevidade da planta e frutos de composição equilibrada, é necessário que a videira tenha um período de dormência anual. Nas regiões áridas e quentes do Vale do Rio São Francisco, devido

> **ATENÇÃO**
> Chuva e umidade em excesso prejudicam o desenvolvimento sadio da videira, e ventos podem causar danos mecânicos (quebra de ramos), aumento de transpiração (com maior necessidade de água) e maior incidência de moléstias como a antracnose.

> **CURIOSIDADE**
> No geral, a viticultura convencional é praticada nos estados do Rio Grande do Sul, Santa Catarina, Paraná, São Paulo (exceto sua região noroeste), região serrana do Rio de Janeiro e do Espírito Santo e regiões de altitude em Minas Gerais. Nas demais áreas, será necessário recorrer à irrigação e à quebra de dormência química.

> **ATENÇÃO**
> Utilizam-se os somatórios de horas de temperatura abaixo de 7,2°C ou 10°C ocorridas entre maio e agosto. Quanto maior o valor registrado, melhores as condições de repouso. A temperatura média do mês de maio pode ser usada como estimativa das condições de repouso, sendo que a condição ideal ocorre quando a média de temperatura é inferior a 14,5°C. Condições consideradas inaptas ocorrem quando a temperatura é superior a 16,5°C.

à falta de frio, a videira nunca entra em dormência verdadeira, sendo a queda de suas folhas forçada pela supressão da água de irrigação e/ou aplicação de fito-hormônios.

Para que rebrote é preciso aplicar às gemas tratamento químico para quebra de dormência e reiniciar o suprimento de água. Para perfeita diferenciação dos meristemas vegetativos em frutíferos e levantamento da dormência, é necessário haver sete dias consecutivos com temperatura média inferior a 10°C. Quando não é satisfeita a exigência em frio nessa época, ocorrem distúrbios fisiológicos que levam à inibição de gemas na parte inferior dos ramos, prejudicando e/ou impedindo sua brotação.

Quando a temperatura média do mês mais frio for superior aos 18°C, a região será tratada como **clima tropical**. Neste caso, as videiras não entrarão em dormência, mas em quiescência, e haverá necessidade de um manejo específico. Para definir o manejo a ser dado, sugere-se observar os dados conforme o Quadro 2.2.

Soma térmica

A soma térmica é a soma de graus/dia no período de desenvolvimento da videira (nas condições normais do Brasil, de outubro a abril). Quanto maior o valor, teoricamente, maiores as possibilidades de produção. Em princípio, em todas as regiões do país, a soma térmica permite a cultura da videira.

Uma possibilidade é usar a Temperatura Efetiva (TE), como na Califórnia, nos Estados Unidos, que corresponde ao somatório das temperaturas médias diárias di-

Quadro 2.2 » **Escolha de cultivares com relação às horas de frio**

Manejo	Temperatura média em maio – horas de frio abaixo de 7,2°C entre maio e agosto			
Temperatura/maio	<14,5°C	14,6 – 16,5°C	16,6 – 17,9°C	>18°C
Horas de frio	> 500 h	500 > 400 h	400 > 150 h	150 > 100 h
Poda*	qualquer	qualquer	curta	curta
Cultivares**	qualquer	qualquer	férteis na base	férteis na base
Quebra de dormência***	desnecessária	recomendada	recomendada	imprescindível

*Poda: *qualquer* tipo de poda significa que pode ser curta (esporões) ou mista (varas e esporões).

**Cultivares: *qualquer* cultivar significa todas (gemas férteis em qualquer posição da vara); *férteis na base*, significa que, quando podadas curtas, irão produzir uva a partir das gemas basais.

***Quebra de dormência: significa fazer uso de cianamida hidrogenada ou outro produto para estimular o início da brotação.

minuídas da temperatura de base da videira (considerada 10°C), no período de outubro a abril.

As cultivares precoces necessitam de menor soma térmica do que as tardias, podendo ser cultivadas em regiões de baixa ou alta soma térmica. As de ciclo tardio (mais tempo até a maturação da uva), ao contrário, têm que ser plantadas em locais com soma térmica elevada, sob pena de não atingirem a maturação completa da uva. Veja as necessidades de soma térmica das cultivares no Quadro 2.3.

Condições heliotérmicas

As condições heliotérmicas (temperatura e luz solar) informam o potencial heliotérmico e incorporam um fator de correção para altas latitudes. A condição heliotérmica é calculada com a fórmula:

$$IH = \sum [(T - 10) + (Tx - 10)]/2 \cdot k,$$

> » **ATENÇÃO**
> O critério da Califórnia não pode ser utilizado isoladamente no Brasil, pois o clima desse Estado é mais seco, propiciando maturação mais completa à uva, com consequente menor acidez. Entretanto, esse critério é útil na indicação de cultivares com relação às necessidades de soma térmica.

Quadro 2.3 » **Regiões climáticas e cultivares indicadas***

Região	ΣTA °C	Uva tinta indicada	Uva branca indicada
I	<1.370	• Gamay • Pinot	• Chardonnay • Traminer
II	1.370-1.650	• Gamay • Pinot • Merlot • Cabernet Franc • Cabernet Sauvignon • Grenache • Malbec	• Chardonnay • Pinot Blanc e Gris • Chenin • Sauvignon • Riesling
III	1.650-1.925	• Cabernet Franc • Cabernet Sauvignon • Gamay • Grenache • Malbec • Nebbiolo • Sangiovese	• Chenin • Pinot Blanc e Gris • Sauvignon • Sémillon • Trebbiano

(continua)

Quadro 2.3 » **Regiões climáticas e cultivares indicadas*** *(continuação)*

Região	ΣTA °C	Uva tinta indicada	Uva branca indicada
IV	1.925-2.200	• Alicante Bouschet • Barbera • Grenache • Nebbiolo • Sangiovese • Touriga	• Chenin • Moscato Bianco
V	2.200-3.300	• Barbera • Grenache • Touriga	• Moscato Bianco
VI	>3.300	• Uvas de mesa	• Uvas de mesa

*Esta classificação serve apenas como indicador das necessidades de soma térmica das cultivares.

onde

- T = temperatura média do ar (°C);
- Tx = temperatura máxima do ar (°C);
- k = coeficiente "comprimento do dia", variável de 1,02 a 1,06 para latitudes entre 40° e 50°. Para as latitudes brasileiras é desconsiderado (utiliza-se o valor 1).

É feito o somatório dos valores obtidos para o período de vegetação da videira no Hemisfério Sul, considerando de 1 de outubro a 31 de março. Já as localidades são enquadradas em classes, e as cultivares, indicadas segundo o tipo de clima, conforme Quadro 2.4.

Condições hidrotérmicas

Quanto mais alto o valor das condições hidrotérmicas, mais possibilidades para a videira, mas também mais intensas as moléstias fúngicas. Esse valor é calculado pelo somatório de precipitações pluviométricas multiplicado pela temperatura média, ambos os valores obtidos do período de vegetação da videira (outubro a abril), dividido pelo número de dias deste período (considera-se, em geral, 242 dias).

As regiões preferenciais são as que têm um valor inferior a 70, e as inaptas, as que têm um valor superior a 100. Poucas regiões apresentam o valor ideal no Brasil, conforme mostra o Quadro 2.5.

» **ATENÇÃO**
As condições hidrotérmicas avaliam a disponibilidade de calor para o crescimento das videiras, junto com a possibilidade de infecção por fungos.

Quadro 2.4 » **Classes climáticas do índice heliotérmico de Huglin e cultivares recomendadas**

	Índice heliotérmico	
Classe do clima	**Intervalo de classe**	**Cultivares indicadas**
Muito frio	< 1.500	• Pinots • Chardonnay • Gamay • Traminer
Frio	1.501 > 1.800	• Pinots • Chardonnay • Gamay • Traminer • Sauvignon Blanc • Riesling Renano
Temperado	1.801 > 2.100	• Sauvignon Blanc • Riesling Renano • Cabernet Franc • Riesling Itálico
Temperado quente	2.101 > 2.400	• Cabernet Franc • Merlot • Cabernet Sauvignon
Quente	2.401 > 3.000	• Cabernet Sauvignon • Nebbiolo • Trebbiano • Grenache • Syrah
Muito quente	> 3.000	• Monastrell

Fonte: Huglin e Schneider (1998).

Quadro 2.5 » **Classes de índice hidrotérmico (IH) e cultivares recomendadas**

Cultivares recomendadas	IH < 70	IH 71-100	IH>100
Americanas	Sim	Sim	Sim
Híbridas	Sim	Sim	Com restrições*
Viníferas	Sim	Com restrições*	Com sérias restrições**

*Necessita tratos fitossanitários.
**Necessita muitos tratos fitossanitários.

Condições para maturação da uva
O quociente heliopluviométrico de maturação (QHM) indica as condições para maturação da uva. É o quociente entre horas de Sol e milímetros de chuva ocorridos no período de maturação da uva (dezembro, janeiro e fevereiro). Quanto maior o valor do QHM, melhores são as condições de amadurecimento e sanidade da fruta. Com estes valores calculados, é possível ter uma ideia do tipo de viticultura mais adequado. O quociente heliopluviométrico de maturação e sua relação com a composição da uva é:

- QHM <1,5: Deficiente
- QHM 1,5-1,7: Razoável
- QHM 1,7-2,0: Boa
- QHM >2,0: Excelente

Viticultura tropical
Na viticultura tropical, os mesmos índices podem ser aplicados, devendo ser adequados aos períodos vegetativos que serão adotados. Como obrigatoriamente será praticada a quebra de dormência química, o ciclo da videira poderá ocorrer em qualquer época do ano.

» **DICA**
Valores do QHM superiores a 2 são considerados excelentes e valores inferiores a 1,5 são considerados críticos para a maturação da uva.

»» Escolha das cultivares

Com é utilizada há milênios de anos, a videira vem sendo selecionada para diversos fins. A uva pode ser consumida em forma de vinhos e seus derivados, de sucos, de passas e *in natura*. A videira tem, para cada uma destas finalidades, cultivares mais adequadas. A videira é a espécie com maior número de variedades, superando a 5 mil.

No Brasil, aproximadamente 85% da produção é da chamada uva "comum" e o restante, das ditas "finas". A uva comum é a fruta das espécies de origem americana – *Vitis labrusca* e outras ou seus híbridos –, e a uva fina é a fruta da videira europeia – *Vitis vinifera*.

A produção de uva no mundo baseia-se nesta última espécie, superando os 95%, pois fornece matéria-prima ideal para vinificação, produção de passas e para uva de mesa. Já as espécies americanas são excelentes para a produção de sucos e geleias, servindo para vinificação e para uva de mesa com características próprias.

» Porta-enxertos para a viticultura do Brasil

A utilização de porta-enxertos na viticultura, adotada em praticamente todo o mundo, surgiu da necessidade de evitar a destruição dos vinhedos europeus quando a Europa foi invadida pela filoxera. Esse inseto, nativo dos Estados Unidos, foi levado à Europa, onde se tornou uma praga que devastou a produção de uvas.

O dano da filoxera às raízes das videiras *Vitis vinifera* é fatal. Na época, foram tentadas várias medidas de controle, porém sem sucesso. Entretanto, observando-se que nos locais onde a filoxera era nativa vegetavam sem sintomas diversas espécies do gênero *Vitis*, houve, em alguns países da Europa, tentativas de enxertia da videira europeia sobre as espécies americanas resistentes – em alguns casos, com sucesso. Em outros países, o porta-enxerto deixava a desejar por algum aspecto. A partir daí, o passo seguinte foi a hibridação entre as espécies americanas visando a combinar suas características desejáveis e a aprimorar sua produção.

» PARA SABER MAIS

Acesse o ambiente virtual de aprendizagem (www.bookman.com.br/tekne) para entender melhor como a grande praga da filoxera na Europa mudou a história do vinho.

Critérios para escolha de porta-enxertos no Brasil

Para escolha de porta-enxertos no Brasil, há alguns critérios a serem previamente observados:

- Condições climáticas

- Características do solo
- Características desejadas na copa

Condições climáticas
Em climas tropicais (temperaturas médias mensais sempre superiores a 18°C), deve-se utilizar os porta-enxertos do grupo **IAC**.

Características do solo
Deve-se adequar os porta-enxertos às condições do solo, levando em conta os teores de argila, pH, fertilidade química, profundidade, ocorrência de secas ou encharcamentos, etc. Também é necessário verificar a presença de nematoides (*Xiphinema* e *Meloydogine*).

O calcário ativo dá uma indicação do pH, sendo importante na Europa, onde há solos naturalmente alcalinos. O ângulo geotrópico é o formado entre o prolongamento do tronco da videira e as raízes que ela emite. Quanto maior o ângulo, mais superficial o enraizamento.

Características desejadas na copa
Deve-se adequar o porta-enxerto às necessidades, como época de maturação, vigor, qualidade da produção. Existem algumas opções de porta-enxerto de acordo com a situação, conforme ilustra o Quadro 2.6.

Principais porta-enxertos

As descrições de cultivares que se seguem, com datas de ocorrência das fases do ciclo e demais informações, têm como base as condições de clima e solo de Bento Gonçalves, RS, podendo ser diferentes em outras localidades do país (ver Quadro 2.7).

Os principais porta-enxertos são:

- 101-14 Millardet et De Grasset (*Vitis riparia* x *Vitis rupestris*)
- Teleki 5BB sel. Kober (*Vitis berlandieri* x *Vitis riparia*)
- Teleki 4 sel. Oppenheim (SO4) (*Vitis berlandieri* x *Vitis riparia*)
- 420A Millardet et De Grasset (*Vitis berlandieri* x *Vitis riparia*)
- 1103 Paulsen (*Vitis berlandieri* x *Vitis rupestris*)
- IAC 313 – Tropical (*V.cinerea* x Golia)
- IAC 572 – Jales (101-14 x *V.caribeae*)
- IAC 766 – Campinas (106-8 x *V.caribeae*)
- 106-8 -Millardet et De Grasset (*V.riparia* x (*V.rupestris* x *V.cordifolia*)
- 039-16 e 043-43 (*V.vinifera* x *M.rotundifolia*)

101-14 Millardet et De Grasset (Vitis riparia x Vitis rupestris)
Também chamado de **vermelho corredor** ou **101-14**.
Originário da França (em 1882).
Na enxertia a campo ou de mesa dá bons resultados, apresentando boa compatibilidade geral e boa soldadura do enxerto. Imprime fraco vigor à copa da planta enxertada, adiantando a maturação da uva. Permite produção de qualidade supe-

>> **DEFINIÇÃO**
IAC é a sigla de Instituto Agronômico de Campinas, responsável pela criação de cultivares de videira, tanto porta-enxertos como produtoras, adaptadas ao clima tropical.

Quadro 2.6 » Opções de porta-enxertos

Uva de mesa	Clima tropical	• Tropical • Jales • Campinas
	Clima subtropical ou temperado (com repouso hibernal)	• Precocidade de produção: 101-14 e 420A • Maturação em época normal: SO4, 5BB, e Ripária do Traviú = 106-8 • Maturação tardia: 1103P e 039-16
Uva para indústria	Vinho comum e suco	• 1103P
	Vinho fino	• 101-14 • 420A • 3309C • 161-49C • 99R • 110R • 1103P • SO4 • 5BB
Solo com infestação (pérola-da-terra e/ou fusariose)	Solo	• 039-16

rior, entretanto a produtividade da planta é apenas média. A emissão de raízes é alta, sendo o sistema radicular do tipo radial, semipivotante com ângulo geotrópico 40° a 60°.

Com relação ao solo, adapta-se bem aos de textura franca a arenosa (0 a 40% argila) e de drenagem boa a escassa (sensível à seca), com pH ideal de 5-6 (não tolera solos ácidos, nem os alcalinos). Tolera calcário ativo até 9% e alumínio até 30% de saturação, sendo muito sensível à carência de potássio. Sua resistência à filoxera é 8 (alta), sendo tolerante a *Xiphinema* e de média resistência a *Meloidogyne*. É sensível à fusariose.

Excelente para viníferas finas em solos de média a alta fertilidade. Deve ser utilizado em locais livres de fusariose. Para a produção de vinhos finos é muito indicado, pois reduz o vigor da planta, induzindo a uma maturação mais completa da uva,

Quadro 2.7 » Características de alguns porta-enxertos para viticultura

Cultivar	Espécie	Vigor	Efeito na maturação	Enraizamento	Enxertia		Condições de solo			Nematoide
					Mesa	Campo	Úmido	Seco	Pesado	
Rupestris du Lot	V.rupestris	xxxx	atrasa	bom	bom	bom	ruim	ruim	ruim	alguma tolerância
99R	V.berlandieri x V.rupestris	xxxx	atrasa	regular	ruim	bom	ruim	regular	excelente	boa tolerância
110R	V.berlandieri x V.rupestris	xxxx	atrasa	ruim	regular	bom	–	bom	excelente	alguma tolerância
1103P	V.berlandieri x V.rupestris	xxx	atrasa	bom	bom	bom	excelente	bom	excelente	–
140Ru	V.berlandieri x V.rupestris	xxxx	atrasa	regular	regular	bom	ruim	bom	–	–
Gloire de Montpellier	V.riparia	x	adianta	muito bom	muito bom	muito bom	excelente	ruim	ruim	alguma tolerância
SO4	V.berlandieri x V.riparia	xxx	adianta	bom	regular	bom	excelente	ruim	excelente	boa tolerância
5BB	V.berlandieri x V.riparia	xxx	adianta	bom	regular	ruim	excelente	regular	excelente	boa tolerância
420A	V.berlandieri x V.riparia	xx	adianta	regular	regular	bom	excelente	regular	excelente	alguma tolerância
161-49C	V.riparia x V.berlandieri	xxx	–	regular	ruim	bom	excelente	ruim	–	não tolera
3309C	V.riparia x V.rupestris	xxx	adianta	bom	bom	bom	ruim	ruim a bom	ruim	não tolera
101-14	V.riparia x V.rupestris	xx	adianta	bom	bom	bom	–	ruim	–	alguma tolerância

com maior teor de açúcares. Para a produção de uvas de mesa precoces também é excelente, pois induz a uma antecipação na maturação.

Teleki 5BB sel. Kober (Vitis berlandieri x Vitis riparia)
Também chamado de **preto**, **5BB**, **Kober**.
Originário da Áustria (em 1902).
Na enxertia a campo, é deficiente e, na de mesa, é regular, apresentando compatibilidade geral boa. Na França não é recomendado com viníferas, porém na Itália é o mais utilizado.

A soldadura do enxerto é boa. À planta enxertada, imprime alto vigor à copa, adiantando a maturação da uva. Permite uma qualidade de produção regular, sendo a produtividade do enxerto alta. A emissão de raízes é alta, sendo o sistema radicular do tipo radial, semipivotante, com ângulo geotrópico de 60° a 75°.

Com relação ao solo, adapta-se bem aos de textura franca a argilosa (20 a 60% argila) e drenagem média a escassa (sensível à seca), com pH ideal de 5,5 – 7. Tolera calcário ativo até 21%, sendo muito sensível ao alumínio em saturação de 30%. Tem média sensibilidade às carências de potássio e de magnésio. Sua resistência à filoxera é 7 (média), sendo resistente a *Xiphinema* e a *Meloidogyne* e muito sensível à fusariose.

Emprega-se com cultivares americanas e híbridas em solos de média a alta fertilidade. Só pode ser utilizado em solos sabidamente livres de fusariose.

Teleki 4 sel. Oppenheim (SO4) (Vitis berlandieri x Vitis riparia)
Chamado simplesmente de **SO4**.
Originário da Alemanha.
Seu comportamento à enxertia de campo é bom, sendo, na de mesa, regular. A compatibilidade geral é boa, sendo a soldadura do enxerto de boa a média. À planta enxertada, imprime alto vigor à copa, adiantando a maturação da uva, permitindo qualidade de produção regular e produtividade do enxerto alta. A emissão de raízes é alta, sendo o sistema radicular do tipo radial, semipivotante, com ângulo geotrópico 60° a 75°. Com relação ao solo, adapta-se bem aos de textura franca a argilosa (10 a 50% argila), de drenagem média a escassa (sensível à seca) e pH ideal de 5,5 – 7. Tolera calcário ativo até 17%, sendo muito sensível ao alumínio em 30% de saturação de média sensibilidade à carência de potássio e de alta sensibilidade à carência de magnésio. Tem resistência à filoxera 6 (média), sendo resistente a *Xiphinema* e a *Meloidogyne* e sendo altamente sensível à fusariose.

Emprega-se em solos de média a alta fertilidade. É utilizado com quaisquer cultivares em solos arenosos da fronteira oeste do Rio Grande do Sul, única região onde é recomendado, pois em outras áreas vitícolas mostrou-se extremamente sensível à fusariose. Nesses locais, as plantas enxertadas sobre ele não vivem mais do que 12 anos.

420A Millardet et De Grasset (Vitis berlandieri x Vitis riparia)
Originário da França (em 1887).
Na enxertia a campo é bom, sendo regular na de mesa. A compatibilidade geral é boa, bem como a soldadura do enxerto. À planta enxertada, imprime médio vigor à copa, adiantando a maturação da uva, permitindo qualidade de produção superior. A produtividade do enxerto é média. A emissão de raízes é baixa e o sistema radicular é do tipo radial, com ângulo geotrópico 60° a 75°.

Com relação ao solo, adapta-se aos de textura franca a arenosa (0 a 40% argila), de drenagem boa (sensível à seca) e pH ideal de 6 – 7,5.

Tolera calcário ativo até 20%, sendo muito sensível ao alumínio em 30% de saturação e de média sensibilidade à carência de potássio. Sua resistência à filoxera é 8 (alta), sendo tolerante a *Xiphinema* e sensível a *Meloidogyne*. É sensível à fusariose.

Emprega-se com cultivares viníferas finas para vinho, em solos de média fertilidade. É um porta-enxerto para produção de qualidade em vinhos e uvas de mesa, porém não pode ser empregado em solos onde haja fusariose.

1103 Paulsen (Vitis berlandieri x Vitis rupestris)
Também chamado de **Paulsen**, **1103**, **P1103**.
Originário da Itália (Sicília).
Tanto na enxertia a campo como na de mesa tem bom comportamento, sendo de compatibilidade geral boa e boa soldadura do enxerto. Na planta enxertada, imprime de médio a alto vigor à copa, retardando a maturação da uva. Permite qualidade de produção média e produtividade do enxerto de média a alta. Sua emissão de raízes é de média a baixa e o sistema radicular é do tipo pivotante, com ângulo geotrópico 40° a 50°.

Com relação ao solo, adapta-se aos de textura arenosa a argilosa (0 a 60% argila), de drenagem qualquer (tolera seca e umidade) e pH ideal de 5,5 – 7.

Tolera calcário ativo até 20%, sendo tolerante ao alumínio em saturação de 30% e resistente à carência de magnésio. Sua resistência à filoxera é 7 (média), sendo resistente a *Xiphinema* e a *Meloidogyne* e sendo de moderada resistência à fusariose.

Emprega-se com cultivares americanas e híbridas em solos de baixa a média fertilidade e com cultivares viníferas em solos de média fertilidade. É o porta-enxerto mais recomendado para o Rio Grande do Sul e Santa Catarina.

IAC 313 – Tropical (V.cinerea x Golia)
Originário de São Paulo (em 1950).
Porta-enxerto vigoroso, tolerante a vários tipos de solo, inclusive aos de alta acidez. Boa resistência às moléstias das folhas e bom índice de pegamento com estacas de diâmetro inferior a 1cm (devem ser evitadas as estacas muito grossas). Apresenta bons resultados, mesmo em solos infestados com nematoides.

É o ideal para climas tropicais, sendo muito importante no Vale do Rio São Francisco. Está perfeitamente adaptado às condições de clima e solo do Estado de São Paulo. Seus ramos lignificam tardiamente e dificilmente perdem as folhas. Emprega-se no Estado de São Paulo e no Vale do Rio São Francisco, com as cultivares:

- Itália
- Rubi
- Patrícia
- Benitaka
- Piratininga
- Red Globe
- Centennial Seedless
- IAC 138-22 O Máximo
- Isabel

Não se aconselha o uso desse porta-enxerto nos casos de cultivares de uva apirênica vigorosas em climas tropicais, pois aumenta tanto o vigor das cultivares que a produção é praticamente nula.

Tipo IAC 572 – Jales (101-14 x V.caribeae)
Originário de São Paulo (em 1970).
Porta-enxerto de origem tropical, com alta capacidade de enraizamento e vigor muito alto. Desenvolve-se bem em solos tanto argilosos como arenosos. Suas folhas apresentam boa resistência às moléstias.

Pode ser empregado nas áreas litorâneas de Santa Catarina e Rio Grande do Sul, e nos Estados de Mato Grosso e Mato Grosso do Sul, sendo o mais indicado para a região noroeste e oeste do Estado de São Paulo. Nessa região, destaca-se como excelente porta-enxerto para as cultivares:

- Itália
- Rubi
- Benitaka
- Red Globe
- Centennial Seedless
- Niágara Rosada
- IAC 138-22 O Máximo

Esse tipo de porta-enxerto é o mais propagado no Vale do Rio São Francisco.

IAC 766 – Campinas (106-8 x V.caribeae)
Originário de São Paulo (em 1958).
É um porta-enxerto vigoroso, resistente às moléstias da folha e com bom índice de pegamento. Bom para utilizar em climas quentes. Seus ramos hibernam melhor do que os dos demais porta-enxertos de origem tropical. É sensível à saturação de alumínio no solo. Empregado em diversas regiões do Estado de São Paulo e no norte do Paraná. Apresenta boa afinidade com as cultivares:

- Itália
- Rubi
- Benitaka
- Red Globe
- Centennial Seedless
- Patrícia
- Maria
- Paulistinha
- Niágara
- IAC 138-22 O Máximo

Esse tipo de porta-enxerto poderá se constituir em opção para as cultivares apirenas vigorosas no Vale do Rio São Francisco.

106-8 Millardet et De Grasset (V.riparia x V.rupestris x V.cordifolia)

Também conhecido como **Ripária do Traviú**, no Estado de São Paulo.
Originário da França (em 1882).
Foi o porta-enxerto mais recomendado para Niágara, o que o levou a ser o mais difundido no Estado de São Paulo. De bom desenvolvimento, sem muito vigor, adapta-se bem a muitos tipos de solo do Estado de São Paulo, especialmente os ácidos. O enraizamento é ótimo. É suscetível à antracnose, necessitando de tratamentos durante o ciclo vegetativo. Ângulo geotrópico de 70°.

Emprega-se com as cultivares:

- Niágaras
- Patrícia
- Paulistinha
- IAC138-22 O Máximo
- IAC 1398-21 Traviú

039-16 e 043-43 (V.vinifera x M.rotundifolia)

Criados pela Universidade da Califórnia, em Davis (Estados Unidos) são *híbridos* entre os gêneros *Vitis* e *Muscadinia*. Portanto, devido às diferenças de número cromossômico que têm com as videiras cultivadas e às diferenças anatômicas entre ambas, apresentam pouca compatibilidade na enxertia.

No entanto, esses tipos têm boa resistência à filoxera e foram testados com resultados positivos no Estado de Santa Catarina para resistência à fusariose e à pérola-da-terra. São suscetíveis à moléstia pé-preto. O enraizamento é conseguido com:

- Uso de estacas herbáceas
- Aplicação de hormônios
- Substrato inerte
- Controle de temperatura e umidade

Também enraíza bem por mergulhia. A forma de se conseguir êxito na enxertia é através da garfagem herbácea (enxertia verde). As diferenças entre estes tipos são pequenas. Entretanto, avaliações feitas nos Estados Unidos e na Europa indicam que o 039-16 tem maior resistência à filoxera do que o 043-43. São extremamente vigorosos, induzindo atraso e dificuldade na maturação da uva.

Esses tipos são as novas, e atualmente únicas, opções para a viticultura em áreas infestadas por fusariose e/ou pérola-da-terra.

Outros porta-enxertos úteis para a viticultura do Brasil

Existem outros porta-enxertos úteis para o cultivo da videira no Brasil, como:

- Riparia Gloire de Montpellier (*V.riparia*)
- Rupestris du Lot (*V.rupestris*)
- Salt Creek (*Vitis champinii*)
- Solferino (*V.berlandieri x V.riparia*)
- 8B (*V.berlandieri x V.riparia*)
- 99R (*V.rupestris x V.berlandieri*)
- 110 R (*V.rupestris x V.berlandieri*)
- 140 Ruggeri (*V.berlandieri x V.rupestris*)
- 161-49 Couderc (*V.berlandieri x V.riparia*)
- 3309 Couderc (*V.riparia x V.rupestris*)

Riparia Gloire de Montpellier (V.riparia)

Apesar de não ser muito frequente, esse tipo é encontrado como porta-enxerto na região vitícola do Rio Grande do Sul, sendo chamado de **vermelho corredor**, devido à coloração avermelhada de seus ramos e seu hábito de crescimento rasteiro. Porta-enxerto de baixo vigor, recomendado para viníferas finas.

Deve ser empregado somente em solos frescos e aluviões férteis, não tolerando secas nem solos calcários. As plantas enxertadas sobre ele têm uma produção regular e alta, além de grande longevidade. Apresenta alguma tolerância à saturação do alumínio no solo. Sistema radicular superficial com ângulo geotrópico de 80°.

Rupestris du Lot (V.rupestris)

Esse tipo é chamado, nos Estados Unidos, de **Rupestris Saint George**.
Porta-enxerto difundido no Rio Grande do Sul, conhecido na região vitícola como "pinheirinho", "arboreto" e "vassourinha", devido ao seu hábito de crescimento ereto. É vigoroso, resiste bem ao calcário ativo (até 14%), adaptando-se aos terrenos silicosos e argilo-silicosos.

Não se adapta a solos muito secos nem muito úmidos. É muito sensível à saturação de alumínio no solo, bem como muito sensível à carência de potássio. É resistente à carência de magnésio. Recomendado para vinhos comuns em solos de média fertilidade. Sistema radicular profundo, pivotante, com ângulo geotrópico de 20°.

Salt Creek (Vitis champinii)

Esse tipo é altamente resistente aos nematoides e moderadamente resistente à filoxera. Apresenta dificuldade de enraizamento, mas a pega na enxertia é boa.

De médio vigor, adapta-se aos solos arenosos da região da campanha gaúcha e do semiárido do nordeste brasileiro.

Solferino (V.berlandieri x V.riparia)
Porta-enxerto similar ao 161-49C, de origem desconhecida, chamado na região colonial da Serra Gaúcha de **branco rasteiro**. É uma cultivar de ocorrência exclusiva do Rio Grande do Sul e de Santa Catarina. Sensível à saturação de alumínio no solo. Recomendado para vinhos comuns em solos férteis.

Tipo 8B (V.berlandieri x V.riparia)
Esse tipo é muito utilizado no Rio Grande do Sul, denominado localmente **peludo** devido à pubescência de seus ramos. De crescimento médio a vigoroso, com boas propriedades quanto a enraizamento e enxertia. É o melhor porta-enxerto para solos muito argilosos (>50% de argila). Também dá bons resultados em solos secos.

Tipo 99R (V.rupestris x V.berlandieri)
Porta-enxerto de médio a alto vigor e baixa capacidade de enraizamento. Tem um pouco de tolerância à fusariose e não tolera solos compactos ou úmidos. Apresenta certa resistência à seca, desde que plantado em solos profundos, pois tem sistema radicular pivotante. Muito sensível à saturação de alumínio no solo e muito sensível à carência de potássio. Não tolera solos ácidos. Bom para vinhos comuns em solos de média fertilidade.

Tipo 110 R (V.rupestris x V.berlandieri)
Porta-enxerto similar ao 99R, porém com menor tolerância à fusariose e maior resistência à seca. É resistente à carência de potássio e tem média sensibilidade à carência de magnésio. Bom para vinhos comuns em solos de média fertilidade.

Tipo 140 Ruggeri (V.berlandieri x V.rupestris)
Planta muito rústica que dá bons resultados em solos calcários e secos. É extremamente vigoroso, retardando a maturação da uva e alongando o ciclo vegetativo do enxerto. Seu enraizamento não é muito fácil. Suas folhas são parasitadas pela filoxera.

Tipo 161-49 Couderc (V.berlandieri x V.riparia)
É um porta-enxerto bem difundido na região vitícola do Rio Grande do Sul. Localmente, é denominado **branco rasteiro** devido à coloração esbranquiçada dos brotos e ao seu hábito prostrado de crescimento. Tem boa tolerância ao calcário. Deve ser plantado em solos férteis e frescos, pois não tolera seca nem umidade em excesso. Média sensibilidade à carência de potássio.

Tipo 3309 Couderc (V.riparia x V.rupestris)
Porta-enxerto para solos profundos e frescos, mas bem drenados. Não suporta as secas e resiste medianamente ao calcário. De pouco a médio vigor, é de fácil enraizamento e enxertia. É muito sensível à carência de potássio e tem média sensibilidade à carência de magnésio. Ângulo geotrópico de 45°. O Quadro 2.7 apresenta características de alguns porta-enxertos.

» Cultivares de uvas americanas e híbridas para vinho comum ou suco

Para a produção de vinhos comuns, normalmente são empregadas uvas de cultivares americanas. Essas, em geral, são mais rústicas e mais produtivas e, portanto, de custo de produção inferior ao da vinífera. O vinho comum apresenta características que agradam ao consumidor brasileiro (foxado ou aframboesado). O padrão de vinho tinto comum nacional é o de Isabel. No branco, destaca-se o Niágara.

Para a elaboração de suco, a videira americana fornece a matéria-prima ideal, pois sua uva não perde as características aromáticas e gustativas com o processamento industrial. O calor a que são submetidas as uvas para a elaboração de suco dá um gosto de cozido às uvas viníferas.

As uvas americanas servem para vinificação em branco visando obter vinho base para vermute e para destilaria. Nesses casos, as uvas ideais são a Herbemont e a 13Couderc, pois fornecem vinhos neutros. Vinhos compostos (com catuaba, jurubeba e outras infusões, por exemplo), jeropigas e alguns vinhos licorosos também são feitos partir de uvas americanas. A escolha das cultivares deve ser feita, portanto, de acordo com o objetivo (Quadro 2.8).

> » **CURIOSIDADE**
> O suco preferido pelo mercado mundial é o da Concord, mas no mercado interno brasileiro o Isabel também é muito apreciado.

Quadro 2.8 » Escolha de cultivares

Uva de mesa	Branca	• Niágara Branca
	Rosada	• Niágara Rosada
	Tinta	• Bailey • BRS Vitória • Vênus • Isabel • Isabel precoce
Uva para suco	Principal	• Concord • Concord clone 30 • Rúbea • Isabel • Isabel precoce

(continua)

Quadro 2.8 » **Escolha de cultivares** *(continuação)*

	Corte para dar mais cor	• Bailey • Bordô (Ives) • BRS Cora • BRS Magna • BRS Violeta • Seibel 2 • Seibel 1077
Uva para vinho branco	Aromático	• Niágara Branca • Roger's #1 (Goethe) • BRS Lorena • Moscato Embrapa
	Não aromático	• Herbemont • 13 Couderc • Villard Blanc • Villenave • Seyval
Uva para vinho tinto	Principal	• Isabel • Jacquez • O máximo • Margot
	Corte para dar mais cor	• Bailey • Bordô (Ives) • BRS Violeta • Seibel 2 • Seibel 1077

Principais cultivares americanas e híbridas

Os principais tipos de cultivares americanas e híbridas são:

- Bailey
- Bordô ou Ives
- BRS Cora
- BRS Magna

- BRS Margot
- BRS Lorena
- BRS Rúbea
- BRS Violeta
- BRS Vitória
- Concord
- Concord clone 30
- 13 Couderc
- Goethe ou Roger´s #1
- Herbemont
- IAC 138-22 (O Máximo)
- Isabel, Isabella
- Isabel precoce
- Jacquez
- Moscato Embrapa
- Niágara branca
- Seyval – Seyve Villard 5276
- Villard Blanc – Seyve Villard 12375
- Villenave (Epagri 401)

Bailey

Uva tinta de brotação e maturação tardias, tolerante ao míldio e ao oídio, porém sensível à antracnose. É cultivar de alta produtividade, com cachos grandes, longos, soltos, de pedúnculo roxo-violeta, com bagas grandes e redondas. A polpa é semitintória. As folhas são trilobadas, de cor verde-escura na face superior e verde mais claro com pilosidade grossa na face inferior, apresentando nervuras grossas.

A brotação ocorre, normalmente, no final de setembro, o que propicia uma proteção às geadas tardias. Está bem adaptada à região do Alto Vale do Rio do Peixe, em Santa Catarina, onde tem excelente afinidade com o porta-enxerto 99R. Como amadurece em março, normalmente escapa da época de maiores chuvas, podendo ser colhida em plena maturação.

Produz vinho de qualidade superior aos das demais cultivares americanas empregadas na região, podendo ser usada na elaboração de sucos.

Bordô ou Ives

Essa cultivar é chamada de **Bordô** ou **Ives**, sendo este último o nome correto. Também é chamada de **Ives Seedling**. No Paraná, é conhecida como **Terci** e, em Minas Gerais, como **Folha de Figo**. Originária de Ohio, Estados Unidos (*Vitis labrusca*). Brota de 16/08 a 06/09 e amadurece de 15/01 a 25/01. É altamente resistente à antracnose, tolerante ao míldio e resistente às podridões.

Seu potencial produtivo é de 15 a 20 t/ha, com teor de açúcares de 14 a 16°Brix e acidez total de 64 meq/L. Produz mosto tintório para corte (boa cor e alta acidez).

> **» CURIOSIDADE**
> Mais recentemente, foi identificada uma variação da Ives chamada de **Bordô-do-cacho-grande**, na região nordeste do Rio Grande do Sul, ou **Bordô grano d'oro**, em Nova Trento, Santa Catarina. Essa variação, ainda não selecionada como um clone, tem todas as características da Ives normal, exceto pelo tamanho maior do cacho e pelo maior vigor da planta, e talvez seja simplesmente a mesma Ives limpa de vírus.

Os porta-enxertos recomendados são:

- 5BB
- Solferino
- 1103P
- 3309C

É uma cultivar rústica, necessitando poucos cuidados. Emprega-se cortada aos mostos e/ou vinhos de Isabel e Concord, onde entra com a cor. É interessante para os cultivos agroecológicos devido à sua alta resistência à maior parte das moléstias fúngicas, sendo, inclusive, sensível a alguns produtos fitossanitários.

BRS Cora
Essa é uma cultivar híbrida obtida na Embrapa Uva e Vinho a partir do cruzamento de **Muscat Belly A** com **H.65.9.14**, de película tinta, mosto intensamente colorido e sabor aframboesado. Planta de vigor moderado, crescimento limitado e vegetação aberta (baixa emissão de "netos" e pequeno desenvolvimento destes). A penetração de luz na copa é boa, propiciando facilidade no controle de moléstias.

É difícil de formar a copa devido ao pouco desenvolvimento das brotações axilares. Tem alta fertilidade (mais de dois cachos por broto), o que propicia alto potencial produtivo. No entanto, para que tenha a qualidade desejada (18 a 20°Brix, 100 meq/L acidez total e 3,45 pH), não deve ultrapassar as 30 t/ha.

Seu ciclo é médio, um pouco antecipado em relação à Isabel (175 dias em Bento Gonçalves, RS). Frente às moléstias fúngicas, tem comportamento similar à Isabel, exceto nas condições tropicais, em que é sensível à requeima (*Alternaria* sp.) e à ferrugem (*Phakospsora euvitis*). Para que a copa possa ser bem formada é necessária uma forte adubação com nitrogênio. A planta é fértil nas gemas da base, podendo ser utilizada poda curta. Os porta-enxertos recomendados são o 1103P e o IAC572 (esse último para clima tropical).

É uma nova alternativa para cortes de 10 a 15% com Isabel para a indústria de sucos. Recomendada para a Serra Gaúcha, para o noroeste de São Paulo, para o Mato Grosso e Triângulo Mineiro (MG).

BRS Magna
Esse tipo foi lançado para a produção de suco, tendo como principal característica a ampla adaptação climática, podendo ser cultivada do Rio Grande do Sul a São Paulo e Mato Grosso. O ciclo de produção é de médio a precoce, possibilitando duas safras nas regiões tropicais.

Tem sabor aframboesado, coloração violácea intensa e alto teor de açúcares, de 17 a 19°Brix, e acidez moderada, de 90 meq/L., podendo ser usada pura ou em corte com outras cultivares. Seu vigor é médio, com cachos de 200 g, bagas de 18 mm x 20 mm e produtividade entre 25 e 30 t/ha.

BRS Margot
É uma híbrida interespecífica cuja constituição genética é composta aproximadamente por:

- 74% *Vitis vinifera*
- 15% *Vitis rupestris*
- 5% *Vitis aestivalis*
- 4% *Vitis labrusca*
- 2% *Vitis riparia* (e menos de 1% de *Vitis cinerea*)

Foi obtida na Embrapa Uva e Vinho por cruzamento de **Merlot** com **Villard Noir**. Combina as qualidades do vinho de vinífera com a rusticidade das uvas americanas. Tem vigor moderado, interrompendo naturalmente o crescimento dos ramos na fase de enchimento do cacho. Com isto e com o pouco desenvolvimento dos "netos" permite boa aeração e insolação da copa.

A brotação ocorre, em média, entre 15 e 22 de setembro, e a colheita entre 22 e 26 de fevereiro. Tem alta fertilidade, inclusive nas gemas basais, tendo grande potencial produtivo (de 25 a 30 t/ha) e uvas com teor de 20 a 21°Brix.

Resiste bem ao oídio e à podridão cinzenta da uva e comporta-se melhor do que a Isabel em relação ao míldio. É medianamente sensível à antracnose. Tem vigor limitado, devendo ser plantada em densidades relativamente altas, com espaçamentos de 2,5 m entre linhas por 1,2 a 1,5 m entre plantas. Adapta-se bem às latadas, às espaldeiras e aos "Y".

Recomenda-se o uso de porta-enxertos vigorosos como 110R e 1103P, e em solos férteis pode ser usado o 101-14. A poda recomendada é a curta em esporões, deixando (no espaçamento indicado) cerca de 20 esporões por planta.

Apesar da boa resistência aos fungos é recomendável fazer tratamentos preventivos em períodos críticos contra antracnose e míldio. O vinho apresenta características sensoriais de vinho fino, semelhante ao Merlot.

BRS Lorena
Híbrida de **Malvasia Bianca** com **Seyval**, de película branca e sabor moscatel. Planta de vigor médio e alta produtividade (em latadas, atinge entre 25 e 30 t/ha). Tem hábito de crescimento ereto. Sua brotação é precoce. Apresenta boa resistência às moléstias fúngicas, não sendo afetada por podridão cinzenta ou antracnose, sendo raramente atacada por oídio e levemente atacada por míldio.

É sensível à podridão da uva madura (*Glomerella cingulata*). Os porta-enxertos recomendados são o 101-14 e o 1103P. A data média de brotação é 09 de setembro e a de colheita 16 de fevereiro. A uva atinge entre 20 e 22°Brix, com acidez total do mosto entre 100 e 110 meq/L. O vinho apresenta sabor e aroma pronunciados, típicos de Moscato.

BRS Rúbea

Esse tipo tem características muito boas para o cultivo agroecológico, visto que é pouco infectada por fungos, sendo similar à Bordô. Além disso, produz um suco semelhante ao de Concord. É um cruzamento de **Niágara Rosada** e **Bordô** e é recomendada para a elaboração de suco.

Produz cacho pequeno (100g), cônico, frequentemente alado, medianamente compacto a compacto, pedúnculo curto, além de baga média, esférica, de 19 mm de diâmetro, preta, mucilaginosa, sabor foxado, característico das uvas americanas, com sementes grandes.

É uma cultivar vigorosa, com hábito de crescimento prostrado, por isso adaptada aos sistemas de condução horizontais. A fertilidade é média, com 1 a 2 cachos por ramo. Como ocorre em outras uvas americanas, apresenta deficiência de brotação das gemas nas varas, problema que se torna mais grave nos anos de inverno ameno, quando se observa maior tendência ao domínio das gemas apicais.

Por isso, para se atingir o máximo potencial produtivo, recomenda-se a poda mista, com varas de 5 a 6 gemas para produção e esporões para renovação. É um pouco mais tardia que a Bordô, brotando duas semanas após (em média 20 de setembro), e atingindo o ponto de colheita uma semana depois que essa cultivar (em média 05 de fevereiro).

Apresenta comportamento semelhante à Bordô quanto às moléstias fúngicas, com alta resistência à antracnose, ao míldio, ao oídio e às podridões do cacho. Desenvolve-se bem sobre os porta-enxertos 101-14 e 1103P. Recomendam-se espaçamentos de 2,5 a 2,8 x 1,5 m (2.380 a 2.666 plantas por hectare).

A poda verde, especialmente a desbrota para eliminação do excesso de brotações, durante a primavera, e a desponta para limitar o comprimento dos ramos, são práticas recomendadas para assegurar maior qualidade da uva. É medianamente produtiva (20 a 25 t/hectare), com teor de açúcares em torno de 15°Brix e a acidez em torno de 60 meq/L. Destaca-se pela intensa coloração, sabor e aroma do suco.

É recomendada para plantio na Serra Gaúcha como matéria-prima para a elaboração de suco, assim como para o aprimoramento de qualidade em sucos de pouca cor.

BRS Violeta

Híbrida de **BRS Rúbea** e **IAC 1398-21**. Apresenta as características gerais de uva americana, tanto na morfologia da planta como no sabor da uva. Tem vigor moderado e hábito de crescimento determinado, interrompendo-se antes da maturação da uva. Adapta-se bem às diversas regiões vitícolas brasileiras (tropicais ou temperadas). Apresenta bom comportamento em relação às moléstias fúngicas, especialmente ao:

- Oídio
- Antracnose

- Requeima
- Podridões do cacho

No entanto, deve ser protegida preventivamente com relação ao míldio. É de ciclo precoce, brotando na última semana de agosto e amadurecendo na última semana de janeiro. É fértil, permitindo alta produtividade, atingindo 25 a 30 t/ha com 19 a 21°Brix. A acidez do mosto é baixa (50 a 60 meq/L e pH entre 3,7 e 3,8). Podem ser obtidas maiores produções, porém ocorrendo perdas qualitativas. O suco apresenta intensa coloração, tendo em vista ser uva tintória (tem matéria corante também na polpa).

O porta-enxerto recomendado nas regiões tropicais é o IAC 572 e, na Serra Gaúcha, é o 1103P. Adapta-se bem às latadas, bem como ao GDC e espaldeiras.

A poda mista é a mais adequada, com varas de 6 a 8 gemas e esporões de duas gemas para a região sul. Nas regiões onde se faça mais de um ciclo por ano, recomenda-se poda curta com duas gemas, no ciclo de formação, e poda longa com varas de 6 a 8 gemas no ciclo de produção. A carga adequada é de 120.000 gemas por hectare em clima temperado e 4 a 5 varas/m^2 em clima tropical. É recomendada para melhorar a coloração de sucos e vinhos comuns em corte com uvas deficientes nestas características.

BRS Vitória
É a primeira cultivar brasileira sem sementes e tolerante ao míldio. Com isso, é uma alternativa para cultivos agroecológicos. Uva tinta, de sabor aframboesado e que foi testada em São Paulo, Minas Gerais, Paraná, Bahia e Pernambuco.

É vigorosa, com ciclo precoce e de elevada produtividade, entre 25 e 30 t/ha, com teor de açúcares de 19°Brix, mas que pode atingir os 23°Brix em regiões tropicais. O peso médio do cacho é de 290 g com bagas com 17 mm x 19 mm, sendo os cachos levemente compactados.

Concord
Também chamada de **Francesa** e, no Paraná, de **Bergerac**. É originária de Massachussets, Estados Unidos (*Vitis labrusca*). Brota de 27 de agosto a 11 de setembro e amadurece de 25 de janeiro a 08 de fevereiro. É resistente à antracnose e às podridões, sendo tolerante ao míldio. Seu potencial produtivo é de 15 a 20 t/ha, com teor de açúcares de 15 a 16°Brix e acidez total média de 65 meq/L. Produz mosto excelente para suco (é o padrão internacional). Os porta-enxertos recomendados são 1103P e 5BB.

Concord clone 30
Essa cultivar foi identificada em Bento Gonçalves e lançada como alternativa de uva precoce para elaboração de suco. Apresenta as características gerais da Concord, porém a maturação é antecipada em 15 dias em relação à média da cultivar,

> » CURIOSIDADE
> Concord é a uva que produz o melhor suco para o mercado internacional. Teve seu centro original de dispersão no Brasil, na colônia francesa, em Pelotas/RS, e por isso é chamada de **uva francesa** na região colonial italiana.

> **CURIOSIDADE**
> Em Santa Catarina, a 13 Courdec é muito apreciada tanto pelas suas aptidões enológicas como para consumo *in natura*.

sendo colhida perto do dia 20 de janeiro. Tem cacho pequeno (130 g), cilindro-cônico, solto, baga média, esférica, de 17 mm de diâmetro, preta, mucilaginosa, suco incolor, sabor foxado, típico da cultivar Concord, semente grande de 38,5 mg.

A redução do ciclo se deve a um menor número de dias entre a floração e a maturação da uva, não havendo, portanto, diferença nas fases fenológicas da poda à floração. A planta tem vigor moderado e hábito prostrado de crescimento, adaptando-se bem ao sistema de condução em latada, em espaçamento 2,5 x 1,5 m. Comporta-se bem sobre os porta-enxertos 101-14 e 1103P.

A produtividade é equivalente à da Concord, variando de 15 a 20 t/ha em vinhedos bem formados e bem conduzidos. O teor de açúcares no mosto é equivalente ao da Concord, entre 16 e 17°Brix, mas a acidez total é um pouco mais elevada, situando-se entre 70 e 80 meq/L, enquanto a média da população de Concord fica entre 50 e 60 meq/L. Quanto às moléstias fúngicas, apresenta o mesmo comportamento da cultivar original.

É recomendada para a região da Serra Gaúcha como opção de uva para suco, de maturação precoce.

13 Couderc (V. lincecumii ½ x V. vinifera 3/8 x V. rupestris 1/8)

Esse tipo brota de 05 a 15 de setembro e amadurece de 23 de fevereiro a 05 de março. Seu potencial produtivo é de 25 a 30 t/ha, com teor de açúcares de 14 a 17°Brix e acidez total de 40 a 80 meq/L. É altamente resistente à antracnose, ao oídio e ao míldio, sendo resistente às podridões. Produz vinho branco neutro de baixa acidez para corte com vinhos mais ácidos.

Os porta-enxertos recomendados são Solferino, 161-49C e 3309C.

Goethe ou Roger's #1

> **CURIOSIDADE**
> Apesar da pequena área cultivada, a Roger's #1 é uma cultivar interessante pela tipicidade de seu vinho. É a responsável pelas características distintivas dos vinhos de Urussanga, SC, onde é chamada de "Goethe". Foram identificados, nessa região, dois clones que variam no teor de açúcares e de acidez, bem como na coloração da película (do verde ao rosado forte). Além disso, tais clones apresentam melhor adaptação aos diversos mesoclimas regionais. É vinificada em branco, produzindo vinho extremamente aromático.

Cultivar chamada de **Goethe** ou **Roger´s #1**, sendo este último o nome correto. É também chamada, por confusão e erro, de:

- Catawba
- Gota de Ouro
- Beija-flor
- Canela
- Chavona
- Tolda
- Pinot
- Cascadura
- Martha

Essa cultivar é originária, provavelmente, de Delaware, Estados Unidos (híbrida complexa). A maior parte de sua constituição genética é de vinífera. Brota de 23 de agosto a 06 de setembro e amadurece de 19 a 28 de fevereiro. É tolerante à antracnose e ao míldio, sendo resistente às podridões. Seu potencial produtivo é de 15 a 17 t/ha, com teor de açúcares de 15 a 17°Brix.

Produz mosto aromático, levemente colorido, pois a uva é rosada. Presta-se também à produção de uva de mesa para mercados locais, visto que produz bagas grandes de sabor fortemente aframboesado, do tipo americano em cachos soltos. Seu defeito é não suportar o transporte, pois desgrana com facilidade. O porta-enxerto recomendado é o 3309C.

Herbemont
Cultivar também chamada de **Borgonha**, **Belmonte** ou **Champanha**. É originária da Carolina do Sul, Estados Unidos (*Vitis bourquina*). Brota de 25 de agosto a 10 de setembro e amadurece de 05 a 25 de fevereiro. É resistente à antracnose, tolerante ao míldio e altamente sensível às podridões. Seu potencial produtivo é de 25 a 30 t/ha, com teor de açúcares de 14 a 16°Brix e acidez total média de 138 meq/L.

Produz mosto de pouca cor, devendo ser vinificado em branco, sendo base para destilaria e vinhos compostos.

IAC 138-22
Cultivar chamada de **IAC 138-22 (O Máximo)**. Decorrente do cruzamento entre Seibel 11.342 e Syrah, é planta de ciclo curto, vigorosa, muito produtiva, com 2 a 3 cachos de uva por ramo e de boa resistência às moléstias. Cachos médios a grandes, cilíndricos, pouco compactos.

Bagas médias, oval-arredondadas, aderentes ao pedicelo e que não racham nem apodrecem, mesmo em condições de clima adversas. A uva é tinta-azulada, com muita pruína e de textura fundente. O teor de açúcares fica por volta de 150 g/L em regiões quentes e rendimento em mosto de 60%.

O porta-enxerto recomendado é o 106-8 (Ripária do Traviú), embora tenha boa afinidade com diversos porta-enxertos.

Conduzida em espaldeira, em espaçamento 2 x 1 m, no Estado de São Paulo, em poda curta, produz de 4 a 6 kg de uva por planta. Entretanto, com melhores adubações e tratos culturais, esta produtividade pode ser aumentada em muito.

O vinho é neutro, bem equilibrado, de aroma e paladar agradáveis, superando os demais vinhos de consumo corrente do país. Por ser uva tintureira, caso a maceração com o bagaço seja prolongada (mais de 120h), o vinho será pesado, mas macio, semelhante aos do sul da Itália.

Isabel, Isabella
Cultivar chamada de **Isabel** ou **Isabella**, sendo este último o nome utilizado internacionalmente. Também é conhecida no Uruguai por **Frutilla**, **Brasilera** e **Brasileña**, e na Itália, **Uva Fragola**. Originária da Carolina do Sul, Estados Unidos (*Vitis*

> **CURIOSIDADE**
> A Herbemont está em extinção no Rio Grande do Sul em função da morte das plantas causada por fusariose, e por isso tende a desaparecer em poucas décadas. Entretanto, como é produtiva, ainda permanece nas regiões livres da moléstia.

labrusca). Brota de 23 de agosto a 06 de setembro e amadurece de 19 de fevereiro a 05 de março.

A Isabel é a uva mais cultivada no país, dela se elaborando todo o tipo de produto enológico. Serve também como uva de mesa. Essa uva entrou no Rio Grande do Sul pela Ilha dos Marinheiros, no município de Rio Grande. De lá, expandiu-se em pouco tempo por todo o Estado, substituindo as demais cultivares. É altamente produtiva e tem regular resistência às moléstias fúngicas, sendo a cultivar mais bem adaptada à Serra Gaúcha. Existem exemplares, de pé-franco, com idade superior aos cem anos e ainda em produção.

É altamente resistente à antracnose e às podridões, sendo tolerante ao míldio. Seu potencial produtivo é de 20 a 30 t/ha, com teor de açúcares de 15 a 18°Brix e acidez total média de 45 meq/L. Produz mosto regular, porém de pouca cor.

Os porta-enxertos recomendados são:

- 1103P
- Solferino
- 3309C

Isabel precoce

Esta cultivar se trata de um tipo de Isabel, selecionado na Serra Gaúcha, cuja principal diferença da original é a maturação da uva ocorrendo 33 dias antes da normal. Essa redução ocorre no período floração-colheita. A coloração do mosto também é um pouco mais forte. Pode atingir de 18 a 20°Brix, com 50 meq/L de acidez total e 3,22 de pH.

Os porta-enxertos recomendados são o 101-14 e o 1103P para a região sul e IAC572 e IAC766 para as regiões tropicais. É recomendado seu plantio para estender o período de processamento nas indústrias de suco e vinho.

Jacquez

Cultivar também chamada de **Seibel**, **Lenoir** e **Pica Longa**. É originária da Carolina do Sul, Estados Unidos (*Vitis bourquina*). Brota de 07 a 17 de setembro e amadurece de 15 de janeiro a 25 de fevereiro. É resistente à antracnose e às podridões, sendo sensível ao míldio. Seu potencial produtivo é de 25 a 30 t/ha, com teor de açúcares de 16 a 20°Brix e acidez total média de 153 meq/L. Produz mosto muito bom, de boa cor e extrato. Entretanto, a cor não é duradoura nos vinhos nem nos sucos.

Moscato Embrapa (Embrapa 131 ou H 106-93)

Híbrida de **13 Couderc** com **July Muscat**, de película branca e sabor levemente moscatel. Brota na primeira quinzena de setembro (12 de setembro, na média) e amadurece do final de fevereiro ao início de março (27 de fevereiro a 10 de março). Altamente produtiva (de 20 a 35 t/ha), é moderadamente resistente ao míldio e à antracnose, sendo completamente resistente ao oídio e às podridões.

>> **CURIOSIDADE**
A Isabel precoce foi testada com sucesso na Serra Gaúcha, em Nova Mutum (MT), no noroeste de São Paulo e em Santa Helena de Goiás (GO).

>> **CURIOSIDADE**
A Jacquez é muito usada em Minas Gerais para a produção de vinho. No sul do Brasil, é empregada em cortes com outras uvas, visando ao aporte de açúcar e cor aos sucos e vinhos.

Os porta-enxertos recomendados são o 101-14 e o 1103P. A uva atinge maturação completa com teor de açúcares entre 19 e 21°Brix e acidez total de 90 a 100 meq/L. Dela é obtido vinho branco, fino, para consumo breve, aromático (semelhante ao Moscato). Pode ser usada para corte com vinhos fracos de aroma ou de baixo teor alcoólico.

Niágara Branca

Também chamada de **Francesa Branca**. É originária de Nova York, nos Estados Unidos (Concord x Cassady, portanto predominantemente *V.labrusca*). Brota de 25 de agosto a 06 de setembro e amadurece de 22 de janeiro a 28 de fevereiro. É resistente à antracnose e ao míldio, sendo altamente resistente às podridões (exceto à *Glomerella cingulata*).

Seu potencial produtivo é de 20 a 25 t/ha, com teor de açúcares de 15 a 17°Brix e acidez total média de 66 meq/L. Produz mosto aromático. É muito empregada como uva de mesa, pois tem bagas grandes de sabor aframboesado e doce, do tipo americano.

> » **CURIOSIDADE**
> A Niágara Branca origina vinho típico na Serra Gaúcha (RS) e no Vale do Rio do Peixe (SC), sendo, nesta última região, o vinho mais distinto. É um produto aromático.

Os porta-enxertos recomendados são o 101-14 e o Rupestris du Lot.

Seyval – Seyve Villard 5276

Essa cultivar é erroneamente chamada no Rio Grande do Sul de **Sevignon** e **Sauvignon**. Brota de 12 a 30 de agosto e amadurece de 12 a 26 de janeiro. Seu potencial produtivo é de 25 a 30 t/ha, com teor de açúcares de 16 a 19°Brix e acidez total de 70 a 105 meq/L. É resistente ao oídio e às podridões, sendo moderadamente sensível à antracnose e altamente resistente ao míldio. Produz vinho branco neutro de boa qualidade, equilibrado. O vinho tem características semelhantes aos de viníferas.

O porta-enxerto recomendado é o 1103P.

Villard Blanc – Seyve Villard 12375

Cultivar também chamada de **Seyve Villard Cacho Grande**. Brota de 02 a 12 de setembro e amadurece de 20 de fevereiro a 02 de março. Seu potencial produtivo é de 25 a 30 t/ha, com teor de açúcares de 15 a 17°Brix e acidez total de 90 a 110 meq/L. É altamente sensível à antracnose e altamente resistente ao míldio e às podridões. Produz vinho branco para cortes.

Não há recomendação de porta-enxertos, devendo ser empregados os que tenham tido bom desempenho na região onde será plantada.

Villenave (Epagri 401)

Cultivar originária da França, obtida na estação de Villenave d'Ornion, por meio de cruzamento de vinífera (**Riesling Renano**) com híbrida resistente a moléstias. Introduzida em Santa Catarina, se destaca pela qualidade do vinho, especialmente quanto ao aroma. É sensível à antracnose e moderadamente resistente ao míldio e é de baixa suscetibilidade à podridão da uva, sendo de altíssima produtividade.

Outras cultivares de uvas americanas ou híbridas

Há ainda outras cultivares de uvas americanas ou híbridas, como Seibel 2 e Seibel 1077 (Couderc tinto).

Seibel 2
Cultivar tintória, empregada para cortes com vinhos deficientes em cor. É de brotação e maturação média e tolerante às moléstias fúngicas. Brota em média em 13 de setembro e amadurece em 20 de fevereiro. Seu potencial produtivo varia entre 20 e 25 t/ha. Produz mosto com 17 a 18°Brix e acidez total média de 154 meq/L.

Seibel 1077 (Couderc tinto)
É muito cultivada no sul do país com a denominação errônea (Courdec tinto) e por vezes confundida com outras cultivares. É de brotação e maturação tardias (respectivamente, em média, 10 de setembro e 02 de fevereiro), produzindo mosto tintório para cortes. Tolerante ao oídio e à antracnose, porém apenas medianamente tolerante ao míldio. Produtividade potencial alta, entre 20 e 25 t/ha. Produz mosto com 17 a 18°Brix e acidez total média de 135 meq/L.

» Cultivares de uvas viníferas para vinhos finos

As cultivares para vinhos finos são as mais importantes no mundo, responsáveis pela maior parte da produção de vinhos finos, uvas de mesa e passas. No Brasil, são chamadas de **uvas finas** e somente se pode obter vinho fino, de acordo com a legislação, a partir de uva desta espécie, a *Vitis vinifera* L. Chave para a escolha das cultivares viníferas, conforme Quadro 2.9.

O Quadro 2.10 apresenta como fazer a escolha das cultivares viníferas para vinificação em branco ou rosado.

Principais cultivares para vinho tinto
Há diversos tipos de cultivares para vinho tinto, dentre os quais destacamos os principais. São eles:

- Cabernet Franc
- Cabernet Sauvignon
- Merlot
- Pinotage
- Pinot Noir
- Tannat

Quadro 2.9 » **Escolha das cultivares viníferas para vinificação em tinto**

Longo envelhecimento	• Cabernet Sauvignon • Nebbiolo • Pinot Noir • Tannat • Touriga Nacional
Médio envelhecimento	• Cabernet Franc • Merlot • Pinotage • Sangiovese • Syrah • Tempranillo
Vinho jovem (sem envelhecimento)	• Gamay Noir • Lambrusco Maestri
Corte para aportar cor	• Ancellotta • Alicante Bouschet • Ruby Cabernet
Complementares	• Barbera • Carmenère • Corvina Veronese • Dolcetto • Dornfelder • Graciano • Grenache • Lambrusco Maestri • Malbec • Marselan • Marzemino • Montepulciano • Mourvèdre (Monastrell) • Nero d'Avola (Calabrese) • Petit Verdot • Saint Laurent • Teroldego

Quadro 2.10 » **Escolha das cultivares viníferas para vinificação em branco ou rosado**

Aromáticos	• Gewürztraminer • Malvasia Bianca di Candia Aromatica • Moscato Bianco • Riesling Renano • Savagnin • Torrontés • Viognier
Não aromáticos	• Alvarinho • Chardonnay • Riesling Itálico (Grasevina) • Sauvignon Blanc • Sémillon • Trebbiano (também para destilaria) • Vermentino
Especiais (colheita tardia, fortificados, mistelas)	• Gewürztraminer • Moscato Bianco • Moscato Branco • Moscato Giallo • Petite Manseng • Roussane
Espumantes	• Chardonnay • Pinot Noir • Prosecco • Riesling Itálico • Moscato Bianco
Complementares	• Chenin Blanc • Fiano • Malvasia Bianca • Malvasia Verde • Manzoni Bianco • Peverella • Pinot Blanc • Pinot Gris

Cabernet Franc

Cultivar originária de Bordeaux, França. De película tinta e sabor herbáceo. Brota de 01 a 10 de setembro e amadurece de 10 a 20 de fevereiro (III época). Seu potencial produtivo é de 18 a 23 t/ha, com teor de açúcares de 16 a 18°Brix e acidez total de 70 a 90 meq/L. É moderadamente sensível à antracnose, sensível ao oídio e resistente ao míldio e às podridões.

Os porta-enxertos recomendados são:

- 101-14
- 1103P
- 420 A
- 5 BB
- 3309C
- Rupestris du Lot
- SO4

Clones para qualidade superior: italianos – ISV F V 4 e VCR10; franceses – 214, 327, 394 e 395. Origina vinho tinto, varietal fino, de médio envelhecimento. Produz vinho tinto de aroma característico, que deve ser consumido com pequeno envelhecimento, ou ainda jovem.

> » **CURIOSIDADE**
> A Cabernet Franc foi, por muitos anos, a principal cultivar vinífera tinta no Brasil.

Cabernet Sauvignon

Cultivar originária de Bordeaux, França (híbrido natural Cabernet Franc x Sauvignon Blanc). De película tinta e sabor herbáceo. Brota de 05 a 15 de setembro e amadurece de 20 de fevereiro a 02 de março (IV época). Seu potencial produtivo é de 15 a 20t/ha, com teor de açúcares de 16 a 18°Brix e acidez total de 80 a 100 meq/L. É moderadamente sensível à antracnose, sensível ao oídio e ao míldio e às podridões.

Os porta-enxertos recomendados são:

- 101-14
- 1103P
- 420 A
- 110R
- Riparia Gloire

Clones para qualidade superior: italianos – VCR11, VCR19 e ISV FV5; franceses – 169, 341 e 412. Produz vinho tinto, varietal fino, de longo envelhecimento.

Merlot

Cultivar originária de Bordeaux, França. De película tinta e sabor herbáceo. Brota de 03 a 13 de agosto e amadurece de 10 a 20 de fevereiro (III época). Seu potencial produtivo é de 20 a 25 t/ha, com teor de açúcares de 17 a 19°Brix e acidez total de 90 a 110 meq/L. É sensível à antracnose, altamente sensível ao oídio, moderadamente sensível ao míldio (muito sensível ao míldio no cacho) e resistente às podridões.

Os porta-enxertos recomendados são:

- 101-14
- 1103P
- 420 A
- 5BB
- 3309C
- 8B
- 110R
- Rupestris du Lot

Clones para qualidade superior: italianos – R3, VCR101 e BM 8B; franceses – 181, 182, 343, 346, 347 e 348. Produz vinho tinto, varietal fino, de médio envelhecimento. Produz vinho fino tinto, de grande qualidade e que melhora com o envelhecimento não muito prolongado. Uva de excelente adaptação às condições de solo e clima do sul do Brasil.

Pinotage
Cultivar originária da África do Sul (Pinot Noir x Cinsault). De película tinta e sabor simples. Brota de 30 de agosto a 04 de setembro e amadurece de 13 a 28 de fevereiro (II época). Seu potencial produtivo é de 18 a 23 t/ha, com teor de açúcares de 18 a 20°Brix e acidez total de 80 a 100 meq/L. É moderadamente sensível à antracnose, sensível ao oídio, resistente ao míldio e moderadamente sensível às podridões.

Os porta-enxertos recomendados são:

- 101-14
- 1103P
- 420 A
- SO4
- 5BB

Produz vinho tinto, varietal fino, de breve a médio envelhecimento, dependendo da maneira como é conduzida a maceração, ou vinho base para espumante.

Pinot Noir
Cultivar originária da Borgonha, França. De película tinta e sabor neutro. Brota de 22 de agosto a 01 de setembro e amadurece de 10 a 20 de janeiro (I época). Seu potencial produtivo é de 12 a 17 t/ha, com teor de açúcares de 15 a 17°Brix e acidez total de 100 a 120 meq/L. É resistente à antracnose, sensível ao oídio, moderadamente sensível ao míldio e altamente sensível às podridões.

Os porta-enxertos recomendados são:

- 101-14
- 3309C
- 420 A
- SO4
- 8B
- 161-49C
- Rupestris du Lot
- Riparia Gloire

Clones para qualidade superior: italiano – VCR 20. Os clones franceses para vinho tranquilo são: 115, 667, 777, 828 e 943. Os clones franceses para espumante são: 236, 386, 521, 665, 666, 743, 779, 780, 792, 870, 871, 872 e 927. Produz vinho tinto, varietal fino, deficiente em cor. Vinificado em branco, utiliza-se na produção de espumantes.

Apesar do alto potencial de produção de açúcar, dificilmente atinge a completa maturação nas condições climáticas do sul do Brasil, pois a uva frequentemente apodrece antes de estar com todo o seu potencial desenvolvido. Seu melhor uso é na vinificação em branco visando a elaboração de espumantes.

Tannat

Cultivar originária dos Pirineus Orientais, França. De película tinta e sabor simples. Brota de 01 a 10 de setembro e amadurece de 20 de fevereiro a 02 de março (IV época). Seu potencial produtivo é de 20 a 25 t/ha, com teor de açúcares de 18 a 20°Brix, com acidez total de 110 a 130 meq/L. É resistente à antracnose, sensível ao oídio, moderadamente sensível ao míldio e resistente às podridões.

Os porta-enxertos recomendados são:

- 101-14
- 1103P
- 420 A
- 5BB

Clones para qualidade superior: franceses – 398, 474, 717 e 794. O biotipo **Harriague** que é o Tannat histórico uruguaio poderia se constituir em clone interessante para o sul do Brasil. Produz vinho tinto de acidez alta, muito tânico, utilizado para cortes (aporta cor, taninos e melhora o extrato seco), de longo envelhecimento. É usado para complementar os vinhos finos deficientes em cor. Atualmente é consumido como varietal, necessitando longo envelhecimento, devido à sua natural adstringência.

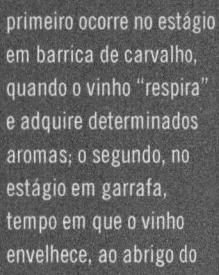

Principais cultivares para vinho branco

Para vinhos brancos, há diversas cultivares, dentre as quais destacamos as principais. São elas:

- Chardonnay
- Gewürztraminer
- Moscato Bianco (Muscat à petits grains blancs)
- Riesling Itálico (Wälschriesling ou Rizling)
- Sauvignon Blanc
- Sémillon
- Trebbiano Toscano (Saint Emilion ou Ugni Blanc)

Chardonnay

Cultivar originária da Borgonha, França. De película branca e sabor simples a aromático, dependendo do clone. Brota de 10 a 20 de agosto e amadurece de 06 a 15 de janeiro (I época). Seu potencial produtivo é de 8 a 13 t/ha, com teor de açúcares de 15 a 17°Brix e acidez total de 80 a 100 meq/L. É resistente à antracnose, sensível ao oídio e às podridões e moderadamente sensível ao míldio.

Os porta-enxertos recomendados são:

- 101-14
- SO4
- 8B
- 5BB
- 161-49C
- 420A

Clones para qualidade superior: italiano – VCR 11; franceses – duplo propósito: 95 e 548; aromático: 809 (muscaté); vinho tranquilo: 1067 e 1068; espumante: 76 e 121. Produz vinho branco, varietal fino, frutado, de médio envelhecimento ou espumante. É um dos vinhos brancos que aceita e se beneficia da fermentação e/ou maturação em barricas de carvalho.

Gewürztraminer

Cultivar originária da Alsácia, França (selecionada do Traminer aromático do Tirol do Sul). De película rosada e sabor picante, fortemente aromática. Brota de 28 de agosto a 07 de setembro e amadurece de 20 a 30 de janeiro (I época). Seu potencial produtivo é de 7 a 12 t/ha, com teor de açúcares de 16 a 18°Brix, com acidez total de 80 a 100 meq/L. É moderadamente sensível à antracnose e ao míldio, sensível ao oídio e altamente sensível às podridões.

Os porta-enxertos recomendados são:

- 101-14
- 1103P
- 5BB
- 420A

> **» ATENÇÃO**
> **Amadurecimento** é diferente de **envelhecimento**. O primeiro ocorre no estágio em barrica de carvalho, quando o vinho "respira" e adquire determinados aromas; o segundo, no estágio em garrafa, tempo em que o vinho envelhece, ao abrigo do oxigênio, antes de ser comercializado.

Clone para qualidade superior: italiano – LB 14. Produz vinho branco ou rosado, varietal fino, aromático. Pode ser produzida graspa de qualidade superior do seu bagaço fermentado.

Moscato Bianco (Muscat à petits grains blancs)

Os Moscatos (ou Moscatéis) são originários da Bacia do Mediterrâneo (Magna Grécia). De película branca e sabor moscatel foi a primeira cultivar identificada pelos agricultores da antiguidade.

Os porta-enxertos recomendados são:

- 5BB
- 1103P
- 3309
- 101-14
- 99R
- Rupestris du Lot
- Riparia Gloire

Clones para qualidade superior: italianos – R2, VCR3, CN4 e CVT AT 57; franceses – 154, 453, 454 e 455. Produz vinho branco, varietal fino, de consumo breve. Pode ser usado para espumante ou corte para vinhos fracos de aroma. Seu bagaço fermentado fornece graspa de alta qualidade. Serve para a produção de "pisco". É o melhor tipo de Moscato, sendo seu aroma o mais fino e persistente.

Riesling Itálico (Wälschriesling, Rizling ou Grasevina)

Cultivar originária da Europa Centro-oriental (selecionada no nordeste da Itália). De película branca e sabor simples. Brota de 26 de agosto a 05 de setembro e amadurece de 26 de janeiro a 05 de fevereiro (II época). Seu potencial produtivo é de 13 a 18 t/ha, com teor de açúcares de 15 a 17°Brix e acidez total de 90 a 110 meq/L. É resistente à antracnose, sensível ao oídio, moderadamente sensível ao míldio e sensível às podridões.

Os porta-enxertos recomendados são:

- 101-14
- 420A
- SO4
- 5BB
- 1103P
- 3309C
- Riparia Gloire

Clones para qualidade superior: italianos – ISV 1 e FEDIT 10 CSG. Produz vinho branco, varietal fino, frutado, de consumo breve. Pode ser usado para espumante.

Sauvignon Blanc

Cultivar originária de Bordeaux ou do Vale do Loire, França. De película branca e sabor neutro. Brota de 07 a 17 de setembro e amadurece de 25 de janeiro a 04 de fevereiro (II época). Seu potencial produtivo é de 10 a 15 t/ha, com teor de açúcares de 15 a 17°Brix, com acidez total de 90 a 110 meq/L. É sensível à antracnose e ao oídio, moderadamente sensível ao míldio e altamente sensível às podridões. Clones para qualidade superior: franceses – 108, 530, 906; italiano – R3.

Os porta-enxertos recomendados são:

- 5BB,
- 1103P
- SO4,
- 161-49C
- Riparia Gloire.

Sémillon

Cultivar originária de Bordeaux, França. De película branca e sabor simples. Brota de 20 a 30 de agosto e amadurece de 24 de janeiro a 03 de fevereiro (II época). Seu potencial produtivo é de 18 a 23 t/ha, com teor de açúcares de 15 a 17°Brix, com acidez total de 80 a 100 meq/L. É resistente à antracnose, sensível ao oídio e às podridões e moderadamente sensível ao míldio.

Os porta-enxertos recomendados são:

- 5BB
- 420A
- 1103P
- 3309C

Clones para qualidade superior: franceses – 173, 315, 909 e 910. Produz vinho branco, varietal fino, de consumo breve, levemente frutado, para corte com Sauvignon Blanc.

Trebbiano Toscano (Saint Emilion ou Ugni Blanc)

Cultivar originária da Toscana, Itália. De película branca e sabor simples. Brota de 02 a 12 de setembro e amadurece de 15 a 25 de fevereiro (II a III época). Seu potencial produtivo é de 20 a 25 t/ha, com teor de açúcares de 14 a 16°Brix, com acidez total de 90 a 110 meq/L. É resistente à antracnose, sensível ao oídio e às podridões e moderadamente sensível ao míldio.

Os porta-enxertos recomendados são:

- 101-14
- 420 A
- 5BB
- 1103P
- SO4

- 3309C
- Rupestris du Lot
- Riparia Gloire

Clones para qualidade superior: italianos – FEDIT 29 CH, R4 e VCR8. Produz vinho branco, varietal fino, de consumo breve. Pode ser usado para espumante ou para cortes por ser neutro de aroma. É a uva ideal para destilação para Brandy.

É uma uva branca de múltiplas aptidões, sendo empregada em cortes com praticamente todos os produtos enológicos elaborados no Brasil. Raramente é apresentada como varietal e, quando é, vem com a denominação francesa de **Ugni Blanc** ou **Saint Emilion**.

Outras cultivares de vinífera

Há ainda outras cultivares de vinífera, como as que destacamos a seguir.

- Alicante Bouschet
- Alvarinho (Albariño) (idêntica à Petite Manseng)
- Ancellota
- Barbera
- Carmenère
- Chenin Blanc
- Corvina Veronese
- Dolcetto
- Dornfelder
- Fiano
- Gamay Noir
- Graciano
- Grenache ou Garnacha
- Lambrusco
- Malbec ou Cot
- Malvasia Bianca
- Malvasia Bianca di Candia Aromatica
- Malvasia Verde
- Manzoni Bianco (Incrocio Manzoni 6.0.13)
- Marselan
- Marzemino
- Montepulciano

São também cultivares de vinífera:

- Moscato Branco (Moscatel Italiano ou Moscato Casalese)
- Moscato Giallo
- Mourvèdre ou Monastrell
- Nebbiolo (Chiavenasca ou Spanna)
- Nero D´Avola (Calabrese)

- Petit Verdot
- Petit Monseng
- Peverella
- Pinot Blanc
- Pinot Gris (Pinot Grigio)
- Prosecco
- Riesling Renano (Rhein Riesling)
- Roussane
- Ruby Cabernet
- Saint Laurent
- Sangiovese (Brunello, Morellino, Nielluccio, Prugnolo Gentile)
- Savagnin
- Syrah (Sirah ou Shiraz)
- Tempranillo (Tinta Roriz, Aragonez)
- Teroldego
- Torrontés (Torrontel ou Torontés)
- Touriga Nacional
- Vermentino
- Viognier

Alicante Bouschet
Cultivar criada por Henri Bouschet na França, cruzando **Petit Bouschet** com **Grenache**. Tem como méritos a produção de uva tintória para corte com uvas deficientes, produtividade alta e a baixa acidez de seu mosto. O teor de açúcares, em geral, é baixo. Sensível à antracnose.

Alvarinho (Albariño) (idêntica à Petite Manseng)
Uva branca originária da Galícia (norte de Portugal e noroeste da Espanha), região de verões úmidos e chuvosos. Produz vinho de aroma que lembra o pêssego e é similar ao da Viognier. Tem a película grossa, resistente às podridões da uva. Produz vinho de alto teor de álcool e acidez. É a mais importante cultivar para a elaboração de vinhos verdes. Tem boas chances de se adaptar ao clima do sul do Brasil.

Ancellotta
Uva nativa da região da Emilia-Romagna (Itália), onde é empregada para cortes, fornecendo cor muito intensa aos vinhos. Produz vinhos de médio teor alcoólico e pouco ácidos. De boa produtividade e resistência às moléstias. Clone interessante para o Brasil: R2.

Barbera
Originária do Piemonte (Itália), é uma uva tinta de sabor simples. Já foi uma das mais importantes viníferas no Rio Grande do Sul. De média resistência ao míldio e antracnose, é, no entanto, sensível ao oídio e às podridões. Brota no início de setembro e amadurece na primeira quinzena de fevereiro.

Os porta-enxertos recomendados são:

- 5BB
- 1103P
- 3309C
- 420A
- 140Ru
- 110R
- SO4
- Riparia Gloire

Os clones mais promissores são: R4 e AT 84. Produz uva de boa graduação, e acidez de média a alta. Origina vinho tinto, fino, encorpado, para corte (aporta cor, corpo, taninos e extrato seco) para longo envelhecimento.

Carmenère
Uva tinta, aparentada à família dos Cabernet, não é mais cultivada comercialmente na França devido ao seu excessivo vigor quando enxertada. Existe no Chile (plantada de pé-franco). Não tem um desempenho satisfatório nas condições da Serra Gaúcha.

Produz pouca uva, devido ao excesso de vigor, e mesmo assim, de qualidade inferior às demais viníferas finas já normalmente utilizadas. O vinho é **tânico**, necessitando longo envelhecimento. Alguns clones de Cabernet Franc importados da Itália, na verdade, são Carmenère.

Chenin Blanc
Uva branca que se destaca pela alta produtividade, atingindo, em espaldeiras, até 20 t/ha. É muito sensível à antracnose, ao oídio e às podridões do cacho. Planta vigorosa. Devido ao clima do Rio Grande do Sul, com chuvas no verão, é colhida antes da completa maturação, quando ainda tem acidez alta e baixo teor de açúcares.

Ainda assim, geralmente é mais produtiva e de melhor teor de açúcares que a média das viníferas brancas no Rio Grande do Sul. Tem ótima afinidade com o porta-enxerto SO4. Clones de maior qualidade: 220, 880, 982 e 1018.

Corvina Veronese
É a principal cultivar de uva tinta do Vêneto (Itália) onde se geram vinhos relativamente leves, frutados e com certa característica de amêndoas, os quais podem ser ricos de cor e acidez, levemente tânicos, mas, em geral, desarmônicos. Serve para ser parcialmente desidratada e então fazer os vinhos **Amarone** e **Reciotto**.

Necessita poda longa e sistemas de condução amplos (pérgolas), sendo sensível ao míldio, à podridão cinzenta e ao oídio. Os porta-enxertos recomendados são o 5BB e 420A.

> **» DICA**
> Para obter uva mais adequada à vinificação no sul do Brasil é recomendada a prática de incisão anelar feita à época da mudança de cor da uva Carmenère.

Dolcetto
Uva tinta originária do Piemonte (Itália). Extremamente sensível à seca e à escaldadura das bagas, bem como ao oídio e ao míldio. Produz vinho de boa qualidade, porém de coloração não muito intensa, de médio corpo e muito tânico. Seu aroma é agradável e a acidez é baixa.

Dornfelder
Uva tinta criada na Alemanha por cruzamento de viníferas. Apresenta teores elevados de matéria corante e seu vinho suporta bem a maturação em barricas. Vem se destacando em seu país de origem pela qualidade dos vinhos.

Fiano
Cultivar de origem antiga do sul da Itália, de sabor marcante e que produz vinhos capazes de envelhecer na garrafa por muitos anos, formando aromas que lembram mel, nozes e especiarias. Entretanto, pode, às vezes, desenvolver aroma de querosene. O vinho é de cor amarelo-palha fraco, com perfume agradável, ligeiro, tênue e seco, com sabor de nozes tostadas. De produção regular, necessita poda longa.

Gamay Noir
Originária da Borgonha, onde se produz em vinificação com maceração carbônica os vinhos **Beaujolais Noveaux**. Poderia ser mais cultivada no Estado do Rio Grande do Sul com esse fim específico. Tem boa afinidade com o porta-enxerto Rupestris du Lot. Existem muitos subtipos e clones, e a qualidade varia muito em função disto. É também chamada de **Gamay Beaujolais**. Alguns clones de produção de maior qualidade são VCR10, 358, 509 e 787.

Graciano
Uva tinta rica de cor e de aroma, porém de baixa produtividade. Brota cedo e é sensível ao míldio. Pode produzir vinho de grande caráter e extrato, apesar de o vinho ser muito tânico quando jovem.

Grenache ou Garnacha
É a segunda uva mais plantada no mundo. Cultivar tinta, originária da Espanha e do sul da França. De lenho resistente e hábito de crescimento ereto, é perfeitamente adaptada aos sistemas de condução não apoiados (gobelets) em locais sujeitos a ventos fortes. De ciclo longo, produz vinhos alcoólicos, de menos cor que os demais tintos. Clones de maior qualidade: 135, 136, 435 e 1064.

Lambrusco
Os Lambruscos formam um grupo de uvas tintas similares muito usadas na Itália (na região de Emilia-Romagna) para a produção de vinhos frisantes de baixa graduação alcoólica. No Rio Grande do Sul, a Lambrusco Maestri mostrou-se produtiva e de boa resistência às moléstias fúngicas. As plantas são de baixo vigor, e o mosto é de baixo teor de açúcares e alta acidez. Apresenta bom comportamento sobre o porta-enxerto 5BB.

Malbec ou Cot
Uva tinta, pouco utilizada no Brasil, sendo importante na Argentina. Serve para cortes visando aumentar extrato seco. A videira é de muito alta produtividade, necessitando retirada do excesso de cachos. Clones de qualidade superior: argentino – ISV R6; franceses – 180, 594, 595, 596, 598 e 1061.

Porta-enxertos indicados:

- 5BB
- 110R
- 1103P

Malvasia Bianca
Originária da Grécia (Ilhas do Mediterrâneo). De película branca e sabor moscatel, aromática. Brota de 04 a 14 de setembro e amadurece de 18 a 28 de fevereiro. Sua produtividade é de 13 a 18 t/ha, com teor de açúcares de 16 a 18°Brix, com acidez total de 100 a 110 meq/L. É moderadamente sensível à antracnose, ao míldio e às podridões, sendo sensível ao oídio.

Os porta-enxertos recomendados são 1103P e 101-14. Produz vinho branco, aromático, para corte ou espumantização, de alta qualidade.

Malvasia Bianca di Candia Aromatica
Uva branca italiana que lembra, no aroma, o grupo dos moscatéis. É sensível ao míldio e medianamente sensível ao oídio. Resiste aos ventos e tolera bem as geadas primaveris. Produz vinho de cor amarelo-palha a palha-dourado-claro, com aroma moscato.

Necessita forma de condução que permita expansão do dossel. Clones: VCR 27. Apresenta fertilidade superior, produtividade média a alta, teor de açúcares médio, acidez média, vigor médio, vinho com perfume persistente de Moscato, fino e elegante.

Malvasia Verde
É a Malvasia di Lipari originária da Grécia e Ilhas do Mediterrâneo. De película branca (permanece verde mesmo quando bem madura), sabor e aroma neutros. Brota na segunda quinzena de setembro e amadurece na primeira quinzena de março.

De produtividade média, é moderadamente sensível à antracnose e sensível ao oídio, sendo resistente ao míldio e às podridões. Produz uva de baixo teor de açúcares (no máximo 17°Brix) e média acidez (90 a 110 meq/L). Origina vinho branco neutro, para corte ou espumantização.

Os porta-enxertos mais indicados são:

- 1103P
- 3309C

- 101-14
- Rupestris du Lot
- Riparia Gloire

Manzoni Bianco (Incrocio Manzoni 6.0.13)
Branca, cruzamento de **Pinot Blanc** e **Riesling Renano**, de pouca produção e adaptação a diversos climas. Origina vinho fino, de acidez alta. Mediana sensibilidade ao míldio, à podridão e pouco resistente ao mal-de-esca e ao oídio.

Marselan
Uva tinta obtida por cruzamento de **Grenache** e **Cabernet Sauvignon**. Os cachos são grandes e as bagas muito pequenas. Origina vinho de ótima coloração e corpo. O rendimento em mosto é muito baixo, necessitando 160 kg de uva para obter 100 L de mosto.

Marzemino
Uva tinta do norte da Itália, de maturação tardia. É sensível às moléstias fúngicas mais comuns, dificilmente amadurecendo nas condições sul-brasileiras.

Montepulciano
Videira vigorosa, de uva tinta da região central da Itália. Amadurece tarde, necessitando ser plantada em climas quentes. Origina vinho de bom corpo, cor e teor alcoólico alto. Clone ideal: R7.

Moscato Branco (Moscatel Italiano ou Moscato Casalese)
Os Moscatos (ou Moscatéis) são originários da Bacia do Mediterrâneo (Magna Grécia). De película branca e sabor moscatel. Brota de 18 a 28 de setembro e amadurece de 25 de fevereiro a 06 de março (III a IV época). Sua produtividade é de 25 a 30 t/ha, com teor de açúcares de 14 a 16°Brix, com acidez total de 110 a 130 meq/L. É resistente à antracnose, moderadamente sensível ao oídio, sensível ao míldio e altamente sensível às podridões.

Os porta-enxertos recomendados são:

- 5BB
- 1103P
- 3309
- 101-14
- 99R
- Rupestris du Lot
- Riparia Gloire

Produz vinho branco, varietal fino, de consumo breve. Pode ser usado para espumante ou corte para vinhos fracos de aroma. Seu bagaço fermentado fornece graspa de alta qualidade. Além de originar vinho branco fino, aromático, é empregada em cortes com uvas sem aroma, em espumantização, em cortes com uvas americanas e na elaboração de destilados aromáticos.

>> **CURIOSIDADE**
A Moscato Branco, cultivada há décadas na Serra Gaúcha, não é a mesma Moscato Bianco italiana, nem a Muscat à petits grains blanc francesa. Estudos recentes com DNA mostraram que provavelmente a uva cultivada no Rio Grande do Sul seja a Moscato Casalese, cultivar encontrada somente em coleções e estações experimentais na Itália.

Moscato Giallo
Uva aromática que atinge maturação mais completa do que a Moscato Branco. Produz um bom vinho no sul do Brasil a partir do clone VCR5.

Mourvèdre ou Monastrell
Uva tinta espanhola, de bagas pequenas, de pele escura e grossa, teor de açúcares e taninos altos e sabor muito bom, capaz de envelhecer. Amadurece extremamente tarde, sendo adaptada aos climas quentes e secos. Clones de qualidade superior: 249 e 369.

Nebbiolo (Chiavenasca ou Spanna)
Natural do Piemonte (Itália), onde se produz vinhos para longo envelhecimento, apresenta grande variação entre os subtipos (Michet, Lampia e Rosé) e entre os clones. Brota cedo e amadurece tarde, portanto tem que ser plantada em locais com estação de crescimento longa. É muito sensível tanto ao clima como aos solos em que venha a ser cultivada, não se adaptando a qualquer lugar. É sensível ao míldio. Os clones de maior qualificação são VCR 10 e CN-CVT 230.

Os porta-enxertos mais indicados são:

- 101-14
- 1103P
- 420 A
- 5BB

Nero D'Avola (Calabrese)
A melhor uva tinta siciliana. Produz vinho encorpado e com grande potencial para maturação em barricas e envelhecimento na garrafa. Apresenta aromas finos. Adaptada ao clima quente e seco.

Petit Verdot
Aparentada aos Cabernet, amadurece ainda mais tardiamente que o Cabernet Sauvignon, sendo tão resistente às podridões como esse. Tem a película grossa e também produz vinho rico em cor e tanino, mas com uma nota mais forte de especiarias quando as uvas amadurecem completamente. Clones interessantes para o Brasil: 400 e 1058.

Petite Manseng
A cultivar Petite Manseng é a mesma **Alvarinho** ou **Albariño**. Forma melhorada da Manseng, é originária da região do Jurançon (França). As uvas são pequenas, de casca grossa e baixo rendimento em mosto. Suporta ficar na videira até o outono, quando atinge teores de açúcares altos, sendo então colhida para elaborar vinhos licorosos naturais. Também pode ser colhida e posta a secar sobre palha, com o mesmo objetivo. É sensível ao míldio e ao oídio. Clones para qualidade superior: 440, 573 e 1107.

> **ATENÇÃO**
> Atualmente, a Peverella gaúcha apresenta algumas diferenças em relação à Verdicchio italiana da qual se originou. Isso pode ser devido à infecção por vírus e/ou mutações espontâneas aqui ocorridas.

Peverella
Peverella é uma denominação errônea de **Verdicchio**. Cultivar italiana, introduzida há muito tempo na Serra Gaúcha, onde fez parte dos primeiros vinhos brancos finos. Pertence ao grupo das Malvasias, sendo também conhecida como Malvasia di Vicenza. Apresenta boa produtividade e bom comportamento frente às moléstias fúngicas. Fornece uva com teor de açúcares alto, porém de acidez igualmente alta. Dá os melhores resultados enxertada em SO4.

Pinot Blanc
Cultivar originária da Borgonha (França), é mutação somática da Pinot Noir, sendo cultivada sob os nomes de **Klevner** e **Weisser Burgunder** na Alemanha. Uva branca de sabor neutro. É resistente à antracnose, sensível ao oídio, moderadamente sensível ao míldio e altamente sensível às podridões. Brota na segunda quinzena de agosto e amadurece em meados de janeiro.

Os porta-enxertos recomendados são:

- SO4
- 5BB
- 161-49C
- 8B
- 1103P

Produz uva com teor de açúcares baixo, pois normalmente tem que ser colhida antes de completamente madura devido às podridões. Os clones que poderiam resistir a esse problema são: VCR1, VCR5, 54 e 55. Origina vinho branco, fino.

Pinot Gris (Pinot Grigio)
Esta cultivar é uma mutação da Pinot Noir. Possui bagas de coloração acinzentada. Semelhante à Pinot Noir em características, difere por ser utilizada, principalmente, em vinificações em branco, produzindo vinho de bons aromas. Clones para qualidade superior: 52 e 457.

Os porta-enxertos recomendados são:

- 5BB
- 8B
- SO4

Prosecco
No norte da Itália, de onde provém, é empregada na produção de espumantes pelo método **Charmat**. Sua produtividade e graduação em açúcar são maiores que a média das viníferas brancas no Rio Grande do Sul. Vem se destacando para a produção de espumantes no Brasil, tendo qualidade similar ao produto original italiano. Clone interessante: ESAV 19.

> **DEFINIÇÃO**
> **Charmat** é o método industrial de elaboração de espumantes em que a segunda fermentação é feita em tanques e não nas garrafas

Riesling Renano (Rhein Riesling)
Descendente das videiras selvagens do Vale do Rio Reno, foi intensamente selecionada no início do século XX. De aroma forte e inimitável (floral e mel), produz vinho branco capaz de envelhecer. A videira tem o lenho resistente, mas a uva é muito sujeita à podridão. É cultivada na Campanha Gaúcha. Clones para qualidade superior: 1089 e 1091.

Produz melhor sobre os porta-enxertos SO4 e Rupestris Saint George.

Roussane
Uva branca do Vale do Ródano (França) de produção regular e constante. Adaptada aos ambientes mediterrâneos não demasiado secos. É sensível ao oídio e às podridões do cacho, e ao vento e à seca. O vinho é amarelo-palha tênue, ligeiramente frutado, lembrando maçã, fino e aromático. Clones para qualidade superior: 467 e 1040.

Ruby Cabernet
Uva tinta, híbrida de **Carignane** com **Cabernet Sauvignon** criada na Califórnia. No Rio Grande do Sul, resiste bem às moléstias fúngicas, exceto à podridão do cacho. Seu mosto é pobre em açúcar e é de alta acidez. É planta de pouco vigor e medianamente produtiva, sendo o porta-enxerto que melhor lhe convém o 5A.

Tem mostrado boa adaptação no Vale do São Francisco e na Campanha Gaúcha.

Saint Laurent
Cultivar semelhante à Pinot Noir, abundante produtora de mosto de pouco tanino. Amadurece mais cedo do que aquela e tem a casca mais resistente, portanto pode se adaptar a uma gama maior de ecossistemas vitícolas. Sofre do desavinho e, como brota muito cedo, pode ser atingida por geadas primaveris.

Sangiovese (Brunello, Morellino, Nielluccio, Prugnolo Gentile)
Uma das mais tradicionais uvas italianas, sendo cultivada em praticamente todo o território da Itália. Tem o maior número de clones selecionados dentre todas as viníferas. Há clones para vinhos leves, médios, encorpados e para praticamente todos os objetivos enológicos desejados.

Há um subtipo Romagnolo (da região da Romagna) e um Toscano (da Toscana). Também é subdividida em **Sangiovese Grosso** e **Sangiovese Piccolo**, sendo o primeiro o de maior qualidade. Dependendo da área de cultivo, apresenta ainda outras subdivisões, que aparecem no nome (por exemplo, Sangiovese Morellino, di Scansano, etc.).

A uva amadurece tardiamente, produzindo vinhos ricos, alcoólicos e de grande longevidade nos anos quentes. Nos anos mais frescos, tem problemas de acidez alta e taninos duros. Os clones muito produtivos dão vinhos mais fracos e de menos cor. A película da uva é fina e, nos anos chuvosos, sofre de podridão. Tem boa afinidade com os porta-enxertos:

> **» CURIOSIDADE**
> A Sangiovese foi cultivada na Serra Gaúcha há algumas décadas, sendo abandonada nos anos 1990. Atualmente está sendo reintroduzida tanto nessa região como na Serra do Sudeste.

- 3309C
- 101-14
- 420A
- 110R
- 8B
- 1103P
- Rupestris du Lot

O Quadro 2.11 apresenta os tipos de clones da Sangiovese.

Savagnin
Cultivar francesa, aromática, muito similar ao Gewürztraminer, sendo talvez uma versão de uva branca desta cultivar. Existem tipos de maior e de menor aroma. Com ela se fazem os **vins de paille** (vinhos de palha, uva parcialmente desidratada) e mesmo os espumantes.

Quadro 2.11 » **Clones da Sangiovese**

Janus 20	• Do tipo Brunello, fertilidade média, produtividade média, bom vigor, teor de açúcares superior, acidez média, vinho de elevada estrutura e tipicidade (aroma floral e frutas vermelhas).
VCR5	• Do tipo Brunello, fertilidade média a superior, produtividade inferior, vigor médio, teor de açúcares superior, acidez média, vinho de ótimo nível polifenólico (especialmente taninos nobres), de ótima estrutura para envelhecimento (aroma frutado e de especiarias).
VCR6	• Do tipo Brunello, fertilidade de média a superior, produtividade inferior (mas maior do que a do VCR 5), vigor bom, teor de açúcares superior, acidez média, vinho para envelhecimento médio a longo (aroma fortemente floral e frutado), de ótimo nível de polifenóis.
VCR23	• Do tipo Romagnolo, fertilidade média, produtividade média a inferior, vigor bom, teor de açúcares superior, acidez média, vinho para envelhecimento (intenso aroma frutado, com notas fortes de canela, pimenta preta e licores).
VCR103	• Do tipo Brunello, fertilidade superior, produtividade média, vigor médio, teor de açúcares superior, acidez média, vinho para envelhecimento prolongado (aroma frutado-floral).
VCR106	• Do tipo Morellino, fertilidade superior, produtividade inferior, vigor bom, teor de açúcares superior, acidez média, vinho para envelhecimento prolongado (aroma de especiarias, como canela e pimenta preta).

Syrah (Sirah ou Shiraz)
Uva tinta que compõe os vinhos de grande qualidade no sul da França e, sob o nome de Shiraz, faz a fama dos tintos australianos. Foi recentemente identificada por DNA com sendo uma híbrida natural de **Moundeuse Blanche** (uva branca) e **Dureza** (uva tinta). Produz cacho pequeno a médio de bagas pequenas. Nos anos em que a uva atinge a completa maturação, produz um vinho de grande qualidade, de cor intensa, aromático, fino e complexo. O vinho é tânico, de boa estrutura e acidez, e de alto potencial alcoólico. O clone mais importante para vinho de qualidade é o 174.

> » **DICA**
> A Syrah adapta-se bem ao clima do semiárido do nordeste brasileiro. Nessa região, se colhida no período favorável, produz vinho de aroma e buquê característico.

Tempranillo (Tinta Roriz, Aragonez)
Produz uvas de películas grossas, capazes de originar vinhos de coloração profunda e para longo envelhecimento. No entanto, ao contrário da maior parte dos vinhos espanhóis, é de teor alcoólico não muito alto, e sua acidez é baixa. Brota na mesma época que a Garnacha, mas amadurece duas semanas antes (Temprano, em espanhol, significa cedo). Quando plantada em climas menos quentes, produz vinhos mais equilibrados. O aroma dos vinhos pode variar desde tabaco até especiarias e couro.

> » **DICA**
> A Tempranillo é cultivada nas regiões da Campanha e da Serra do Sudeste no Rio Grande do Sul.

Teroldego
Uva tinta do norte da Itália, capaz de produzir vinho de coloração intensa, frutado, de pouco tanino e para consumo breve. Introduzida na Serra do Sudeste do Rio Grande do Sul, vem demonstrando boa adaptação.

Torrontés (Torrontel ou Torontés)
Grupo de uvas brancas originárias da Galícia (Espanha) espalhadas nos países de colonização espanhola. Produz vinhos muito aromáticos, distintos, semelhantes aos Moscatos. Na América do Sul, especialmente na Argentina e em menor quantidade no Chile, existe uma variedade de uva com esse mesmo nome.

Touriga Nacional
É a melhor das uvas portuguesas tintas, sendo utilizada tanto para os vinhos do Porto, como para vinhos não licorosos. Os cachos são pequenos, compactos, e as bagas são pequenas. Produz vinho complexo, de corpo e estrutura, com bom teor alcoólico e cor intensa, destinado ao longo envelhecimento.

> » **CURIOSIDADE**
> O nome Torrontés foi dado em razão da semelhança aromática com a Torrontés espanhola, mas se trata de híbrido natural de Criolla com Moscatel de Hamburgo.

Vermentino
Uva branca de origem italiana, resistente à podridão, podendo ser usada como uva de mesa e como passa. Fornece um bom vinho, de sabor agradável. Pode ser conduzida em poda curta. Clones promissores: italiano – VCR1; franceses – 639, 640, 766 e 795.

Viognier
Uva francesa adaptada aos ambientes quentes, onde resiste à seca e, parcialmente, aos ventos. É sensível ao oídio. Deve ser conduzida em poda longa e alta densidade de plantio. A uva é de cor amarelada, originando vinhos de cor amarelo-for-

te, de aroma complexo e com boa acidez. Suporta envelhecimento, mas não longo demais, pois tende a madeirizar. Pode ser utilizada para espumantes ou vinhos doces. Clones indicados: 642 e 1042.

» Cultivares de uva de mesa

As cultivares de uva de mesa são indicadas para o consumo *in natura*. Há diversas cultivares de uva de mesa, dentre as quais destacamos as principais a seguir:

- Alphose Lavallée (Ribier, na Califórnia)
- BRS Clara
- BRS Linda
- BRS Morena
- Centennial Seedless
- Dona Zilá
- Itália (Pirovano 65)
    - Rubi
    - Benitaka
    - Brasil
    - Redimeire
- Moscatel de Hamburgo
- Niágara Branca
- Niágara Rosada
- Perlette
- Perlona (Pirovano 54)
- Piratininga
- Red Globe
- Vênus
- Uva Muscadínea

Alphose Lavallée (Ribier, na Califórnia)

Cultivar originária da França (Bellino x Lady Downess Seedling). Brota de 15 a 30 de setembro e amadurece de 10 a 20 de março. É sensível à antracnose e ao míldio, sendo resistente ao oídio e às podridões. Sua produtividade é de 15 a 20 t/ha, com teor de açúcares de 14 a 16°Brix. Produz uva tinta, de boa qualidade para mesa, resistente ao transporte apesar de rachar junto ao pedicelo, de sabor simples, tipo europeia.

Produz cachos de médios a grandes, pesando de 400 g a 600 g, cônicos, alados e medianamente compactos. As bagas são grandes (8 a 11 g), oblongas e com uma característica depressão no ápice, com média aderência aos pedicelos. A polpa é firme, sabor neutro levemente adstringente.

Os porta-enxertos recomendados são:

- 101-14
- 5BB
- 161-49C
- 1103P
- 3309C
- Rupestris du Lot
- Tropical (IAC 313)
- Jales (IAC 572)

BRS Clara

Cultivar criada na Embrapa Uva e Vinho a partir de hibridação de **CNPUV 154-147** com **Centennial Seedless**. De uva branca com sabor suave e moscatel, e textura crocante. Pode atingir até 20°Brix, mas seu ponto de colheita ideal fica entre os 18 e 19°Brix, quando a relação açúcar/acidez está em torno de 24.

A uva se conserva bem na planta, podendo-se retardar a vindima. O cacho tem boa conformação, cheio, sem necessidade de raleio de bagas. O emprego de giberelinas melhora a aparência dos cachos e o tamanho das bagas. Frente às moléstias fúngicas tem reação similar à uva Itália. Nas regiões tropicais, onde já foi testada, produz 30 t/ha/ano.

BRS Linda

Cultivar criada na Embrapa Uva e Vinho a partir de hibridação de **CNPUV 154-90** com **Saturn**. De uva branca com tonalidades verdes, de sabor neutro e baixa acidez. Tem alto potencial produtivo (chega a 47 t/ha/ano) e baixo teor de açúcares (entre 14 e 15°Brix). A polpa é firme e crocante. Sua sensibilidade às moléstias fúngicas é semelhante à uva Itália, exceto por ser muito sensível ao oídio. Também melhora com a aplicação de giberelinas.

BRS Morena

Cultivar criada na Embrapa Uva e Vinho a partir de hibridação de **Marroo Seedless** com **Centennial Seedless**. De uva tinta, composição equilibrada entre açúcar e acidez, de ótimo sabor. Polpa de textura firme e crocante. Pode atingir até 20°Brix, devendo ser colhida entre os 18 e 19°Brix, com relação açúcar/acidez em torno de 24.

É de ciclo vegetativo curto e colheita precoce. Sua produtividade está na faixa entre 20 e 25 t/ha. Quanto às moléstias fúngicas, tem as mesmas exigências de controle da uva Itália, sendo um pouco mais sensível ao míldio. O emprego de giberelinas melhora a qualidade da uva.

Centennial Seedless

Originária da Califórnia, é cultivar de uva branca, apirena, de cachos grandes e cheios, porém não compactos. A baga é alongada, grande, crocante, com sabor neutro agradável. É fértil em todas as gemas, mesmo em condições tropicais. No entanto, quando amadurece em período de alta temperatura, a coloração da uva é prejudicada por manchas escuras. No noroeste de São Paulo, esse problema não é tão grave, sendo, porém, grave a incidência de *Botryoploidia theobromae*, fungo que infecta o lenho. Outro problema é a **desgrana** (desprendimento das bagas do engaço), o que obriga o viticultor a adotar técnicas de manejo pós-colheita mais cuidadosas.

Dona Zilá

Cultivar originária do Rio Grande do Sul, da Embrapa Uva e Vinho (**Niágara Branca** x **Catawba**). Brota de 15 a 26 de setembro e amadurece de 01 a 15 de março. É resistente à antracnose e moderadamente sensível ao míldio. Seu potencial produtivo é de 25 a 30 t/ha, com teor de açúcares de 16 a 18°Brix. Produz uva rosada, de bagas grandes, sabor aframboesado e doce, do tipo americano, similar à Niágara Rosada.

Os porta-enxertos recomendados são 1103P e 101-14.

Itália (Pirovano 65)

Cultivar originária da Itália, criada por Luigi Pirovano (**Bicane** × **Moscatel de Hamburgo**). Brota de 01 a 25 de setembro e amadurece de 05 a 25 de fevereiro. É moderadamente sensível à antracnose e ao oídio e sensível ao míldio e às podridões. Sua produtividade é alta, podendo atingir até 40 t/ha em um ano (nas condições do Nordeste, em três ciclos vegetativos em dois anos), com teor de açúcares de 16 a 18°Brix. As mutações somáticas da cultivar Itália são:

- Rubi
- Benitaka
- Brasil
- Redimeire
- Moscatel de Hamburgo
- Niágara Branca
- Niágara Rosada
- Perlette
- Perlona (Pirovano 54)
- Piratininga
- Red Globe
- Vênus
- Uva Muscadínea

Produz uva branca, de polpa crocante, padrão de uva de mesa tipo europeu no mundo. Apresenta sabor levemente moscatel. Bagas e cachos de bom tamanho. Em plantios comerciais no Vale do Rio São Francisco (PE, BA e MG) e no noroeste Paulista, produz cachos de 500 g, se bem raleados, de bagas grandes.

Os porta-enxertos recomendados são:

- 5BB
- 420 A

> » **CURIOSIDADE**
> A Itália é a principal uva fina cultivada para mesa no país.

- 106-8 (Traviú)
- 101-14
- 161-49C
- SO4
- 1103P
- 3309C
- Tropical (IAC 313)
- Jales (IAC 572)

Rubi
Surgiu no Estado do Paraná, diferindo da original pela cor rosada da película. Em regiões tropicais, tem dificuldades em atingir a coloração característica. As colheitas realizadas entre maio e julho proporcionam melhor coloração à uva.

Benitaka
Surgiu também no Paraná, mutante com melhor coloração do que a Rubi. Tem características e comportamento similar à Rubi.

Brasil
Mutante surgida da Benitaka, com coloração de rosada escura a tinta na película e polpa de cor vermelha. Como se colore com maior facilidade que as demais, poderá ter um melhor futuro como uva de mesa nas regiões tropicais e subtropicais. Seu comportamento geral é similar às demais derivadas da uva Itália, porém tem demonstrado menor vigor vegetativo, o que pode ser consequência de contaminação por viroses. Está em fase de difusão nas regiões produtoras.

Redimeire
Mutante surgida em planta de Rubi, no noroeste Paulista. Os cachos são um pouco menores do que os da original, variando de 300 a 500 g, de forma cilíndrico-cônica, dispensando o raleio, pois não são muito compactos. As bagas são alongadas, grandes (10 a 14 g), de textura crocante e coloração rosada. Sabor agradável e comportamento agronômico similar à uva Itália.

Moscatel de Hamburgo
Uva tipo europeia, de película rosa-vinoso e maturação em meia estação. Adequada aos porta-enxertos:

- 3309C
- 101-14
- Rupestris du Lot

Niágara Branca
Veja a seção "Principais cultivares americanas e híbridas".

Niágara Rosada
Também chamada de **Francesa Rosa**. É originária de São Paulo (mutação da Niágara Branca). Brota de 25 de agosto a 06 de setembro e amadurece de 22 de

janeiro a 05 de fevereiro. É resistente à antracnose, ao míldio e às podridões (eventualmente é infectada por podridão amarga). Seu potencial produtivo é de 25 a 30 t/ha com teor de açúcares de 15 a 17°Brix. Produz uva rosada, de bagas grandes, sabor aframboesado e doce, do tipo americano.

É o padrão nacional de uva de mesa comum. Eventualmente vinificada em branco, produz vinho similar ao da Niágara Branca. Entretanto, pelas dificuldades de clarificação de seu mosto, é preferível que seja destinada ao consumo *in natura*, pois os procedimentos enológicos para obter limpidez frequentemente retiram também o aroma do vinho, privando-o da tipicidade.

Os porta-enxertos recomendados são:

- Pé-franco
- 101-14
- 106-8
- Rupestris du Lot

Perlette
Uva apirena, vigorosa, que se destaca pela produtividade nas condições do nordeste brasileiro. Os cachos são médios e compactos, as bagas são brancas, pequenas e esféricas. Necessita aplicação de produtos para aumentar o tamanho da baga. É de baixíssima fertilidade nas gemas da base, necessitando poda longa (com 15 a 20 gemas). Tem pouca aceitação no mercado internacional, conseguindo colocação somente nas épocas em que não haja outra cultivar disponível.

Perlona (Pirovano 54)
Uva tipo europeia semelhante à uva Itália, porém de maturação tardia, que dá boa produção em porta-enxertos 3309C e 101-14. É explorada comercialmente na Serra Gaúcha.

Piratininga
Obtida no IAC em Campinas, por Santos Neto, através de mutação somática que ocorreu na Eugênio (híbrida complexa de uva branca), também criação deste instituto. De cachos grandes, medianamente compactos, bagas rosadas, grandes e elipsoides.

A Piratininga foi a cultivar de uva colorida mais empregada no Vale do São Francisco. Vem sendo substituída por outras, devido ao seu problema de desgrana na pós-colheita e sua sensibilidade ao rachamento das bagas quando amadurecendo em período chuvoso.

Red Globe
É cultivar de grande vigor vegetativo. O cacho é grande, cilindrico-cônico e naturalmente solto. A baga é grande, esférica, de rosada a vermelha, polpa firme e sabor neutro. Não necessita raleio, o que a torna interessante pela redução de custos de produção.

É necessário ajustes no manejo visando solucionar os problemas de dessecamento do cacho e murchamento das bagas. Se esses problemas forem superados, esta cultivar poderá se tornar uma das mais importantes uvas de mesa no país, especialmente nas regiões tropicais.

Vênus

Originária de Arkansas, Estados Unidos (Alden x NY 46000). Brota de 21 de agosto a 02 de setembro e amadurece de 19 de dezembro a 01 de janeiro. É sensível à antracnose e resistente ao míldio. Seu potencial produtivo é de 17 a 22 t/ha, com teor de açúcares de 16 a 17°Brix. Produz uva tinta, apirena, de bagas médias, sabor aframboesado e doce, do tipo americana.

Os porta-enxertos recomendados são 101-14 e 1103P.

Uva Muscadínea

Originária das regiões Sul e Sudeste dos Estados Unidos, as cultivares de uva muscadínea pertencem, basicamente, à espécie *Muscadinia rotundifolia*. São rústicas, resistentes a moléstias e pragas (inclusive às de solo) e em geral de média produtividade, devendo ser conduzidas em latadas. As bagas amadurecem uma por uma no cacho, podendo ser colhidas isoladamente à medida que atinjam o ponto desejado.

As bagas se soltam com facilidade da ráquis. Nos Estados Unidos, são empregadas para a elaboração de vinho, de suco, de geleia e como uva de mesa. Em outros países, seu cultivo é inexpressivo. As cultivares de uva muscadínea são utilizadas em programas de melhoramento genético, em que participam com suas qualidades de rusticidade.

Sua propagação por estacas lenhosas é difícil, somente sendo possível com estacas herbáceas submetidas à nebulização e eventualmente pelo uso de reguladores de crescimento, ou por sementes. Por suas características de resistência às moléstias e pragas, poderão tornar-se boas alternativas no sul do Brasil, como demonstra o Quadro 2.12.

Quadro 2.12 » Características de algumas cultivares de uva muscadínea

Cultivar	Cor	°Brix	t/ha	Baga (g)	Fruta fresca	Vigor	Vinho	Moléstias/ tolerância
Carlos	clara	15	15,7	5,0	boa +	excelente	bom	boa
Doreen	clara	16	16,0	5,5	excelente	excelente	bom	boa +
Magnolia	clara	15	15,3	5,5	excelente	excelente	bom +	boa –
Noble	escura	16	15,3	4,5	boa +	excelente	bom	boa
Sterling	clara	15	15,7	8,0	excelente	bom	bom	boa

>> Instalação do vinhedo

Para a instalação do vinhedo, é necessário seguir algumas etapas, como:

- Preparo do solo
- Demarcação do vinhedo
- Plantio
- Tratos culturais durante o primeiro e o segundo anos

>> Preparo do solo

O preparo do solo tem como finalidade assegurar que o estado físico do terreno seja adequado ao livre desenvolvimento do sistema radicular, facilitando o fornecimento de nutrientes essenciais à planta. É a única oportunidade que se tem para trabalhar bem o solo.

Drenagem
Nos locais em que o lençol freático é muito superficial, é recomendável que se faça uma drenagem. A drenagem poderá ser feita com o uso de:

- canos específicos para drenagem (de pvc envolvidos por manta asfáltica);
- feixes de taquara (*Bambusa* spp.) recobertos por cobertura plástica;
- pedras retiradas da área onde será implantado o vinhedo.

Limpeza
Os trabalhos de limpeza de uma área onde será feito o plantio envolvem as etapas descritas no Quadro 2.13.

Além dos trabalhos de limpeza, há também os trabalhos de mobilização do solo, conforme mostrado Quadro 2.14.

Um exemplo de sequência de trabalhos de solo que pode ser feita é:

- Calagem (50%)
- Subsolagem (até 60 cm)
- Aração (até 40 cm)
- Calagem (50%)
- Gradagem
- Adubação corretiva (100%)
- Gradagem

Quadro 2.13 » Trabalhos de limpeza do solo

Roçada	• Esta prática consiste na eliminação da vegetação existente, podendo ser executada manualmente ou com tratores. Os restos de vegetação não devem ser queimados, devendo apenas ser retirados os restos de arbustos e galhos maiores. O restante da vegetação pode ser incorporado ao solo por ocasião dos trabalhos de mobilização.
Destocamento	• Esta prática visa à extirpação de tocos maiores que devem ser retirados, facilitando os demais trabalhos. Normalmente, é feita com implementos mais pesados – tratores ou tração animal. Caso o terreno seja recoberto por mata ou outra vegetação maior com sistema radicular mais desenvolvido, aconselha-se executar o destocamento após a derrubada da vegetação.
Retirada de pedras	• Na mesma ocasião em que se faz o destocamento, retiram-se as pedras existentes, visando facilitar os futuros trabalhos que serão executados no solo. As pedras retiradas podem ser utilizadas para a confecção de taipas ou terraços em patamares.

Quadro 2.14 » Trabalhos de mobilização do solo

Subsolagem	• A profundidade que esta operação deve atingir varia com as características do solo. Normalmente é feita em todo o terreno, atingindo de 40 a 50 cm. Dispondo de tratores de esteira, é possível atingir até 60 cm. Para terrenos argilosos e compactos, pobres em matéria orgânica, esta prática beneficia muito o desenvolvimento das mudas no período inicial. Em solos arenosos, é dispensável.
Lavração	• Esta prática visa à mobilização total do solo. A profundidade a ser atingida depende do tipo de solo e dos trabalhos anteriormente nele executados, mas o ideal é atingir entre 20 e 25 cm.
Gradagem	• Esta prática visa a destorroar o solo, podendo ser dispensada quando este tiver ficado em boas condições após a lavração.

Conservação

Quanto à conservação, é recomendável fazer um canal de escoamento, na parte superior externa ao vinhedo, para desviar a água para fora. Devem ser executadas as práticas de conservação de solo de acordo com a declividade do terreno, visando ao melhor aproveitamento da área.

>> Demarcação do vinhedo

Na demarcação do vinhedo, é preciso seguir alguns procedimentos-padrão, como:

- Demarcação das linhas de plantio
- Espaçamento
- Orientação das fileiras

Demarcação das linhas de plantio

As linhas de plantio devem ser demarcadas no sentido transversal à maior declividade do terreno e no espaçamento recomendado. Este trabalho é feito durante os meses de junho e julho, marcando-se o local de plantio de cada muda com uma estaca ou mesmo com canudos plásticos.

Espaçamento

Vários fatores devem ser considerados na decisão do espaçamento a ser utilizado. Estes fatores são:

- Topografia do terreno
- Exposição
- Vigor da planta (do porta-enxerto e da cultivar produtora)
- Fertilidade do solo
- Sistema de condução

Em princípio, não são aconselháveis distâncias menores do que 2 m entre as fileiras. Em terrenos planos, o espaçamento entre fileiras deve ser, no mínimo, 50 cm maior do que a largura da máquina, quando os tratos culturais forem mecanizados.

O sistema de condução pode permitir um maior ou menor desenvolvimento da planta. Por isso, sistemas que permitem grande expansão vegetativa requerem distâncias maiores entre fileiras e entre plantas. Considerando diversos fatores, os espaçamentos mais comuns são os apresentados no Quadro 2.15.

O espaçamento condiciona a densidade de plantio. Maiores densidades de plantio são recomendadas para solos de baixa fertilidade, ou para porta-enxertos de pouco vigor e cultivar produtora de pouco vigor. Nesse caso, a produção por planta é menor, mas o maior número de plantas por hectare compensa esta redução. Menores densidades são utilizadas no caso oposto. As plantas, individualmente, terão maior produção.

> **>> DICA**
> Na escolha do espaçamento, deve-se buscar um ponto de equilíbrio para cada situação.

Orientação das fileiras

Em locais com declividade acentuada, orientam-se as fileiras sempre no sentido transversal ao escoamento das águas das chuvas, para reduzir os riscos de erosão. O primeiro passo na demarcação da área é determinar os quatro cantos. É uma operação importante para calcular a área (m^2) e para que se possa demarcar as linhas mestras.

Quadro 2.15 » Espaçamentos comuns entre as fileiras do vinhedo conforme região

Rio Grande do Sul	• Em espaldeira simples, os espaçamentos variam de 2,5 a 3,5 m entre fileiras e de 1,0 a 2,0 m dentro da fileira. • Em latada, os espaçamentos variam de 2,5 a 3,5 m entre fileiras e de 1,5 a 3,0 dentro da fileira.
Santa Catarina	• Em latada, os espaçamentos empregados são de 3 x 2 m.
São Paulo e Minas Gerais	• Em espaldeira, os espaçamentos utilizados são de 2 x 1 m.
Vale do São Francisco (Minas Gerais, Bahia e Pernambuco)	• Em latada, os espaçamentos são amplos, indo desde 3 a 5 m x 2 a 3 m.

As **linhas mestras** ou **cabeceiras** estabelecem o início e o fim de cada fileira. É sobre elas que são marcadas as distâncias entre cada fileira. Após ser demarcada a fileira, serão marcados os pontos dentro da fileira onde será plantada a muda, de acordo com as distâncias preestabelecidas.

> **» DICA**
> Quando os talhões forem grandes, devem ser estabelecidos caminhos internos para facilitar a circulação de veículos que farão o transporte da produção.

» Plantio

Para a efetivação do plantio do vinhedo, são necessárias duas etapas sucessivas: a preparação de covas e o plantio. O plantio pode ser de estacas, de barbados ou de mudas.

Preparo de covas

São abertas covas de dimensões de 0,4 x 0,4 x 0,6 m. A terra retirada da cova deve ser misturada com esterco de galinha curtido, cama de aviário ou outro adubo orgânico, em dosagens de 5 kg por cova. Esta cova é aberta no local marcado para plantio com enxadão ou alavanca nos meses de junho ou julho.

Quando as covas são abertas por perfuratrizes tratorizadas, elas têm um formato cilíndrico que deve ser desfeito com cortes de pá, visando evitar que as raízes da videira fiquem confinadas àquele espaço. Em solos bem-preparados (lavrados, gradeados, etc.), não há necessidade de abrir covas tão grandes. Uma abertura suficiente para acomodar as raízes pode ser o bastante para o plantio de mudas enraizadas.

Tipos de plantio
Os tipos de plantio são apresentados no Quadro 2.16.

Quadro 2.16 >> Modalidades de plantio

Plantio de estacas	• O plantio das estacas na cova é efetuado durante os meses de junho a setembro (desde que as gemas ainda não tenham iniciado a brotar), devendo-se colocar duas estacas por cova (a menos vigorosa delas será descartada na época de enxertia no ano posterior). As estacas deverão ficar em perfeito contato com o solo e bem firmes, devendo ficar duas gemas acima da superfície do solo. • Imediatamente após o plantio, deve ser procedida uma rega. Por fim, as estacas serão cobertas com uma camada de terra solta, visando protegê-las contra os raios de Sol e as geadas tardias, e reduzir o efeito da compactação pelas chuvas.
Plantio de barbados (porta-enxertos enraizados)	• No plantio de barbados acomodam-se as raízes na cova e coloca-se a terra de volta, compactando-a para firmarem-se bem as raízes. Planta-se somente um barbado por cova, pois há poucas falhas com esse tipo de material. • Após o plantio, irriga-se abundantemente. Por fim, é feita a proteção com terra descrita no *plantio de estacas*.
Plantio de mudas	• No plantio de mudas, utilizam-se mudas produzidas em viveiro, selecionando as que apresentarem sistema radicular com no mínimo três raízes principais bem distribuídas. Sendo mudas enxertadas, é necessário que tenham uma boa soldadura do enxerto. Deixa-se uma haste com apenas duas gemas e o sistema radicular com 5 a 10 cm de comprimento. No caso de muda enxertada, é conveniente que a região do enxerto (calo) fique de 10 a 15 cm acima do nível do solo. • Deve ser feita uma irrigação após o plantio.

>> Tratos culturais durante o primeiro ano

Durante o primeiro ano de implantação do vinhedo, devemos estabelecer alguns tratos específicos na cultura da videira como:

- Desafrancamento
- Desbrota
- Tutoramento
- Controle de formigas e moléstias
- Adubação
- Capina
- Culturas intercalares

Desafrancamento

Consiste em eliminar as raízes que venham a ser emitidas pelo enxerto (pelo garfo da cultivar produtora). Deve ser feito com canivete ou tesoura durante um dia de chuva ou céu nublado para evitar o ressecamento do calo de enxertia. Normalmente é feito em outubro ou novembro.

Para sua execução, desmancha-se o monte de terra que fora feito no plantio (porém este deve ser refeito após a retirada das raízes). Aproveita-se essa operação para soltar o atilho da enxertia, visando evitar o estrangulamento do enxerto. Essa operação é feita em mudas que proveram de enxertia.

Desbrota

Consiste em eliminar os brotos que surjam do porta-enxerto. Deve ser feita sempre que necessário – em geral, 2 a 3 vezes durante o ciclo vegetativo (ver a seção "Poda", no Capítulo 4).

Tutoramento

Consiste em colocar um tutor (taquara, bambu ou estaca) onde se conduzirá a brotação, amarrando o broto da videira à estaca a cada 15 cm de crescimento. Quando o broto atingir a altura do arame onde será conduzida a copa, este deverá ser decepado a 10 cm abaixo do arame, visando forçar a brotação lateral para formar a copa.

Controle de formigas e moléstias

Deve ser mantido um permanente controle a pragas e moléstias (ver Capítulo 3).

Adubação

Deve ser feita de acordo com o resultado da análise de solo. Como fonte de nitrogênio é mais recomendável o nitrato de cálcio (ou nitrocálcio) do que ureia. Fósforo e potássio são aplicados através de adubos simples (superfosfatos e sulfatos de potássio) ou fórmulas comerciais de adubos.

Capina

É um item importantíssimo, pois visa evitar a competição das videiras novas com a vegetação nativa existente. Devem ser feitas tantas capinas quantas forem necessárias (em geral, três em um ciclo vegetativo). As capinas podem ser substituídas por aplicações de herbicidas de ação total à base de glifosato, desde que as mudas sejam protegidas por algum anteparo.

Culturas intercalares

Visando obter algum rendimento econômico nos anos que antecedem a época em que a videira entra em produção, a área poderá ser cultivada com culturas anuais de porte pequeno. Deve-se guardar 1 m de distância livre das linhas de plantio das videiras. Pode ser cultivado feijão, amendoim ou soja, e até mesmo milho, desde que seja de cultivar de ciclo curto (precoce). Essas culturas têm que ser conduzidas e adubadas de acordo com suas próprias recomendações nutricionais.

» Tratos culturais durante o segundo ano

No segundo ano, outros tratos específicos devem ser mantidos na cultura da videira, como:

- Reposição de porta-enxerto
- Enxertia de porta-enxerto
- Condução de muda
- Poda de formação

Reposição de porta-enxerto
Após a queda das folhas dos porta-enxertos plantados em viveiro, deve-se proceder ao transplante dos mesmos para repor as falhas que ocorreram na área de vinhedo.

Enxertia de porta-enxerto
Nos vinhedos em que, no ano anterior, se plantaram estacas de porta-enxertos ou barbados, deve-se fazer a enxertia. Em locais onde houve falhas, deve-se proceder a reposição com mudas prontas.

Condução da muda
Todos os cachos de uva devem ser eliminados, visando manter o vigor da planta em formação. Deve ser conduzido somente o broto mais vigoroso. Esse será tutorado e mantido amarrado a cada 15 cm de crescimento. Ao atingir a altura do arame, deve ser despontado a 20 cm abaixo do mesmo, visando formar os braços da videira.

Poda de formação
Ao final do segundo ano (durante o inverno), será feita a poda de formação da planta (ver a seção "Poda" no Capítulo 4).

Demais atividades
Para o controle de moléstias e formigas e culturas intercalares, deve ser feito o mesmo manejo do primeiro ano de plantio.

» Coeficientes técnicos para implantação de vinhedos

Cada região brasileira tem um sistema de implantação de vinhedo diferente devido às suas peculiaridades climáticas, sociais, econômicas e culturais. Desse modo, para obter uma estimativa da variação dessas peculiaridades, faz-se necessário recorrer às publicações locais.

Os custos e valores também estão sujeitos à variação de acordo com distâncias dos centros produtores de insumos, consumidores do produto e valor da mão de obra local. Um exemplo, para orientação geral, é dado no Quadro 2.17.

Quadro 2.17 » **Coeficientes técnicos para implantação de um hectare de vinhedo em sistema de condução espaldeira com espaçamento 2,5 x 1 m**

Item	Unidade	Ano 1
Análise de solo	unidade	1
Calcários	tonelada	20
Gesso	tonelada	0,6
Estacas porta-enxerto	unidade	5.040
Garfos	unidade	5.040
Sulfato de cobre	kg	120
Cal	kg	150
Fungicidas	kg	32
Formicidas	kg	8
Fosfato natural	tonelada	0,5
Sulfato de potássio	tonelada	0,25
Adubo 5 20 20	tonelada	0,75
Ureia	tonelada	0,5
Postes externos	unidade	80
Postes internos	unidade	600
Rabichos	unidade	80
Tutores	unidade	4.000
Arame	rolo 1.000 m	30
Cordoalha 3 fios	kg	24
Aração	horas/trator	8

(continua)

Quadro 2.17 » **Coeficientes técnicos para implantação de um hectare de vinhedo em sistema de condução espaldeira com espaçamento 2,5 x 1 m** *(continuação)*

Item	Unidade	Ano 1
Subsolagem	horas/trator	8
Gradagem	horas/trator	8
Roçada	horas/trator	12
Plantio	dia/homem	12
Posteação e aramado	dia/homem	40
Capinas	dia/homem	90
Aplicação de formicidas	dia/homem	18
Aplicação de fungicidas	dia/homem	24
Aplicação de fertilizantes	dia/homem	10
Aplicação de fertilizantes	horas/trator	4
Aplicação de calcário	horas/trator	4
Condução da muda	dia/homem	14
Podas	dia/homem	25
Colheita	dia/homem	6
Produção	kg	2.000
Enxertia	dia/homem	9
Auxiliar de enxertia	dia/homem	9

Produção de mudas por enxertia

A **enxertia** é empregada sempre que haja alguma característica de solo que a torne necessária como, por exemplo, a presença de filoxera (o caso mais comum), a presença de nematoides, de salinidade, ou condições físicas e/ou químicas especiais de solo.

Para cada situação há um porta-enxerto adequado. O porta-enxerto (cavalo) dará suporte à planta, sendo encarregado de formar o sistema radicular e, portanto, extrair água e nutrientes do solo para nutrir o garfo (o enxerto).

Enxertia de campo

A enxertia de campo pode ser feita no viveiro onde se enraizaram os cavalos, ou no local definitivo. Usualmente é empregada a **garfagem de fenda simples**, conforme mostra a Figura 2.1.

Os porta-enxertos que receberão os garfos ficam prontos após entrarem em dormência ao final de um ciclo vegetativo, isto é, no inverno, nos Estados do sul do Brasil. No dia em que se fará a enxertia, deve ser feito o preparo dos porta-enxertos da seguinte forma:

>> **NO SITE**
No ambiente virtual de aprendizagem você encontra uma apresentação em PowerPoint® com todas as imagens do livro.

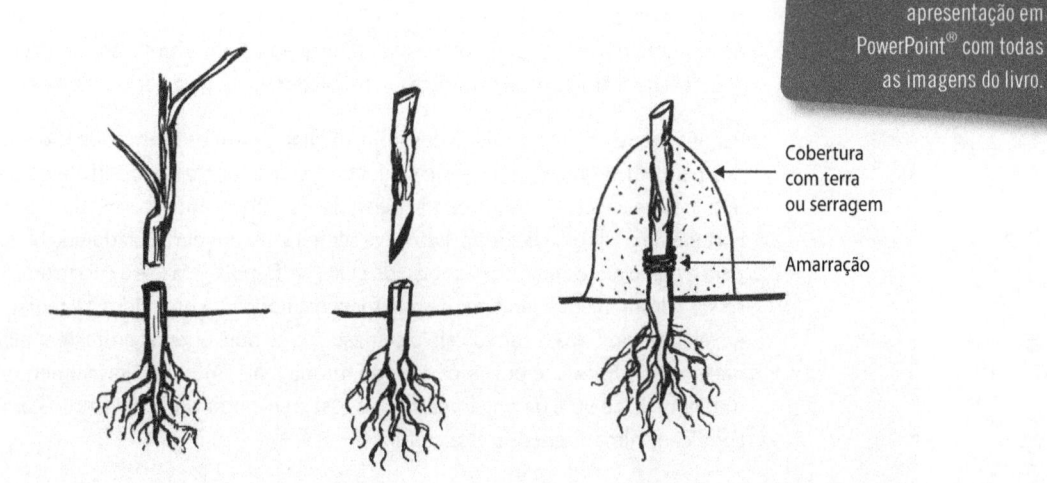

Figura 2.1 Garfagem de fenda simples.

- retira-se, com uma tesoura de poda, os ramos desnecessários à enxertia;
- faz-se uma limpeza ao redor dos ramos para facilitar o trabalho;
- seleciona-se os cavalos para execução do enxerto de acordo com seu vigor.

Os de pouco vigor serão preservados para enxertia no ano seguinte. A enxertia será feita em uma parte lisa e reta do ramo do porta-enxerto, a uma altura entre 10 e 15 cm acima do nível do solo. Nesse local, com canivete, é feita uma fenda de 2 cm de profundidade, onde será encaixado o garfo.

Os garfos que serão empregados deverão ser colhidos na véspera da enxertia e preservados em local fresco. Com isso haverá uma leve desidratação que aparentemente é benéfica para o pegamento do enxerto. Os garfos devem provir de plantas certificadas e de ramos de um ano de idade.

O garfo é preparado tomando-se um ramo de diâmetro similar ao do cavalo, com duas gemas. A 5 mm da gema inferior se inicia um corte, em ambos os lados, em forma de cunha. O comprimento desta cunha será igual ao do corte a ser feito no porta-enxerto. A cunha deve ser feita com um corte rápido e firme para que fiquem perfeitamente lisos.

Imediatamente após o preparo, deve ser feita a enxertia, encaixando-se o garfo de modo a haver perfeito contato da casca de ambas as partes. Quando os diâmetros não coincidirem, pelo menos o lado onde está a gema inferior do garfo deverá ficar em perfeito contato com a casca do cavalo. Logo em seguida, deve ser feito o amarrio com fita de plástico ou vime, atando firmemente.

Finda a operação, deve ser colocada uma estaca junto ao enxerto para servir de tutor. O enxerto deve ser coberto, cuidadosamente, com terra, serragem ou areia, umedecendo-o para evitar a desidratação do enxerto.

A época ideal para a enxertia é o mais próximo possível do início de atividade do porta-enxerto. Quanto mais tarde for feita a enxertia, mais tarde ocorrerá o início da brotação e, portanto, menores os riscos de geada. Após a brotação, deve ser feito o desafrancamento, que consiste em retirar as raízes que o garfo tentará emitir.

Paralelamente, deve ser feita a desbrota, eliminando-se os brotos que são emitidos pelo porta-enxerto. Isso deve ser feito sem desmanchar a cobertura de terra feita nos enxertos. Posteriormente, perto de três meses após a enxertia, deve-se cortar o amarrilho da enxertia. Isso deve ser feito em um dia nublado ou chuvoso para evitar o ressecamento da região da enxertia. Depois, refaz-se a cobertura, que só será desfeita em definitivo quando for constatado que os tecidos na região de enxertia estão firmes, com o calo cicatrizado. E, se houver duas brotações, elimina-se a mais fraca, conduzindo atada ao tutor a mais vigorosa. Normalmente, se obtém mais de 90% de pegamento, mas esse percentual varia de acordo com as condições climáticas e os tratos culturais.

> **» IMPORTANTE**
> O trabalho manual de enxertia requer habilidade de enxertador. Um profissional dessa atividade faz, em média, 600 enxertos por dia, tendo outros trabalhadores para fazer a cobertura dos enxertos. Se utilizar vime para amarrá-los, deve ser prevista a compra desse material. Cada quilograma de vime fino (próprio para essa atividade) e, de preferência, de vime de casca amarela, rende perto de 140 amarrilhos.

Adubação e nutrição

A **adubação** da videira é um dos componentes do custo de produção e exerce grande influência na produtividade e qualidade da uva e dos vinhos dela oriundos. Atualmente vêm sendo testados métodos para avaliar com maior precisão as necessidades de fertilização dos vinhedos. A análise de solo vem sendo complementada pela análise de tecido, permitindo determinar a concentração de elementos minerais nos tecidos da videira, além de avaliar a sua extração total e o **estado nutricional** das plantas.

Prática de adubação da videira

Na implantação do vinhedo, são necessários alguns métodos de avaliação para a prática de adubação da videira, como:

- amostragem do solo para análise;
- interpretação da análise de amostragem e recomendação de adubação e calagem;
- correção de pH;
- adubação corretiva;
- adubação de plantio;
- adubação de manutenção ou de produção.

Amostragem do solo para análise

A coleta do solo para análise deve ser feita tendo-se o cuidado de retirar as amostras correspondentes a cada tipo de solo existente, bem como de diferentes posições, para que realmente represente o melhor possível a área a ser cultivada. As áreas a serem amostradas devem ser separadas em função de características do relevo, vegetação e coloração do solo.

Para cada tipo de solo devem ser retiradas subamostras em duas profundidades (de 0 a 20 cm e de 20 a 40 cm). As subamostras deverão ser misturadas, retirando dessa mistura uma amostra final, que represente um tipo de solo. Serão remetidas a um laboratório tantas amostras quantos forem os tipos de solo.

Interpretação da análise e recomendação de adubação e calagem

Os resultados das análises deverão ser interpretados de acordo com a metodologia adotada em cada região do país.

Deve-se prestar atenção a alguns detalhes: a recomendação de calagem é feita para uso de calcário de PRNT 100%, o que geralmente não existe no comércio. Portanto, deve-se fazer a adequação da quantidade a utilizar de acordo com as especificações do produto adquirido. Por outro lado, a dosagem é calculada para corrigir uma camada de 20 cm de solo.

> **ATENÇÃO**
> Deve-se utilizar matéria orgânica no plantio de um vinhedo novo. Deve-se ter em mente que não se pode fazer isso quando os teores de matéria orgânica forem superiores a 5% no solo. O uso de cama de aviário (mistura de esterco de aves com maravalha, serragem grossa) não deve ser feito com frequência menor do que dois anos, devendo ser levados em conta os nutrientes que esta contém: N 3,0%, P_2O_5 3,04% e K_2O 2,84%.

Como, no caso de implantação de vinhedos, deseja-se corrigir a profundidades maiores, as dosagens devem ser aumentadas proporcionalmente à profundidade trabalhada. O uso de calcário dolomítico, além de corrigir o pH, serve como fonte de nutrientes cálcio e magnésio.

Para a correção dos teores de fósforo recomenda-se o uso de hiperfosfatos, fosfatos naturais, escórias de Thomas e termofosfatos, preferencialmente, pois, além de serem de dissolução lenta e agirem por mais tempo, eles contêm outros nutrientes importantes. Podem ser usados também:

- Superfosfato simples
- Superfosfato triplo
- Monoamônio-fosfato
- Diamônio-fosfato

Para a correção dos teores de potássio recomenda-se, preferencialmente, sulfato de potássio, por ser menos acidificante e salinizante do que o cloreto de potássio. Com relação aos micronutrientes, normalmente os solos do sul do Brasil não apresentam deficiências, exceto para o boro. Os solos de cerrado do Brasil Central e Sudeste em geral têm carências de vários micronutrientes, devendo ser feita uma avaliação por análise de solo.

Normalmente os fungicidas utilizados contêm cobre, manganês e zinco, que são absorvidos pelas folhas. O boro, às vezes, apresenta sintomas de carência, especialmente na cv. Concord. Corrige-se este problema aplicando ao solo 30 a 40 g de bórax por planta.

Correção de potencial hidrogeniônico

A correção de potencial hidrogeniônico (pH) deve ser feita de acordo com o método empregado na região onde vai ser implantado o vinhedo. Para a viticultura, um pH de 6 é o ideal. Entretanto, há produção de vinhos em solos de pH desde 5,5 até 8.

> **ATENÇÃO**
> A cada cinco anos, deve ser feita nova análise de solo para verificar a necessidade de correção de pH.

A maioria dos grandes vinhos é feita de uvas obtidas em solos com pH próximo à neutralidade (entre 6,5 e 7,5). Deve ser levada em conta a profundidade de incorporação a ser feita e a qualidade do calcário empregado, para que possam ser ajustadas as dosagens.

A aplicação do calcário tem de ser feita, no mínimo, seis meses antes do plantio das mudas. Em alguns casos, empregam-se doses de calcário suficientes apenas para elevar o pH do solo para 5,5, pois neste nível de acidez os efeitos do alumínio tóxico já não existirão.

A quantidade de calcário é indicada pelo método SMP, conforme Tabela 2.1, devendo ser ajustada a dose em função da profundidade de aplicação e do PRNT do calcário. A dose indicada pelo método pressupõe incorporação até 20 cm e PRNT 100%.

Tabela 2.1 » Recomendações de calagem (calcário com PRNT 100%) com base no método SMP para correção da acidez de solos para aplicação na camada de 0 a 20 cm

Índice SMP	pH desejado		
	5,5	6,0	6,5
	t/ha calcário com PRNT 100%		
<4,4	15,0	21,0	29,0
4,5	12,5	17,3	24,0
4,6	10,9	15,1	20,0
4,7	9,6	13,3	17,5
4,8	8,5	11,9	15,7
4,9	7,7	10,7	14,2
5,0	6,6	9,9	13,3
5,1	6,0	9,1	12,3
5,2	5,3	8,3	11,3
5,3	4,8	7,5	10,4
5,4	4,2	6,8	9,5
5,5	3,7	6,1	8,6
5,6	3,2	5,4	7,8
5,7	2,8	4,8	7,0
5,8	2,3	4,2	6,3
5,9	2,0	3,7	5,6
6,0	1,6	3,2	4,9
6,1	1,3	2,7	4,3
6,2	1,0	2,2	3,7
6,3	0,8	1,8	3,1
6,4	0,6	1,4	2,6
6,5	0,4	1,1	2,1
6,6	0,2	0,8	1,6
6,7	0	0,5	1,2
6,8	0	0,3	0,8
6,9	0	0,2	0,5
7,0	0	0	0,2
7,1	0	0	0

Por exemplo: se a incorporação do calcário for feita para 40 cm, duplicar a dose original (40/20 = 2). Se o calcário a ser usado tiver PRNT 80% (100/80 = 1,25), multiplicar a dose por 1,25. Em um exemplo teórico-prático onde o método SMP indicar duas toneladas por hectare, aplicando-se os critérios aqui descritos, o total de calcário a ser aplicado foi de cinco toneladas (2 t/ha x 2 x 1,25 = 5).

Após 4 a 5 anos, há a necessidade de fazer a recalagem. Normalmente a dose a ser adicionada equivale a 20% da dose original de correção. Essa adição de calcário deve ser orientada por nova análise de solo, e o produto deve ser espalhado sobre o solo em toda a área do vinhedo, sem fazer incorporação. Nesse momento, como não será feita a incorporação do calcário, é recomendável empregar produtos de maior PRNT, pois reagirão mais rápida e completamente.

Adubação corretiva

A adubação corretiva é aplicada antes do plantio das mudas, visando fornecer fósforo e potássio, para elevar os teores desses elementos no solo para suficientes. Isso é feito com base nos resultados de análise de solo, como indica a Tabela 2.2.

Tabela 2.2 » **Recomendação de adubação de correção de fósforo e potássio, com base na análise de solo**

Interpretação do teor de fósforo ou de potássio no solo	Fósforo	Potássio
	Kg de P_2O_5/ha	Kg de k_2O/ha
Muito baixo	150	90
Baixo	100	60
Médio	50	30

Devem ser aplicados produtos de solubilização lenta e que fiquem uniformemente distribuídos em todo o perfil. Em alguns solos, poderá haver deficiência de boro, devendo-se, nestes casos, aplicar de 50 a 70 kg/ha de bórax.

Os fertilizantes fosfatado e potássico indicados na adubação de pré-plantio devem ser aplicados a lanço na área total e incorporados na camada de 0 a 20 cm de profundidade. Sendo possível incorporar a maior profundidade, é necessário adequar a dosagem proporcionalmente. Por exemplo, se incorporar a 40 cm, duplicar a dose (40/20 = 2).

Adubação de plantio

A adubação de plantio é a aplicação de adubo nitrogenado feita por ocasião do plantio ou das estacas ou das mudas de videira. Essa adubação deve se basear nos resultados de análise de solo, conforme Tabela 2.3.

Tabela 2.3 » **Adubação nitrogenada de plantio ou de crescimento**

Teor de matéria orgânica do solo	Época de aplicação do nitrogênio (N)		
	Ano 1*	Ano 2	Ano 3
%	Kg de N/ha		
<2,5	40	40	50
2,5 a 5,0	20	20	30
>5,0	10	10	0

*Ano 1 = ano de plantio do porta-enxerto. Considerar Ano 2 como inicial se usadas mudas enxertadas.

Adubação de manutenção ou de produção

A adubação de manutenção ou de produção deve ser aplicada de acordo com a interpretação da análise de tecidos e meta de produtividade e do método de recomendação para adubação das culturas, como mostram as Tabelas 2.4 a 2.9. Estas recomendações variam dentro do Brasil, sendo em alguns casos, específicas para Estados ou mesmo mesorregiões estaduais.

A indicação genérica é a de aplicar os adubos nitrogenados a partir da brotação e, sendo constatado fraco desenvolvimento dos brotos, repetir a aplicação após o florescimento das videiras. Os adubos fosfatados e potássicos podem ser incorporados após a colheita da uva, no outono, devendo-se ter o cuidado de manter as folhas em bom estado sanitário para que os mesmos possam ser absorvidos ainda antes do inverno.

Em regiões de clima tropical, onde a irrigação é necessária, uma opção viável é a **fertirrigação**. Esta deverá ser bem manejada, visando evitar a salinização dos solos.

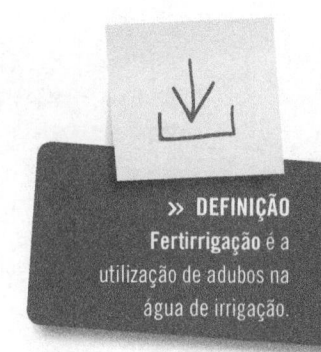

» **DEFINIÇÃO**
Fertirrigação é a utilização de adubos na água de irrigação.

» Avaliação do estado nutricional

O estado nutricional da videira pode ser avaliado de acordo com os sintomas visuais e/ou com a análise química de seus tecidos, com relação ao excesso ou à deficiência de nutrientes, conforme veremos a seguir.

Sintomas visuais

As folhas da videira devem ter coloração e aspecto normal quando as plantas estão bem nutridas. Isso significa folhas de cor verde-médio a verde-escuro, de tamanho normal da cultivar e sem alterações. As alterações que podem ocorrer em casos de deficiência ou toxidez pelos elementos minerais são:

- Deformações (aspecto da folha de forma diferente do normal)
- Clorose (folhas com coloração mais fraca, verde-claro ou verde-amarelado)
- Necrose (folhas com partes mortas, escurecidas)

Esses sintomas se manifestam nas margens foliares, nas nervuras ou entre as nervuras, conforme Quadro 2.18.

Quadro 2.18 » Sintomas de deficiência de alguns minerais nas folhas de videira

Idade da folha	Sintoma principal	Mineral deficiente
Velhas	clorose uniforme	N (S)*
	clorose nas internervuras ou manchas	Mg (Mn)
		K
	necrose nas margens	Mg (Mn)
	necrose nas internervuras	
Novas	clorose uniforme	Fe (S)
	clorose nas internervuras	Zn (Mn)
	necrose	Ca, B, Cu
	deformação	Mo (Zn, B)

* Nesta coluna, estão entre parênteses os minerais cujos sintomas de deficiência são mais raros.

Avaliação por meio da análise de tecidos

A adubação da videira deve ser orientada pela análise de solos, tecidos e meta de produtividade, em conjunto, conforme a Tabela 2.4.

Tabela 2.4 » Interpretação dos resultados de análise de tecido da videira – macronutrientes

Material	Interpretação	Macronutrientes					Relação K/Mg
		N	P	K	Ca	Mg	
		%					
Pecíolos	insuficiente	<0,4	<0,09	<0,8	<0,5	<0,15	<1
	abaixo do normal	0,4-0,65	0,09-0,15	0,8-1,5	0,5-1,0	0,15-0,25	1-3
	normal	0,66-0,95	0,16-0,25	1,51-2,5	1,01-2,0	0,26-0,50	4-7
	acima do normal	0,96-1,25	0,26-0,40	2,51-3,5	2,01-3,0	0,51-0,70	8-10
	excessivo	>1,25	>0,40	>3,5	>3,0	>0,70	>10
Folha completa	abaixo do normal	<1,6	<0,12	<0,8	<1,6	<0,2	–
	normal	1,6-2,4	0,12-0,40	0,8-1,6	1,6-2,4	0,2-0,6	–
	acima do normal	>2,4	>0,4	>1,6	>2,4	>0,6	–

A Tabela 2.5 apresenta a interpretação dos resultados de análise de tecido da videira – micronutrientes.

Tabela 2.5 » **Interpretação dos resultados de análise de tecido da videira – micronutrientes**

Material	Interpretação	B	Fe	Mn	Zn
		mg/Kg			
Pecíolos	insuficiente	<15	<15	<20	<15
	abaixo do normal	15-22	15-30	20-35	15-30
	normal	23-60	31-150	36-900	31-50
	acima do normal	61-100	151-300	901-1.500	51-100
	excessivo	>100	>300	>1.500	>100
Folha completa	abaixo do normal	<30	<60	<20	<25
	normal	30-65	60-180	30-300	25-60
	acima do normal	>65	>180	>300	>60

A Tabela 2.6 apresenta as relações entre nutrientes no pecíolo da videira.

Tabela 2.6 » **Relações entre nutrientes no pecíolo da videira**

Relações entre elementos	Níveis		
	Baixo	Normal	Alto
N/K	1,90	1,90 – 2,40	2,40
K/Mg	3,00	3,00 – 7,00	7,00
K/Ca	0,45	0,45	0,45
K/Ca+Mg	0,30	0,30 – 0,40	0,40

O estado nutricional da videira pode ser avaliado pela análise química de seus tecidos feita durante o ciclo vegetativo. As folhas são as partes mais adequadas para tal procedimento.

As amostras de pecíolo devem ser coletadas em folhas recém-maduras (as folhas mais novas que tenham completado seu crescimento em tamanho), no início da mudança de cor das bagas. A avaliação pelo resultado da análise de pecíolo é mais adequada para o fósforo e o potássio.

As amostras de folhas completas também são colhidas no início da maturação (mudança de cor da uva). O resultado obtido é mais adequado para avaliar o estado do nitrogênio e do boro. Devem ser colhidas folhas opostas ao primeiro cacho do ramo avaliado.

» **IMPORTANTE**
As análises de tecido devem ser repetidas a cada quatro anos se não houver algum problema detectado por sintomas visuais, mas devem ser repetidas anualmente quando houver suspeitas de problemas ou sintomas visuais de deficiências ou excessos.

>> PROCEDIMENTO

A **coleta das folhas**, para que seja representativa, deve seguir as seguintes etapas:

1. Selecione uma amostra homogênea, o mais uniforme possível.
2. Colete as folhas no início do período de maturação da uva (troca de cor ou amolecimento das bagas).
3. Colete no mínimo cem folhas, separando os pecíolos dos limbos imediatamente. As folhas devem ser maduras, localizadas no terço médio do ramo e provir de posições opostas aos cachos, de plantas escolhidas ao acaso.
4. Não colete folhas com sintomas de moléstias ou ataque de pragas ou com sintomas visíveis de deficiência ou toxidez mineral (a menos que esse seja o objetivo do estudo).
5. Não colete as folhas após a aplicação de tratamentos fitossanitários.
6. Faça as amostras em separado das videiras com sintomas de toxidez ou deficiência.
7. Lave as folhas em água corrente, destilada ou desmineralizada imediatamente após a colheita, para eliminar resíduos de produtos e/ou poeira.
8. Seque o material à sombra ou em estufa a 65-70°C durante 48 a 72 horas, nos casos em que as amostras não sejam imediatamente enviadas ao laboratório.
9. Acondicione as amostras em sacos plásticos identificados.
10. Identifique os minerais que deseja analisar.

Nutrientes

A aplicação de cada nutriente na adubação depende da análise nutricional da videira, ou seja, da análise do solo, dos tecidos e da meta de produtividade. Vejamos cada nutriente:

- Nitrogênio
- Fósforo
- Potássio
- Cálcio
- Magnésio
- Enxofre
- Boro
- Cobre
- Cloro e Sódio
- Ferro
- Manganês
- Zinco

Nitrogênio

De acordo com o resultado da análise foliar e meta de produção, conforme Tabela 2.7, recomenda-se aplicar os adubos nitrogenados.

Tabela 2.7 » **Doses de nitrogênio, conforme análise de tecido e meta de produtividade***

Resultado da análise de tecido	Produtividade esperada (t/ha)	Nitrogênio a aplicar (Kg/ha)
Abaixo do normal	>25	40-50
	15-25	20-40
	<15	10-20
Normal	>25	25-50
	15-25	15-25
	<15	0-15

*Em caso de resultado de análise *acima do normal* ou *excessivo*, é dispensada a aplicação de nitrogênio, seja qual for a produtividade esperada.

A adubação de manutenção com nitrogênio (N) – mineral ou orgânica – é recomendada quando o crescimento vegetativo estiver inferior ao esperado. O excesso de nitrogênio prejudica a floração e a fixação dos frutos, bem como torna a videira mais suscetível a moléstias fúngicas, prejudicando a qualidade dos frutos para a elaboração de vinhos.

O ideal é aplicar o nitrogênio em duas vezes. A primeira no início da brotação e a segunda logo após a fecundação (bagas tamanho chumbinho). O adubo deve ser distribuído em faixas de 20 cm de largura entre as linhas de plantio, mantendo-se uma distância de 50 cm das mesmas. Os adubos nitrogenados são:

- Nitrocálcio (NH_4NO_3)
- Salitre do Chile ($NaNO_3$)
- Sulfato de amônio ($(NH_4)_2SO_4$)
- Sulfonitrato de amônio
- Ureia ($(NH_2)_2CO$)
- Salitre potássico
- Amônia anidra

>> **ATENÇÃO**
Nas uvas para vinificação, utiliza-se a menor dosagem de nitrogênio indicada na Tabela 2.7. A dosagem maior é utilizada nas uvas de mesa.

O NH_4NO_3 é uma mistura de nitrato de amônia e calcário dolomítico, e tem 27% de NO. O $NaNO_3$, quimicamente, é o nitrato de sódio, e tem 15% de nitrogênio. O $(NH_4)_2SO_4$ tem em média 20% de nitrogênio e 24% de enxofre. O Sulfonitrato de amônio é fabricado misturando-se, à quente, soluções de sulfato e nitrato de amônio e, depois, secando-se o produto – e tem 26% de nitrogênio. O $(NH_2)_2CO$ é um produto sintético e tem 45% de nitrogênio. Já Amônia anidra tem 15% de nitrogênio e 14% de potássio, e o último tem 82% de nitrogênio.

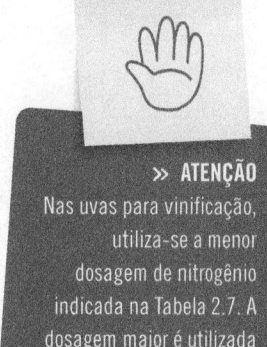

Fósforo

A adubação com fósforo (P) dependerá do teor nos tecidos e deverá ser aplicada nos meses de junho a agosto, nas regiões de viticultura convencional, conforme Tabela 2.8.

Tabela 2.8 » **Doses de fertilizante fosfatado a ser utilizado na adubação de manutenção conforme análise de tecido**

Interpretação do teor de fósforo no tecido	Fósforo a aplicar (Kg de P_2O_5/ha)
abaixo do normal	40-80
normal	0-40
acima do normal ou excessivo	0

Existem diversos adubos fosfatados no comércio. Eles diferem na sua concentração em fósforo e na solubilidade. São eles:

- Superfosfatos (simples, duplo e triplo)
- Fosfato bicálcico ou Bifosfato de cálcio
- Escória de Thomas
- Fosfato de magnésio fundido (Termofosfato)
- Hiperfosfato
- Fosforita de Olinda
- Fosforita de Gafsa
- Fosfato de Araxá

O primeiro tipo de adubo fosfatado é dividido em três tipos, existentes no mercado: superfosfato simples, que contém 20% de fósforo e 12% de enxofre; superfosfato duplo (também chamado de superfosfato triplo), que contém 48% de fósforo; e superfosfato triplo, que contém 30% de fósforo, 28% de CaO e 8% de enxofre. O segundo tipo, o fosfato bicálcico, contém 40% de fósforo; o terceiro contém em média 18% de fósforo; e o quarto apresenta cerca de 19% de fósforo.

O quinto tipo de adubo é um fosfato natural que contém 32% de fósforo; o sexto tipo se trata de um fosfato natural com 30% de fósforo e 45% de cálcio; Já o sétimo tipo trata-se de um fosfato natural reativo, comercializado em forma farelada, que contém 28% de P_2O_5, sendo 12,5% o teor solúvel em ácido cítrico. O último tipo tem 30% de fósforo.

Potássio

A adubação com potássio (K) dependerá do teor nos tecidos e da meta de produtividade, devendo ser aplicada nos meses de junho a agosto, nas regiões de viticultura convencional, conforme Tabela 2.9.

Tabela 2.9 » **Doses de fertilizante potássico a ser utilizado na adubação de manutenção conforme análise de tecido e meta de produtividade***

Interpretação do teor de potássio no tecido	Produtividade esperada (t/ha)	Potássio a aplicar (Kg de K_2O/ha)
abaixo do normal	>25	120-140
	15-25	80-120
	>15	60-80
normal	>25	40-60
	15-25	20-40
	>15	0-20

*Em caso de resultado de análise *acima do normal* ou *excessivo*, é dispensada a aplicação de potássio, seja qual for a produtividade esperada.

A adubação com potássio deve ser feita criteriosamente, tendo em vista que algumas cultivares são sensíveis ao desbalanceamento entre potássio e magnésio. Além disso, a videira apresenta "consumo de luxo" em relação ao potássio (absorve se tiver disponível, mais do que necessita), o que pode causar aumento do pH do mosto e desequilíbrio no vinho. Os adubos potássicos são:

- Cloreto de potássio
- Sulfato de potássio
- Nitrato de potássio
- Cinzas

O primeiro tipo de adubo potássico tem de 50 a 60% de K_2O; o segundo, 48% de K_2O e 17% de enxofre; e o terceiro contém 13% de nitrogênio e 46% de K_2O. Já o quarto tipo, as cinzas, deveriam ser consideradas mais como um adubo misto do que como um adubo potássico. Alguns exemplos de cinzas:

- cinzas de palha de café – 20% de potássio;
- cinzas de palha de arroz – 2% de potássio;
- cinzas de caieiras – 3% de potássio.

Cálcio

O fornecimento de cálcio (Ca) às videiras é feito pela aplicação de calcários para a correção de pH do solo, ou com o uso de gesso agrícola, empregado como condicionador de solo. Também pode ser feito por meio de aplicações foliares de cloreto de cálcio.

Magnésio

O magnésio (Mg) é fornecido nos calcários dolomíticos ou em aplicações foliares de sulfato de magnésio.

Enxofre
O enxofre (S) é fornecido como componente de vários adubos e fungicidas.

Boro
Constatando-se carência de boro (B), o que ocorre principalmente em cultivares de origem americana, faz-se uma aplicação de bórax via foliar.

Cobre
Os sintomas de toxidez na folha não se manifestam de forma muito clara, exceto em algumas cultivares como a Folha de figo (Bordô), onde as pulverizações são mesmo desaconselhadas.

O excesso de cobre (Cu) antagoniza o ferro (Fe), provocando sintomas de deficiência deste elemento, como necrose foliar, deficiente vingamento floral e consequente desavinho, queda de bagos, bem como diminuição da expansão vegetativa e do aparelho radical da planta.

A aplicação de **calda bordalesa** (veja o procedimento de preparo da calda na pág. 153) para o controle de moléstias da videira continuará a ser feita, pois é um produto pouco tóxico a quem aplica. Porém, os resultados de pesquisa permitem concluir que, persistindo as aplicações em altos volumes de calda e em grande número por ciclo da videira, poderão ocorrer intoxicações das plantas por este elemento, bem como acúmulo nos horizontes superficiais do solo.

Isso comprometerá a microflora, a micro e a mesofauna (minhocas) dos solos, levando a reduções em produtividade dos vinhedos. Como não será possível abandonar o uso do sulfato de cobre, podem ser recomendadas práticas que diminuam seus efeitos:

• realizar aplicações em baixo volume de calda (o que permite reduzir a quantidade de cobre aplicado);
• usar cultivares mais resistentes a doenças (reduzindo o número de aplicações);
• corrigir o pH do solo com calcário (insolubilizando o cobre, poderá diminuir a toxidez às plantas, porém aumenta o risco de contaminação de águas subterrâneas);
• aplicar doses maciças de matéria orgânica (formando complexos organo-minerais pouco solúveis, diminuindo o risco às plantas).

Cloro e Sódio
A correção tanto do excesso do sal como da alta solubilidade do sódio (Na) parece ser simples, mas na prática é muito difícil. O único meio eficiente para remover o sódio é através da lixiviação da superfície do solo.

Ferro
A deficiência de ferro (Fe) é uma das mais difíceis de corrigir. Felizmente, a clorose férrica é temporária e, quando se realizam tratamentos foliares, a brotação nova é normal. Por ser pouco móvel na planta, as pulverizações foliares corrigem a deficiência nas folhas existentes, mas as folhas novas poderão apresentar deficiência novamente e deverão ser pulverizadas.

> **» DICA**
> Nos solos do Rio Grande do Sul e Santa Catarina, os teores de cobre são considerados suficientes quando maiores que 0,40 mg/L, baixos quando inferiores a 0,15 mg/L e médios entre esses dois valores. Tais teores, entretanto, indicam apenas a possibilidade de resposta à adição do nutriente, sendo esta maior nos solos com teores "baixos" em relação aos demais.

Nas pulverizações foliares, pode-se usar Sulfato de ferro na dosagem de 480 g a 720 g/100 L. A aplicação deve ser repetida 10 a 20 dias após, se necessário. A aplicação de ferro via solo pode ser experimentada, mas este tratamento é muito caro e de ação muito curta.

Manganês
O manganês (Mn) faz parte de alguns fungicidas, sendo raros os sintomas de deficiência de manganês.

Zinco
Durante o período vegetativo, pode-se usar a aplicação de zinco (Zn) via foliar. Esta aplicação é feita 2 a 3 semanas antes da floração e deve-se fazer outra quando as bagas estão se formando. As videiras devem ser pulverizadas com um volume de água suficiente para molhar bem os cachos das flores e as folhas. Recomenda-se a dosagem de 480 g de sulfato de zinco (36% de zinco metálico) por 100 L de água, juntando a esta calda 136 kg de cal.

As aplicações de zinco no solo são de ação limitada se esse for arenoso e calcário. Estas aplicações provavelmente devem ser restritas a áreas com deficiências acentuadas ou a áreas onde a pincelagem e as pulverizações não são práticas efetivas.

Como muitos solos fixam o zinco, seria necessário aplicações profundas ou em grandes quantidades. Normalmente, os fungicidas ditiocarbamatos utilizados em viticultura contêm zinco em sua formulação, sendo raros os casos de deficiência em zinco.

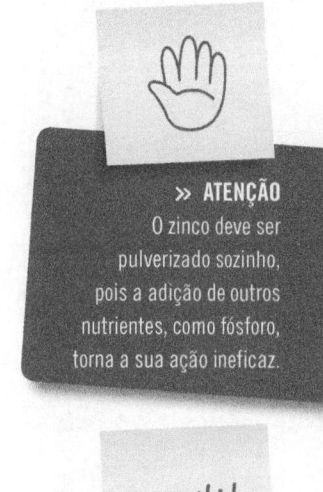

>> **ATENÇÃO**
O zinco deve ser pulverizado sozinho, pois a adição de outros nutrientes, como fósforo, torna a sua ação ineficaz.

>> **NO SITE**
Acesse o ambiente virtual de aprendizagem para fazer atividades relacionadas ao que foi discutido neste capítulo.

>> RESUMO

Como vimos ao longo deste capítulo, o essencial para o sucesso de um vinhedo é a combinação favorável de local, cultivares de videira e correto manejo da cultura. Para isso, aprendemos que precisamos planejar a implantação do vinhedo, levando em conta todas as condições necessárias para seu empreendimento. Por meio dessa investigação técnica, o produtor saberá quando iniciar o trabalho a campo, quais são os problemas que poderão ser enfrentados, bem como aqueles que poderão ser evitados. Assim, podemos dizer que o conhecimento científico da videira aliado à correta aplicação das etapas de plantio conduz à vida promissora do vinhedo.

capítulo 3

Medidas de prevenção no vinhedo para a produção de uvas

A videira está sujeita a moléstias, doenças, pragas, distúrbios fisiológicos e meteorológicos. Para combater esses problemas é necessário adotar algumas medidas preventivas gerais e específicas. Além disso, a posição do viticultor frente a tais problemas garantirá o equilíbrio fitossanitário da videira e aumentará a segurança de cultivo do vinhedo. Neste capítulo, veremos quais são os tipos mais comuns de moléstias, os tipos de distúrbios fisiológicos e meteorológicos e as principais pragas que atingem as videiras. Também veremos as causas, as incidências e as formas de controle desses problemas.

Objetivos deste capítulo

>> Adotar medidas de prevenção gerais e específicas no trato da videira.

>> Identificar os tipos comuns de moléstias, suas causas, incidências e formas de controle.

>> Diferenciar os distúrbios fisiológicos e os acidentes meteorológicos das moléstias, reconhecendo suas causas e formas de controle.

>> Listar os tipos de pragas associadas aos estágios fenológicos da videira, relacionando as medidas de prevenção e controle a serem adotadas para cada tipo.

>> Introdução

Após o planejamento prévio de implantação do vinhedo e sua execução, devemos manter medidas regulares de prevenção no trato da videira, uma vez que ela está sujeita a:

- Moléstias
- Doenças
- Pragas
- Distúrbios fisiológicos
- Acidentes meteorológicos

Tais situações podem prejudicar o desenvolvimento e a produção de uvas, tornando-as inaptas ao consumo ou à industrialização. Por isso, na viticultura, a prevenção é um dos fatores determinantes do sucesso do vinhedo. Neste capítulo, trataremos especificamente desse tema.

>> Moléstias

Para que ocorram moléstias em qualquer ser vivo, são necessárias três condições simultâneas. São elas:

- Presença do hospedeiro em estádio suscetível
- Presença do agente patogênico (bactéria, fungo, vírus, etc.)
- Condições ambientais favoráveis ao patógeno

Por sua vez, o acompanhamento dos estádios fenológicos da videira permite a elaboração de uma estratégia de controle de moléstias mais eficaz. Além do controle específico de cada moléstia da videira, devem ser tomadas medidas preventivas gerais que visam à redução dos riscos de ocorrer infecção. O Quadro 3.1 apresenta algumas dessas medidas.

Quadro 3.1 » Medidas preventivas

Na implantação do vinhedo	• Escolher locais de boa exposição solar, de preferência voltados para os quadrantes norte, leste ou nordeste. • Evitar locais expostos a ventos, especialmente os ventos de sul e sudeste, e implantar quebra-ventos. • Escolher terrenos de meia-encosta, de solo profundo, com declividade pouco acentuada (até no máximo 15%), evitando locais com excesso de umidade, como as baixadas e os fundos de vale. • Escolher porta-enxertos adaptados ao local e que sejam resistentes aos problemas que potencialmente o solo apresente. Escolher cultivar copa, na medida do possível, resistente às moléstias. • Utilizar material vegetativo de sanidade garantida (livre de vírus e de outros agentes patogênicos). No caso de usar mudas enraizadas, inspecionar as raízes para confirmar a ausência de pérola-da-terra. • Instalar o vinhedo na densidade de plantio e espaçamento adequados às condições de solo e clima, condizentes com o sistema de condução a ser empregado.
Na condução e manutenção do vinhedo	• Evitar ferimentos às plantas (tanto na parte aérea como nas raízes). • Evitar a competição da vegetação de cobertura (ou da cultura intercalar) com as videiras novas, bem como impedir a formação de microclimas úmidos e/ou sombrios ao redor das videiras. • Manter o solo em boas condições nutricionais (pH e nutrientes nos valores adequados), evitando especialmente o excesso de nitrogênio nas adubações. • Realizar poda verde (desbrota, desfolha e desponta). • Eliminar ramos infectados, cortando inclusive a parte sadia, retirando-os do vinhedo e queimando-os. Proteger a região cortada com mastique (cera, pasta bordalesa ou tinta plástica). • Na uva de mesa, executar as práticas de limpeza e desbaste de cachos. • Fazer tratamento de inverno com calda sulfocálcica (a 4°Baumé) ou sulfato de cobre puro (a 2%) ou calda bordalesa (a 4%). • Durante a vindima, não manusear cachos sadios e infectados simultaneamente. • Usar sistemas de condução altos (o primeiro fio a, no mínimo, 0,8 m do solo). • Desinfetar os postes do sistema de condução. • Na vindima, utilizar caixas de colheita limpas e higienizadas (usar solução de clorofina a 10% = 1 litro de clorofina em 9 litros de água, ou solução de hipoclorito de sódio a 1%, lembrando que as águas sanitárias contêm de 2,5 a 5% do hipoclorito). • Após a vindima, eliminar ramos infectados e cachos mumificados ou que tenham permanecido nas videiras, retirando-os do vinhedo e queimando-os.

>> Moléstias fúngicas

Os fungos são pequenos, frequentemente microscópicos organismos filamentosos ou pluricelulares, desprovidos de clorofila, que causam a maior parte das moléstias da videira. Algumas dessas moléstias podem comprometer totalmente a produção de uva e/ou afetar de tal modo a sua composição que ela torna-se inapta ao consumo ou à industrialização.

Esses micróbios podem infectar a videira por penetração direta dos tecidos ou por meio de lesões ou aberturas naturais (estômatos, hidatódios ou lenticelas). Algumas moléstias causadas por fungos são comuns principalmente na parte aérea da videira, e por isso é necessário identificar quais são suas causas e origem e, por conseguinte, suas formas de controle, as quais destacamos a seguir.

Antracnose

A moléstia **antracnose** é causada pelo fungo *Elsinoë ampelina* (de Bary) Shear, pertencente à classe dos Ascomicetos, que na sua fase imperfeita corresponde à espécie *Sphaceloma ampelinum* (de Bary). É um fungo originário da Europa. A antracnose é conhecida também por **olho de passarinho** e **negrão**, devido à sua característica sobre as bagas de uva. Na região colonial italiana, é chamada de **varola** (varíola).

Descrição

A antracnose é uma moléstia de ocorrência comum no sul do Brasil, cujas condições de clima são favoráveis à sua incidência. O fungo pode desenvolver-se em ampla faixa de temperatura, de 2°C a 32°C, sendo as infecções mais severas com temperaturas entre 15°C e 18°C, associadas à umidade relativa do ar alta. No entanto, a temperatura ótima para o desenvolvimento da moléstia é entre 24°C e 26°C, com umidade relativa do ar acima de 90%.

No início da estação vegetativa, produz conídios e, mais raramente, ascósporos. Os conídios, pela ação de respingos d'água de orvalho ou de chuvas, são arrastados para as partes verdes em desenvolvimento, germinando e penetrando nos órgãos suscetíveis. Nas lesões primárias resultantes, são produzidos inóculos secundários responsáveis por lesões em outras partes da videira, como gavinhas, pecíolos, folhas, pedúnculos e bagas.

A antracnose manifesta-se em todos os órgãos aéreos da videira e durante todo o ciclo vegetativo se ocorrerem condições ideais para o seu desenvolvimento. Ela afeta com maior severidade as partes verdes e tenras, nas quais ocasiona sintomas necróticos escuros. Nas folhas, aparecem pequenas e numerosas manchas de contorno circular (Figura 3.1).

Nos brotos, nos sarmentos jovens e nas gavinhas, formam-se manchas necróticas pardo-escuras que vão se alargando, aprofundando-se no centro, transformando-se em cancros acinzentados na parte central, deprimidas e pardo-escuras nas bor-

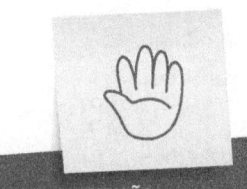

>> **ATENÇÃO**
Em regiões de primavera sujeita a ventos frios e nevoeiros ou cerrações, a moléstia se torna mais intensa. O fungo sobrevive de um ano a outro nas lesões dos sarmentos e gavinhas e nos restos da cultura no solo.

>> **IMPORTANTE**
Chuva e alta umidade relativa do ar são os fatores climáticos mais importantes para o desenvolvimento da antracnose.

Figura 3.1 Sintomas de antracnose.

das levemente salientes. Sob condições de alta umidade formam-se, na parte deprimida das lesões, massas rosadas de esporos do fungo. Quando a infecção ocorre sobre os brotos novos, pode comprometer a safra do ano e a do ano seguinte.

Nas bagas, a moléstia de antracnose se manifesta sob a forma de manchas necróticas circulares, vermelho-escuras, isoladas. Quando completamente desenvolvidas, tais manchas podem ter de 5 a 8 mm de diâmetro e ter o centro acinzentado circundado por uma zona pardo-avermelhada.

Sobre as bagas, o prejuízo advém se a infecção ocorrer durante a fase inicial do desenvolvimento, pois estas caem, comprometendo a produção. No entanto, se ocorrer na fase final do desenvolvimento, não causará maiores prejuízos, a não ser que a uva seja destinada para o consumo *in natura*.

Controle

O controle ocorre tanto em cultivares europeias como americanas, inclusive em algumas cultivares porta-enxerto. Entretanto, há diferenças na sensibilidade varietal, devendo-se escolher cultivares menos sensíveis. Medidas preventivas são: evitar a implantação de vinhedos em baixadas úmidas e expostas a ventos frios e plantar quebra-ventos nos lados sul e sudeste dos vinhedos.

Os tratos culturais mais importantes são a eliminação pela poda hibernal do máximo possível de ramos com cancros e o enterrio ou queima deste material. Quanto ao controle químico, é aconselhável um tratamento de inverno, que pode ser feito

>> **NO SITE**
No ambiente virtual de aprendizagem você encontra uma apresentação em PowerPoint® com todas as imagens do livro.

>> **IMPORTANTE**
Inicialmente, as manchas da antracnose são pontas de aspecto clorótico, evoluindo para uma necrose de tecido que desseca e cai, deixando a lâmina foliar com muitos orifícios. Ocorrendo em folhas novas, impede seu desenvolvimento normal, deformando-as.

>> **ATENÇÃO**
Os tratamentos devem iniciar quando os brotos tiverem cerca de 3 cm de comprimento, prosseguindo enquanto as condições de clima sejam favoráveis ao fungo.

>> **ATENÇÃO**
A uva infectada com botriodiplodiose apresenta como primeiro sintoma uma "mancha-de-óleo", e as cultivares brancas adquirem uma cor rosada.

>> **DICA**
O fungo causador da botriodiplodiose se desenvolve bem com temperaturas altas, especialmente entre 27°C e 33°C, porém pode crescer dos 9°C aos 39°C. É favorecido por alta umidade relativa do ar, seja devido a chuvas ou a irrigações por aspersão ou sulcos.

com calda sulfocálcica. No decorrer do ciclo vegetativo, os maiores cuidados devem ser tomados na primavera, quando há um intenso crescimento vegetativo e os tecidos são mais tenros e vulneráveis.

Além de misturas entre os produtos a seguir, eles são indicados para o controle da antracnose:

- Captan
- Chlorothalonil
- Difenoconazole
- Dithianon
- Folpet
- Imibenconazole
- Thiophanate Methyl

Botriodiplodiose
A moléstia de **botriodiplodiose** é causada pelo fungo *Botryodiplodia theobromae* Pat. e vem ocorrendo nos vinhedos de São Paulo, em Jales, desde 1991.

Descrição
O picnídio preto aparece durante o outono, inverno e primavera na casca dos ramos, dos esporões infectados e sob a casca dos cancros nos ramos e troncos. As plantas infectadas definham progressivamente e morrem. No lenho, apresentam um cancro com área necrosada em forma de "V". Os ramos morrem da ponta para a base. As partes mortas ficam de cor marrom a cinza e cobertas por pequenas pintas pretas (picnídios).

Os cancros que se formam em ramos, bases dos engaços e feridas de anelamento podem avançar em qualquer direção. Os esporões ou parte deles e dos ramos podem morrer. No verão, os picnídios se abrem através da casca nova em fendas e sob pedaços soltos da casca velha das partes afetadas. À medida que a infecção progride, a casca racha e as bagas melam, cobrindo-se de uma massa de micélio semelhante a um tufo de algodão.

Se nenhum outro microrganismo infectar as feridas, as bagas secam e mumificam, com o picnídeto emergindo em sucos escuros. Porém, isso raramente ocorre, pois a rachadura das bagas atrai insetos que introduzem fungos e leveduras, vindo a ocorrer outras podridões.

Controle
Por ser patógeno de apodrecimento não especializado, recomenda-se evitar manter dentro ou próximo do vinhedo restos de culturas que também sejam suscetíveis, como cacau, seringueira, algodão e amendoim. Devem ser eliminados os ramos e demais partes com cancros, removendo-se toda a parte afetada até encontrar tecido sadio. Nos cortes, deve ser feita uma aplicação de pasta fungicida para proteger de reinfestação.

Declínio da videira ou *Eutypa*

O **declínio da videira** é causado pelo fungo *Eutypa lata* (Pers. Fr.) Tul. & C. Tul. cujo sinônimo é *Eutypa armeniaca* Hansf. & Carter. É uma moléstia que ocorre no Estado de São Paulo, sendo raríssima na região sul do Brasil.

Descrição

A infecção do declínio da videira ocorre através dos cortes da poda. O fungo tem um longo período de incubação na videira. Diversos ciclos vegetativos podem passar antes que apareçam os cancros. Após a morte de uma parte da videira, podem passar vários anos antes que apareça o peritécio sobre os tecidos velhos infestados, caso haja condições de alta umidade.

Os ascósporos são descarregados dos peritécios durante ou logo após uma chuva. Este é o único meio de dispersão da moléstia. Quando o peritécio inicia a descarregar os ascósporos, continua a produzir por cerca de cinco anos ou mais. Os cortes da poda permanecem suscetíveis à infecção durante todo o período de dormência até próximo ao início da brotação.

A *Eutypa* geralmente não aparece em plantas com menos de 5 a 6 anos de idade, normalmente surgindo em videiras com mais de 10 anos.

As folhas dos brotos afetados são pequenas, cloróticas e deformadas, às vezes encarquilhadas, retorcidas e com as margens necrosadas, ocupando pequenas áreas de tecido entre as nervuras. Mais tarde, elas tornam-se encrespadas e com textura de cortiça. Muitas flores caem e muitas bagas que chegam a permanecer nos brotos não amadurecem.

Se a infestação nos brotos não for muito severa, as folhas encrespadas aparecem somente nos primeiros nós. As restantes têm desenvolvimento normal. A moléstia aparece primeiro em 1 ou 2 esporões e desenvolve-se no ciclo seguinte sobre os esporões adjacentes, eventualmente matando o cordão. Os brotos que se desenvolvem sobre os cordões afetados são saudáveis nos primeiros anos, mas apresentarão os sintomas nas estações subsequentes.

Os cancros são, frequentemente, localizados adjacentes aos esporões afetados. Em casos avançados, o lenho ao redor das áreas afetadas forma uma dilatação de aparência esponjosa e, então, o tronco e os cordões são contorcidos e malformados. Os cancros velhos apresentam uma zona marginal indicando os sucessivos esforços anormais das videiras em sobreviver à área necrótica.

Os cancros nos troncos podem ser extensos em comprimento e, numa secção transversal, revelam somente uma pequena parte de lenho vivo. Neste estágio precoce, um corte transversal nos cancros apresenta áreas escuras, parecendo pontos no centro dos cordões ou troncos.

>> **DICA**
Os sintomas de declínio da videira aparecem na primavera, quando a brotação tiver de 25 cm a 35 cm de comprimento. Esses brotos contrastam com os normais em comprimento e sanidade.

>> **ATENÇÃO**
É comum encontrar um lado da videira morto, enquanto o outro lado aparenta ser saudável. Quando o tronco e os braços da videira estão mortos ou severamente afetados por *Eutypa*, brotações fortes saem da parte baixa da videira.

>> **IMPORTANTE**
Um sintoma importante da declínio da videira é a formação de cancros nos cortes da poda. A área morta vai circundando o local da poda, e os cortes velhos só podem ser localizados se for removida a crosta formada sobre a casca.

> **DICA**
> A proteção preventiva é o melhor meio de controle da moléstia declínio da videira.

Controle

Devido às diversas espécies vegetais que podem ser infectadas pela *Eutypa*, sua erradicação não é fácil. No entanto, pode-se reduzir o risco pela eliminação de todas as partes das videiras que estão afetadas, especialmente em áreas com altas precipitações pluviais. O fim da primavera é a época oportuna para localizar e remover as partes afetadas, antes que a moléstia passe aos brotos adjacentes.

Quando forem removidas as partes afetadas, deve-se ter o cuidado de remover até encontrar o lenho perfeitamente sadio. Deve-se ter em mente que nestes cortes se abrem novas oportunidades de infestação, embora não se conheça a disseminação via ferramentas de poda. Se possível, realizar a eliminação das partes infectadas durante o tempo seco e usar um material para proteger os cortes.

Escoriose (*Phomopsis* ou moléstia mata ramos)

A **escoriose** é causada pelo fungo *Phomopsis viticola* (Sacc.) Sacc. Também é chamada, em inglês, de **Dead Arm Disease**.

Descrição

O fungo passa o inverno nos ramos de um ano sob a forma de picnídios de cor preta. As hifas penetram no interior do cilindro lenhoso, permanecendo vivas durante o inverno. A infecção geralmente ocorre na primavera, quando os brotos começam a crescer, sob condições de temperatura superior a 8°C e umidade relativa do ar acima de 98%. Ao redor das gemas que estão brotando existem esporos que, quando chove, são respingados para as brotações novas. As infecções são possíveis durante todo o ciclo vegetativo.

Outro modo de propagação da moléstia é por meio do material vegetativo infestado. O fungo desenvolve-se melhor sob condições de temperatura moderada. Com o aumento de temperatura no início do verão, o fungo nos cancros para de crescer e permanece dormente. Os sintomas da moléstia podem ser observados em todos os órgãos aéreos da videira.

> **IMPORTANTE**
> A escoriose ocorre quando existe umidade livre sobre as brotações verdes e quando estas não estão protegidas. Portanto, chuvas logo após a brotação facilitam o aparecimento da moléstia.

Nas folhas, os primeiros sintomas aparecem no limbo e nas suas nervuras caracterizando-se por pequenas manchas marrom-escuras circundadas por um halo amarelo. Tais manchas surgem de 3 a 4 semanas após a primeira chuva sobre a vegetação nova. As folhas basais, com infecção severa, ficam retorcidas e geralmente não chegam a alcançar seu completo desenvolvimento.

Quando o pecíolo for severamente tomado pelo fungo, as folhas amarelecem e caem. Posteriormente, desenvolvem-se folhas normais, nas gemas subsequentes, substituindo as folhas basais deformadas.

Nos sarmentos, os primeiros sintomas aparecem logo após a infecção das folhas. Surgem manchas alongadas, violáceas, dispostas no sentido longitudinal do sarmento. Com o desenvolvimento da vegetação, tais manchas aumentam de tamanho, podendo atingir o lenho interno. Neste caso, há uma dilaceração do tecido. As margens da ferida suberificam.

Quando a infecção for severa, os entrenós basais podem ficar totalmente cobertos por estas suberificações. Durante o inverno, sobre os entrenós basais podem aparecer manchas branquicentas. Os sarmentos muito afetados ou os esporões exibem uma irregular descoloração de marrom a preta, misturada com as manchas branquicentas. As manchas pretas são picnídios que se desenvolvem durante o período de dormência da videira. Eles contêm os esporos de resistência que darão a infecção da próxima primavera.

As inflorescências e os cachos são atingidos em casos de infecção severa. Ocasionalmente, os cachos basais são mais atingidos do que os localizados no alto do sarmento. Tais lesões ocasionam o apodrecimento de algumas bagas ou de todo o cacho. Sobre a uva infectada formam-se picnídios negros reunidos em círculos concêntricos, rachando a casca da baga e exsudando uma massa de esporos amarelados. Finalmente, as bagas mumificam.

Controle
Deve-se ter o cuidado, durante a poda, de eliminar as partes da videira que tenham cancros e queimá-las. Durante a fase vegetativa, os tratamentos devem iniciar logo após a brotação e ser repetidos a cada 10 dias, até que se inicie o tratamento contra o míldio. Os produtos eficazes são:

- Dithianon
- Enxofre
- Mancozeb

Mancha das folhas (*Isariopsis* ou Cercosporiose)

A moléstia da **mancha das folhas** é causada pelo fungo *Pseudocercospora vitis* (Lév.) Speg., cujo sinônimo é *Isariopsis clavispora* (Berk. & Curtis).

Descrição
A Mancha das Folhas aparece durante o amadurecimento da uva, desfolhando precocemente a videira, constituindo-se em uma das causas de brotação extemporânea. Na parte inferior da folha, correspondente às manchas, aparecem filamentos (conidióforos) de coloração pardacenta, que sustentam na ponta os esporos (conídios).

Essa moléstia ocorre exclusivamente na folhagem, causando manchas de 2 mm a 8 mm, bem definidas, sem contorno regular. Os bordos se elevam e adquirem coloração avermelhada no início, escurecendo posteriormente. As manchas frequentemente são circundadas por um halo amarelo. Quando forem muitas, as folhas ficam totalmente pintadas.

Controle
Os tratamentos contra o míldio, quando benfeitos, garantem eficiente defesa contra a moléstia. Entretanto, os produtos cúpricos não têm ação sobre este fungo. Em casos de alta incidência, deve ser feito um tratamento pós-colheita com fungicidas à base de:

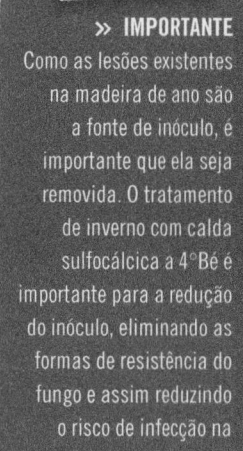

> **» IMPORTANTE**
> Como as lesões existentes na madeira de ano são a fonte de inóculo, é importante que ela seja removida. O tratamento de inverno com calda sulfocálcica a 4°Bé é importante para a redução do inóculo, eliminando as formas de resistência do fungo e assim reduzindo o risco de infecção na primavera.

> **» DICA**
> As cultivares americanas são mais sensíveis à moléstia mancha das folhas do que as europeias.

> **» ATENÇÃO**
> O míldio é a principal moléstia a ser controlada nas condições sul-brasileiras, expondo o viticultor e o ambiente a uma série de produtos tóxicos.

> **» DICA**
> O míldio tem seu desenvolvimento favorecido com temperaturas entre 10°C e 29°C e com elevada umidade relativa do ar.

> **» ATENÇÃO**
> Persistindo as condições favoráveis ao míldio, devem ser iniciados os tratamentos para destruir seus órgãos de propagação.

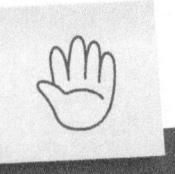

- Difenconazole
- Dithianon
- Mancozeb
- Thiophanate Metyl
- Tebuconazole

Míldio ou peronóspora

O **míldio** é causado pelo pseudofungo *Plasmopara viticola* (Berk. & Curtis) Berlese & De Toni, pertencente à classe dos Ficomicetos. Essa moléstia também é chamada mofo ou muffa. Pode causar sérios prejuízos quando medidas adequadas de controle não forem tomadas. O microrganismo é originário da América do Norte, sendo a moléstia da videira mais disseminada no mundo.

Descrição

Na primavera, as videiras iniciam a brotação em período extremamente favorável ao aparecimento de míldio. Nessa época, as condições de clima são as ideais para o fungo (temperaturas médias a altas e crescentes, além de alta umidade), e a folhagem tenra dos brotos novos da videira encontra-se muito suscetível.

O surgimento da moléstia é comum do Rio Grande do Sul a São Paulo, pois as condições para que ocorra (presença dos oósporos, temperatura suficiente para o desenvolvimento, umidade alta) são comuns na primavera. O ciclo de desenvolvimento do míldio se dá por **infecção primária** e **infecção secundária**.

Infecção primária

O ciclo de desenvolvimento do míldio na infecção primária compreende:

- Hibernação do fungo
- Geminação de oósporos
- Receptividade da videira ao patógeno
- Infecção
- Incubação
- Manchas-de-óleo
- Mofo branco

Na hibernação do fungo, este supera o rigor hibernal sob forma de oósporos de origem sexuada formados no outono precedente. São bastante resistentes e muito numerosos. Formam-se dentro das folhas que, posteriormente, caem no outono, sendo que, quanto maior a infecção por míldio no ano anterior, maior o número de oósporos no ano seguinte.

A geminação de oósporos ocorre na primavera. Quando a temperatura média supera os 10°C e ocorrem precipitações de, ao menos, 10 mm em 24 horas, os oósporos germinam. Estes emitem filamentos que formam esporângios, os quais são facilmente transportados pelo vento e/ou água. Após se fixarem nas plantas, podem liberar zoósporos, dando início à infecção primária.

Na receptividade da videira ao patógeno, a pilosidade dos brotos logo em seguida de sua emissão obstaculiza a penetração dos zoósporos. Porém, quando a brotação atinge 10 cm de comprimento e já se observam folhas separadas, os estômatos tornam-se receptivos.

Infecção ocorre quando atinge-se a regra dos três 10: mínimo de 10 mm de chuva em 24 horas, mínimo de 10°C de temperatura média e mínimo de 10 cm de comprimento dos brotos. Caso não forem realizados tratamentos anticriptogâmicos, os zoósporos liberados pelo esporângio se localizarão próximo aos estômatos da página inferior de folha, onde, em 2 ou 3 horas, germinarão e penetrarão na câmara estomática. Ali iniciarão a invasão do tecido foliar.

Em relação à incubação, havendo infectado a folha, o fungo inicia a extração do conteúdo celular da mesma para se alimentar. O tempo desde a infecção até o aparecimento do mofo branco é chamado de **período de incubação**. Este varia com o andamento meteorológico. Ao final desse período, aparecem as **manchas-de-óleo**, os primeiros sintomas visíveis da infecção pelo fungo.

No caso de mofo branco, tendo completado o desenvolvimento, o fungo reatravessa os estômatos e passa à parte externa da folha, formando, na área que correspondia às manchas-de-óleo, o mofo branco. Este é constituído pelos esporangióforos, que têm em suas extremidades os esporângios. Desse modo, completa-se a infecção primária, que pode ocorrer em qualquer período, até mesmo concomitantemente com as infecções secundárias. A intensidade da infecção primária geralmente é modesta, mas serve de foco a infecções secundárias que poderão tornar-se graves.

Infecção secundária
A presença das manchas de mofo branco da infecção primária torna a difusão do parasita muito fácil, pois a esta altura já dispõe de uma enorme massa de órgão de propagação. Destes surgirão as infecções secundárias e as demais. Porém, para que estas ocorram, é necessário ao menos de 4 a 5 horas de presença de água livre sobre a superfície foliar e temperaturas médias entre 14°C e 28°C.

Isso facilita a germinação dos esporângios que liberam de 5 a 8 zoósporos cada. Estes, com o auxílio dos flagelos de que são dotados, movem-se na água que envolve as superfícies foliares até os estômatos, onde vão parasitar a folha. Todos os órgãos verdes estão sujeitos à infecção pelo míldio, como mostra a Figura 3.2.

Repetindo-se as condições citadas, poderá haver 10 ou mais infecções sucessivas em um ciclo vegetativo. No outono, antes da queda das folhas, o fungo produz oósporos (células de resistência) capazes de suportar os rigores do inverno e de recomeçar um ciclo vital na primavera seguinte. Quando as bagas, já desenvolvidas, forem infectadas, o fungo penetra pelo pedicelo, não havendo frutificação na superfície das bagas.

> » **DICA**
> As manchas-de-óleo surgem próximo às nervuras das folhas que correspondem às zonas invadidas pelas hifas, as quais extraem o conteúdo celular. Observa-se uma região translúcida nessas áreas. A partir daí ao surgimento dos corpos frutíferos pode decorrer de poucas horas (sendo o clima quente e úmido) a alguns dias (sendo o clima seco).

> » **DICA**
> O míldio desenvolve-se no interior da uva, dando-lhe uma coloração escura, chamada de peronóspora larvada ou grão preto. Nas cultivares americanas, a uva se desprende com facilidade.

Figura 3.2 Sintomas de míldio.

Controle

O controle consiste em aplicações com fungicidas específicos, com a pulverização dirigida à face inferior da folha. Empregam-se produtos à base de:

- Azoxystrobin
- Benalaxyl
- Captan
- Cobre Metálico
- Cymoxanil
- Dithianon
- Fenamidone
- Folpet
- Fosetyl Al
- Iprovalicarb
- Maneb
- Mancozeb
- Metalaxil
- Propineb

Empregam-se também, e com bons resultados, os **fosfitos**, que agem na planta induzindo um aumento na produção de fitoalexinas (substâncias de defesa natural da videira). Podem ser misturados ou alternados com os fungicidas comumente

>> **DICA**
Em geral, as cultivares americanas são menos suscetíveis ao míldio do que as europeias.

>> **DEFINIÇÃO**
Fosfitos são produtos registrados como adubo foliar, mas que têm ação fungicida.

utilizados. Para os tratamentos usam-se produtos diversos. Dos produtos à base de cobre, o mais utilizado é a calda bordalesa.

>> PROCEDIMENTO

A **calda bordalesa** consiste em dissolver 1 kg de sulfato de cobre em 50 L de água e 1 kg de cal virgem ou cal hidratada em 50 L da água. Depois de bem dissolvidos, os dois produtos devem ser coados para separar impurezas.

Em seguida, faz-se a mistura dos produtos, obtendo-se 100 L de calda a 1%. Essa é a concentração comumente empregada. Após a mistura dos ingredientes, a calda bordalesa deve ser aplicada no mesmo dia. A cal é empregada para neutralizar a acidez do sulfato e atingir pH 7. Entretanto, raramente se encontra no comércio uma cal pura, sendo necessário empregar um pouco mais de cal (de 1,2 kg a 1,4 kg, dependendo da sua pureza). Quando as condições climáticas não são favoráveis ao fungo, pode-se usar calda bordalesa a 0,5%.

Outro produto à base de cobre é o Oxicloreto. Apresenta a vantagem de rapidez na preparação, maior uniformidade e maior aderência do produto.

Produtos orgânicos são empregados, pois têm uma ação rápida. Porém, sua persistência é limitada. Podem ser empregados mesmo durante a floração, pois não são fitotóxicos. Têm como vantagens sua fácil miscibilidade e preparação. Entretanto, ao estimularem a vegetação, predispõem a videira à infecção por oídio e *Botrytis*.

O Mancozeb e o Propineb são dotados de ação freante ao desenvolvimento de forma jovem de ácaros vermelhos. Captan e Folpet são dotados de longa persistência, rápida atividade blocante e discreta ação colateral contra oídio e *Botrytis*. Também podem ser empregados produtos sistêmicos, específicos, que têm ação preventiva muito boa, mas que não têm ação curativa.

Esses produtos, se usados por muitos anos consecutivos e em muitas aplicações por ciclo, poderão permitir o surgimento de linhagens resistentes ao fungo. Devem ser empregados nas fases de ativo desenvolvimento da videira, enquanto as folhas são jovens, pois terão maior eficácia. Para o controle do míldio, diversas combinações de fungicidas podem ser usadas:

- fungicidas orgânicos até a floração e cúpricos a seguir;
- mistura de cúpricos e orgânicos até a floração e cúpricos a seguir;
- mistura de cúpricos e orgânicos do início ao fim;
- cúpricos até a floração, orgânicos durante a floração e cúpricos a seguir;
- orgânicos desde o início.

> **>> ATENÇÃO**
> A calda bordalesa pode apresentar fitotoxidade, causada por preparação incorreta ou aplicação em condições de umidade relativa do ar muito alta e temperatura baixa. Deve-se evitar o uso de cobre durante a floração da videira, pois pode causar aborto de flores.

> **ATENÇÃO**
> Um defeito comum do Captan e do Folpet é o favorecimento aos ácaros fitófagos. Quando esses produtos são empregados faltando menos de 40 dias para a colheita, há um forte retardo na fermentação dos mostos das uvas tratadas.

> **ATENÇÃO**
> O efeito letal da temperatura acima de 33°C não causa problemas nas plantas atacadas. No entanto, durante um curto período de tempo em que a temperatura do ar ultrapassar os 33°C, as colônias do fungo expostas ao Sol e as que receberem o efeito total da temperatura morrerão rapidamente. As colônias nos pedicelos dos cachos protegidas pelas bagas sob a folhagem podem sobreviver.

Oídio

O oídio é causado pelo fungo *Uncinula necator* (Schw.) Burril, pertencente à classe dos Ascomicetos. Na sua fase imperfeita, corresponde à espécie *Oidium tuckeri* Berk. Na região colonial italiana, é também chamado de **mufetta**.

Descrição

O oídio sobrevive de um ano a outro. Na fase de micélio dormente sobrevive nas gemas infestadas da planta e, como ascósporos, sobrevive em cleistotécios. Com frequência são encontrados cleistotécios, mas não há evidência de que os ascósporos neles contidos germinem e produzam a infecção. Na primavera, o micélio existente nas gemas infestadas desenvolve-se sobre os brotos novos, produzindo muitos esporos.

O oídio dissemina-se no sentido da direção dos ventos predominantes. Não se conhece a distância que estes esporos podem alcançar e permanecer efetivos, nem quantos são produzidos por dia. A suscetibilidade das várias partes da videira ao oídio depende do estágio no ciclo vegetativo. As bagas são suscetíveis desde sua fixação até conterem cerca de 8% de açúcar. Portanto, tratamentos desde o início são muito importantes.

Estabelecida a infecção, continuará a produzir esporos até que as bagas se tornem imunes ao atingirem cerca de 15% de açúcar. Por outro lado, desenvolve-se melhor nas folhas novas e, geralmente, não afeta folhas com mais de dois meses de idade. Brotos, pecíolos e cachos são suscetíveis durante todo o ciclo vegetativo. O oídio é favorecido pelo tempo ameno.

Seus esporos germinam com temperaturas entre 6°C e 32°C, e o ótimo é ao redor de 25°C. A germinação rápida dos esporos e o desenvolvimento rápido do micélio ocorrem com temperatura entre 21°C e 30°C. Em condições ideais de temperatura, o oídio completa o ciclo – da germinação dos esporos à produção de novos esporos – em cinco dias. Quando a temperatura na base das folhas for superior a 33°C, há morte das colônias de oídio.

A temperatura tem um papel importante no desenvolvimento da moléstia, tanto quanto a umidade. O desenvolvimento normal da moléstia pode ocorrer sob alta umidade relativa do ar. Entretanto, água livre, como chuva, orvalho ou água de irrigação, pode causar uma reduzida e anormal germinação dos esporos, podendo também lavar os esporos e micélios dos tecidos atacados. Essas estruturas são medianamente hidrofóbicas, portanto, difíceis de serem molhadas com água. Sob folhagem densa, essas estruturas podem escapar da influência da água.

O oídio infecta todos os tecidos suculentos da videira, e, em alguns anos, os brotos novos, quando inteiramente tomados, têm seu crescimento reduzido, conforme mostra a Figura 3.3.

O mais comum é observar, primeiramente, a moléstia sobre as bagas novas que se desenvolvem sob uma densa folhagem. Nas folhas expostas ao Sol, as colônias

Figura 3.3   Sintomas de oídio.

do fungo aparecem sobre o limbo superior. Nas folhas localizadas no interior da folhagem, as manchas surgem dos dois lados da folha.

Aparecem manchas brancas, que podem ser contínuas. Neste caso, as folhas dobram as margens para cima, tomando uma coloração marrom ou amarelada. Nos cachos herbáceos, o fungo cobre as bagas, provocando desavinho. Quando ataca durante o desenvolvimento, deixa cicatrizes que impedem o crescimento normal da uva.

Controle

O enxofre é o tratamento mais eficaz e econômico. Para ser efetivo, deve ser aplicado antes que a moléstia se desenvolva. Iniciam-se as aplicações 14 dias após a brotação, repetindo-se a cada 14 dias. Se o crescimento for rápido, as aplicações devem começar quando os brotos tiverem de 30 cm a 45 cm de comprimento, repetindo-se a cada 14 dias até que as bagas iniciem o amadurecimento.

Como o enxofre é facilmente lavado das videiras, deve ser reaplicado após cada chuva. Deve ser aplicado em temperaturas entre os 20°C e os 25°C para maior eficácia e para evitar os riscos de fitotoxidade. O enxofre previne a infestação dos esporos do oídio. Não é conhecido como isso acontece. É possível que o contato com o vapor gerado pelas partículas de enxofre exerça o controle, mas para isso é necessário que haja uma cobertura uniforme da videira. Não há evidência de que o enxofre controle as colônias de oídio já estabelecidas. O enxofre exerce controle sobre as populações de ácaros da erinose.

> » **ATENÇÃO**
> A uva poderá rachar durante a maturação, possibilitando a entrada de podridões, ou, se o tempo decorrer seco, desidratar e mumificar. Nos sarmentos, formam-se manchas castanhas. Os ramos do ano, após seu amadurecimento, ficam manchados com uma coloração castanha.

> » **IMPORTANTE**
> O oídio desenvolve-se em clima seco, mas não em temperaturas altas. Além disso, o oídio desenvolve-se melhor sobre as folhas que estão na sombra, ou sob luz difusa, do que sobre as folhas que recebem a luz solar diretamente.

> **DICA**
> O melhor controle do oídio é o preventivo.

Nos anos em que as condições climáticas são favoráveis ao desenvolvimento do oídio, possivelmente o enxofre não faça um controle efetivo. Neste caso, a aplicação de solução de Permanganato de Potássio a 0,125% mata as colônias do fungo. No entanto, esse produto não exerce ação preventiva.

Outros fungicidas podem ser usados, como os à base de:

- Difenoconazole
- Fenarimol
- Pyrazophos
- Triadimefol
- Tebuconazole

Na Califórnia, onde o oídio é comum, vem sendo empregado o controle biológico utilizando bactérias.

Podridão ácida
Descrição
A **podridão ácida** é uma moléstia que somente aparece em frutos danificados. É difícil distinguir qual o organismo predominante, porque é causada por um conjunto deles. Caracteriza-se por um odor ácido de uva avinagrada. O odor provém da conversão do açúcar em álcool e posteriormente em ácidos. Geralmente, essa moléstia é causada por uma associação de microrganismos e insetos. Além de várias outras bactérias, moscas das frutas, larvas e besouros, os microrganismos mais comumente encontrados são:

- *Alternaria*
- *Aspergillus*
- *Cladosporium*
- *Diplodia*
- *Penicillium*
- *Rhizopus*
- *Acetobacter*

> **DICA**
> A possibilidade de infecção severa de oídio varia grandemente conforme as cultivares e condições meteorológicas. As cultivares americanas, em geral, são imunes ao oídio. Nestas cultivares, não se deve aplicar enxofre, pois este é tóxico para a maioria delas.

Controle
Não há um controle químico eficiente, devendo ser tomadas medidas preventivas, como o controle de insetos e de pássaros. Desfolhas que possibilitem boa aeração e insolação dos cachos reduzem sua incidência. Essas medidas evitam que a uva seja danificada, não permitindo que os agentes causadores as atinjam.

Podridão amarga
A moléstia da **podridão amarga** é causada pelo fungo *Greeneria uvicola* (Berk. & Curtis) Punithalingam, antigamente denominado *Melanconium fuligineum* (Scribner & Viala) Cav. Deve-se dar muita atenção a essa moléstia, pois ocorre na uva madura. O controle das moléstias mais comuns também a controla.

Descrição
O fungo passa o inverno nos restos da cultura, especialmente sobre as bagas mumificadas. Seus esporos (conídios) são produzidos pelos tecidos de resistência (acérvulos). O desenvolvimento do fungo e a produção de esporos são favorecidos por:

- Calor
- Umidade
- Tempo chuvoso

Os esporos se dispersam pelos pingos de chuva. Os sintomas aparecem sobre as bagas uma semana após os esporos se instalarem nelas. O fungo coloniza toda a baga, inclusive as sementes. Os acérvulos desenvolvem-se na casca da uva, rompendo-a, e ali amadurecem.

A moléstia afeta brotos novos, pedúnculos dos cachos, pedicelos e frutos. Se os pedúnculos dos cachos forem infestados e morrerem no ciclo vegetativo, as bagas não se desenvolvem e permanecem fixadas nos cachos. Quando o pedúnculo do cacho for infestado no final do ciclo, as bagas podem cair.

Controle
O controle está em promover uma boa circulação de ar e penetração de luz para reduzir a umidade no interior do dossel. Além disto, deve-se desbrotar, praticar uma poda adequada e posicionar ou remover brotos para que haja um desenvolvimento uniforme das folhas. Os fungicidas utilizados para o controle das moléstias mais comuns são efetivos para o controle da podridão amarga. Especificamente, empregam-se:

- Captan
- Dithianon
- Folpet
- Mancozeb

Assim como na podridão ácida, o controle da podridão amarga também é uma medida preventiva. Deve-se, portanto, evitar a presença de insetos, pássaros e outros animais no vinhedo para que não causem danos às bagas.

Podridão da uva madura ou *Glomerella*
A **podridão da uva madura** é causada pelo fungo *Glomerella cingulata* (Stoenm.) Spauld. & Screnk, forma sexuada de *Colletotrichium gloesporioides* (Penz.) Penz. & Sacc.

Descrição
O fungo da podridão da uva madura sobrevive em frutos mumificados e pedicelos. Na primavera, com a elevação da umidade e temperaturas entre 25°C e 30°C, o fungo produz abundante frutificação. Temperaturas elevadas ou muito baixas

>> **IMPORTANTE**
Os conídios nos acérvulos são disseminados, pela ação da chuva, para as plantas próximas.

>> **ATENÇÃO**
O sintoma mais característico da podridão amarga se manifesta na uva. O primeiro sintoma é o escurecimento da baga, com lesões úmidas que se desenvolvem nos frutos maduros. Aparece somente na uva madura, nunca nas uvas verdes. As lesões se desenvolvem rapidamente e, em curto período, o fruto é totalmente tomado.

inibem o seu desenvolvimento. A esporulação do fungo em frutos maduros, próximo à colheita, cria uma fonte de inóculo secundária.

Nessa situação, ocorrendo chuvas, poderá haver grandes perdas de uva. O sintoma primário é o apodrecimento dos frutos maduros. Sobre as bagas, aparecem, inicialmente, manchas pequenas, marrom-avermelhadas. Depois, estas tomam toda a uva, escurecendo-a. Nesta fase, pode ser confundida com a podridão amarga. A partir deste ponto, ocorre a formação de uma massa mucilaginosa rosada, que são os conídios do fungo (Figura 3.4).

Controle
A remoção dos frutos mumificados da safra anterior reduz a fonte de inóculo. O controle químico é obtido com aplicações de fungicidas à base de:

- Captan
- Folpet
- Mancozeb
- Tebuconazole

Podridão cinzenta

A **podridão cinzenta** é causada pelo fungo *Botryotinia fuckeliana* (de Bary), que somente é observada em vinhedos na sua forma conidiana, denominada *Botrytis cinerea* (Pers.) e pertencente à classe dos Deuteromicetos. Ocorre normalmente na fase de maturação da uva e sempre associada com alta umidade relativa do ar ou com período chuvoso.

Figura 3.4 Sintomas de podridão da uva madura.

Sob condições favoráveis o fungo pode causar podridões em quase toda a produção do ano. Porém, se a infecção ocorrer no final da maturação da uva e as condições climáticas forem favoráveis (tempo seco), a *Botrytis* causará uma desidratação da uva. Com isso, haverá uma concentração de açúcares (30 a 40%), permitindo a produção de vinhos aromáticos, licorosos naturais.

Descrição
A *Botrytis* hiberna sob a forma de micélio, preferindo os diversos órgãos das videiras infectadas durante o período vegetativo, especialmente o cacho, mas também os brotos novos e as folhas. Saprofiticamente, o fungo pode sobreviver sobre os resíduos vegetais. Em condições adversas, o fungo hiberna, também, como esclerócio sobre os sarmentos do ano. Trata-se de corpúsculos duros, marrons e alongados.

Quando há condições ambientais na primavera, com o aumento da temperatura e da umidade, os esclerócios formam micélios, conidióforos e conídios, capazes de invadir os vários órgãos da videira. Os conídios da *Botrytis* germinam após passarem 2 horas na água. A umidade elevada não permite a germinação, mas auxilia no desenvolvimento dos esporos já germinados.

Por adaptar-se a um amplo gradiente de temperatura, de −1°C a 30°C, encontra facilmente condições climáticas para sobreviver. O desenvolvimento ótimo ocorre com temperatura entre 20°C e 25°C. Os conteúdos açucarados são as substâncias preferencialmente infestadas pelas hifas do fungo. Isso ocorre na presença de elevada umidade do ar, não havendo necessidade de água no estado líquido.

A infestação de *Botrytis* geralmente ocorre durante a fase de floração, mas não se desenvolverá até que os cachos estejam compactados e as bagas iniciem o processo de acúmulo de açúcar. A contínua frutificação do fungo em condições favoráveis durante a fase de maturação da uva resulta no aparecimento de um tapete cinzento, constituído por conidióforos e conídios, o qual pode destruir completamente o cacho.

Ao aproximar-se o inverno, a *Botrytis* diminui sua atividade micelar e desenvolve esclerócios. Nessa forma supera os rigores ambientais. A *Botrytis* penetra nas bagas através da cutícula. Os esporos, ao germinarem, formam um pequeno germe que se desenvolve na direção da cutícula e, após um pequeno crescimento, fura a película, possibilitando sua introdução nas células da epiderme.

Na ponta do germe que penetrou na cutícula, forma-se uma vesícula que originará os conídios, os quais originarão a propagação do fungo. Então, as hifas que se desenvolvem a partir da vesícula espalham-se nos espaços intercelulares da cutícula das bagas. O citoplasma das hifas secreta enzimas sobre a epiderme das células, e estas degradam o material péptico intercelular, que cimenta os tecidos das células.

> » **DICA**
> Esta *Botrytis* denomina-se **podridão nobre**. Tal forma de infecção não ocorre no Brasil.

> » **IMPORTANTE**
> A *Botrytis* difunde-se naturalmente por meio do vento e da chuva, ou artificialmente, por meio do homem.

> » **ATENÇÃO**
> A *Botrytis* penetra nos tecidos da casca da uva e espalha-se entre esta e a polpa, degradando essa última. A casca da uva racha, permitindo a evaporação da água, e com isso o fungo passa a desenvolver-se nas rachaduras e a esporular.

> **ATENÇÃO**
> Podem ocorrer infecções por *Botrytis* nas uvas de mesa, mesmo conservadas em câmara fria.

> **ATENÇÃO**
> Nas bagas em fase de maturação, a primeira manifestação da moléstia é a ocorrência de manchas circulares de cor lilás. Elas surgem na película das bagas atacadas, sendo raro ocorrer nas uvas tintas. Se a umidade persistir, o fungo afeta mais profundamente a polpa da uva, emitindo órgãos de frutificação, que podem cobrir total ou parcialmente a uva, ou adquirindo a aparência de mofo cinzento.

A infecção não é muito comum nas folhas. Identificam-se apenas algumas folhas com sintomas de *Botrytis*. A infecção começa nos bordos, os quais apresentam áreas necrosadas delimitadas pelas nervuras principais e secundárias, que, em condições de alta umidade, se recobrem de mofo cinzento. Tais áreas ocorrem nos pontos onde haja acúmulo de água, como as extremidades dos dentes e dos seios peciolares. Raramente observa-se podridão peciolar devido à *Botrytis*, uma vez que esse fungo está em constantes movimentos em razão da ação dos ventos.

Sobre os sarmentos, os danos podem aparecer ao fim do primeiro estágio de desenvolvimento, todavia não é comum nesses órgãos. A infecção pode ocorrer na altura dos nós ou dos entrenós, onde formam-se manchas marrons limitadas aos tecidos corticais, as quais, em condições de elevada umidade, aparecem frutificações do fungo, com características de mofo cinzento, causando a morte daquela parte do sarmento.

Ao final da estação, os sarmentos mal lignificados são invadidos por diversos fungos saprófitas, nos quais predomina o mofo cinzento. Com a queda da temperatura formam-se os esclerócios. As inflorescências podem ser destruídas completa ou parcialmente. No entanto, é difícil distinguir os ataques de *Botrytis* dos de míldio quando o órgão já estiver seco. A infecção se dá a partir das cicatrizes deixadas pela queda das peças florais – sépalas, pétalas e estames – ou por outros ferimentos.

Em cultivares de racimo compacto, o micélio do fungo passa facilmente de uma baga a outra, vindo a alterar rapidamente todo o cacho. Se o período da vindima ocorrer em tempo chuvoso, as perdas podem ser totais nas cultivares muito sensíveis. As uvas parcialmente afetadas sofrem apreciáveis perdas de peso. Nesses casos, ainda poderão ser vinificadas, porém o mosto será ácido e de fermentação lenta e irregular.

Uvas infectadas por *Botrytis* contêm **lacase**, uma enzima que afeta a composição do vinho, modificando seu aroma e a estabilidade de sua cor. No processo de produção de mudas por enxertia de mesa, durante a fase de forçagem em estufa ou estufim, o fungo causa a moléstia dita **teia de aranha**.

Controle
Como medidas preventivas, recomenda-se:

- Plantio de cultivares menos sensíveis (uva tinta de cachos soltos, por exemplo).
- Adoção de sistema de poda que evite formar grande quantidade de cachos em pequeno espaço.
- Redução ou supressão das adubações nitrogenadas, especialmente antes da floração.
- Eliminação da vegetação nativa.
- Condução da planta, de modo que haja boa insolação.
- Circulação de ar dentro do dossel vegetativo.
- Realização de um bom controle de míldio e oídio.

Na eliminação de folhas, retira-se as que tocam os cachos, deixando as basais que são importantes para um bom amadurecimento dos cachos. No uso de produtos químicos, deve-se observar o momento oportuno de intervir, que depende das condições meteorológicas e da fase fenológica da videira. As fases delicadas são:

- A floração
- O fechamento dos racimos
- O início da maturação
- O período de 20 dias antes da vindima

As aplicações de calda bordalesa durante o ciclo vegetativo dão rigidez à película da uva, tornando-a mais resistente à penetração do fungo. Os produtos químicos utilizados são:

- Folpet
- Iprodione
- Procymidone
- Pyrimathanil
- Thiophanate Methyl

Ferrugem

A **ferrugem** é causada por *Phakopsora euvitis* (Barcl.) Diet. Ocorre com maior frequência em climas tropicais úmidos. Foi detectada a partir de 2002 em São Paulo e no Paraná. Vem se alastrando para outras regiões do país de clima similar. Outras espécies de fungo causam ferrugem na videira em outros países.

Descrição
O fungo infecta as folhas da videira, aparecendo, preferencialmente, em cultivares americanas. Surgem pontuações pulvurulentas amarelo-alaranjadas na face inferior das folhas maduras da videira, com manchas necróticas escuras na face superior, que são sintomas típicos de ferrugem. O fungo forma uredospóros na face inferior da folha, que podem ser observados ao microscópio. Esses têm as seguintes características:

- Formato obovoide-elipsoide.
- Pedicelos curtos, quase sésseis.
- Paredes finas amarelo-pálidas.

Controle
Ainda não há um controle químico específico para tal moléstia.

Podridão das raízes e do sistema vascular

As **podridões das raízes** são causadas por fungos cujo *habitat* natural é o solo. Também existem espécies de fungos invasores que permanecem em forma micelial na matéria orgânica. São parasitas facultativos.

Já as **podridões do sistema vascular** são causadas por fungos mais evoluídos do que os parasitas de solo, pois apresentam formas específicas, as quais infectam apenas uma espécie hospedeira. Também são especializadas em parasitar determinados tecidos do hospedeiro. Essas moléstias são chamadas de **micoses do xilema**.

Controle
Ainda não há um controle químico específico para tal moléstia.

Fusariose

A moléstia **fusariose** é causada pelo fungo *Fusarium oxysporum* Schl. f.sp. *herbemontis* Tocchetto. É a moléstia de solo mais disseminada nos vinhedos gaúchos e catarinenses.

Descrição
O fungo invade a planta pelas lesões das raízes ou na parte do tronco que fica abaixo do solo. Daí desenvolve-se para as partes aéreas (troncos e ramos). As plantas mais velhas resistem à invasão do fungo por alguns anos. O fungo é capaz de se desenvolver em solos secos, porém a moléstia é mais severa quando ocorre em solos úmidos, em temperaturas altas e baixa umidade relativa. São condições ideais de solo para seu desenvolvimento:

- pH baixo (< 5)
- Acúmulo de água
- Teor de matéria orgânica alto (> 5)

Pode-se reduzir a infecção pelo fungo alterando estas condições de solo ou acrescentando resíduos orgânicos de alta relação carbono/nitrogênio, como palhas e serragens. Os sintomas, normalmente, aparecem no fim da primavera. Nas folhas, as bordas secam rapidamente, dando a impressão de falta de água. Nos ramos, quando se faz um corte transversal, observa-se um escurecimento nos vasos condutores.

Controle
Como controle preventivo recomenda-se:

- Evitar a implantação de vinhedos em locais onde já foi constatada a moléstia.
- Drenar os solos.
- Corrigir o pH.
- Implantar manejo que possa diminuir os teores de matéria orgânica do solo.
- Utilizar porta-enxertos resistentes (1103P, 140 Ru, 99R e Rupestris du Lot) ou plantar Isabel de pé-franco.

Deve-se evitar práticas de manejo que causem danos às raízes (aração, gradagens, etc.) e restringir o uso de implementos de áreas contaminadas nas áreas livres da moléstia. Ao preparar novas áreas para viticultura, após desmatamento, ou roçada

>> **ATENÇÃO**
A fusariose afeta com especial virulência à cv. Herbemont e os porta-enxertos oriundos de *V.berlandieri* x *V.riparia*, como SO4, 5BB, 420A, 161-49C e outros.

>> **ATENÇÃO**
Com o desenvolvimento da fusariose, os ramos vão morrendo, e, na parte viva do tronco, surgem brotações novas que também acabam morrendo juntamente com toda a planta. Também os cachos das videiras infectadas murcham completamente quando ainda verdes.

de capoeiras, o local deve ser cultivado por dois anos com alguma cultura exigente em matéria orgânica, como milho ou aveia.

Quando constatada a fusariose, devem ser arrancadas as plantas infectadas, retirando com elas todo o sistema radical. Na cova que fica após a retirada das raízes, deve ser aplicada cal virgem. A área contaminada deve ser isolada, e as águas que correm nestas áreas devem ser desviadas dos vinhedos sãos.

Pé-preto

Relatado em alguns países da Europa, Estados Unidos e Chile, o **pé-preto** apareceu recentemente na Serra Gaúcha, em cultivares americanas, em plantas novas de pé-franco. É causado pelo fungo *Cylindrocarpon destructans* (Zinnsm.) Scholten.

Descrição

Os tecidos assumem uma coloração negra, tanto no xilema como no floema. Há uma perda de vigor, redução no tamanho dos entrenós e no número de brotações da videira, terminando por ocorrer murchamento da parte aérea e morte das mesmas.

É um fungo de ampla dispersão, tolerando condições adversas de solo e clima. Normalmente se manifesta em plantas jovens (até cinco anos de idade), sendo raro em videiras adultas.

Controle

É necessário fazer um controle preventivo, visto que não há medidas curativas eficazes. Esse controle envolve:

- Utilizar mudas sadias.
- Evitar o ferimento nas raízes e colo da planta.
- Desinfetar as ferramentas que tenham sido usadas em áreas contaminadas.
- Evitar o plantio de vinhedos em solos mal drenados.

Nos locais onde se constate a moléstia, deve-se arrancar as plantas afetadas e queimá-las. Posteriormente, coloca-se cal virgem no lugar de onde se retirou a planta, evitando-se o replantio nessas condições. Aplicações maciças de Trichoderma sp. auxiliam no controle.

» Utilização de fungicidas no controle de moléstias

As caldas fungicidas, para que tenham a máxima eficiência, devem ter o pH neutro ou próximo da neutralidade (entre 6,7 e 7). Para tanto, deve-se utilizar água doce comum (não alcalina, nem salobra, nem água "dura"). Mesmo tomando esse cuidado, é necessário testar o pH da calda depois de pronta.

> **» IMPORTANTE**
> O máximo de raízes, troncos e restos da vegetação nativa deve ser retirado, pois o fungo permanece saprofiticamente nessas estruturas. O emprego do engaço como condicionador de solo deve ser evitado, pois caso este provenha de vinhedo afetado, conterá as estruturas de propagação do fungo e contaminará o vinhedo.

> **» DEFINIÇÃO**
> O **pé-preto** caracteriza-se pelo escurecimento e apodrecimento do colo da planta, evoluindo para o sistema de raízes.

> **» NO SITE**
> Acesse o ambiente virtual de aprendizagem (www.bookman.com.br/tekne) para consultar a tabela de fungicidas registrados para videira.

>> PROCEDIMENTO

O teste do pH da **calda fungicida** depois de pronta é feito com o uso de papel tornassol (adquirido em casas de produtos agrícolas). Mergulha-se o papel na calda e compara-se o resultado com um padrão que acompanha o papel. Se o pH estiver abaixo do desejado, deve-se adicionar cal hidratada (ou leite) à mistura. Se o pH estiver acima do desejado, deve-se adicionar vinagre ou suco de limão. Essas adições devem ser feitas, primeiramente, como um teste em pequena escala.

Se a calda ficar com pH acima de 7, há o risco de aumentar a incompatibilidade entre produtos e de reduzir a eficiência do fungicida. Por outro lado, as caldas com pH abaixo de 6,5 intoxicam a videira, necrosando partes de suas folhas.

> **>> NO SITE**
> Acesse o ambiente virtual de aprendizagem para consultar as normas de uso de agrotóxicos.

>> Moléstias virais

Vírus de plantas são partículas submicroscópicas, normalmente constituídas de ácido ribonucleico (ARN) envolvido com uma membrana proteica. Estes não se reproduzem por si mesmos, induzindo o seu hospedeiro a produzir mais partículas de vírus. São transmitidos por:

- Insetos
- Nematoides
- Contato mecânico (enxertia ou ferimentos, por exemplo)

Na propagação de videira, tanto o porta-enxertos como o enxerto devem estar isentos de viroses, caso contrário os vírus passarão de um a outro. As viroses da videira podem ser identificadas por:

- Sintomas nas plantas
- Indexagem com plantas indicadoras
- Testes serológicos

Os vírus que afetam a videira, em número próximo a 40, são difíceis ou impossíveis de serem isolados para identificação. Afetam todas as partes da videira, portanto, são facilmente disseminados pela propagação da planta.

Enrolamento da folha

O enrolamento da folha é uma das principais viroses que afeta a videira, sendo conhecida como **Leafroll**. As perdas causadas por esta virose não são significativas nos primeiros anos, porém crescem com o passar do tempo. É um dos fatores que mais contribui para a queda de produção, podendo reduzir a colheita em até 20%.

> **>> ATENÇÃO**
> O Enrolamento da folha causa atraso na maturação da uva de até três semanas e pode causar redução de até 3° Brix na uva e redução drástica na produtividade. Além disso, a composição química do vinho é afetada, bem como as quantidades de matéria corante, que diminuem sensivelmente.

Descrição

A dispersão do enrolamento da folha depende dos métodos usados na propagação da videira, especialmente quando não há controle sobre a origem do material vegetativo empregado. Não sendo feita seleção do material utilizado na produção de mudas, a virose se propagará rapidamente. Os sintomas nas folhas e nos frutos podem ser usados para diagnosticar a moléstia em muitas cultivares viníferas.

Os sintomas nas folhas aparecem em videiras estressadas no início do verão. Geralmente, surgem tanto nas folhas como nos frutos durante a maturação. Nas videiras afetadas, as margens das folhas tendem a se enrolar para baixo, com a superfície enrugada e quebradiça, começando pelas folhas basais.

As áreas entre as nervuras tornam-se amareladas ou avermelhadas, dependendo se a cultivar produz uva branca ou tinta, respectivamente. Em ambos os casos, as áreas adjacentes às nervuras permanecem verdes. A videira toda se torna amarelada ou avermelhada.

Os sintomas nas plantas afetadas não são distinguíveis durante a fase de dormência e no início do ciclo vegetativo. Os porta-enxertos não apresentam os sintomas característicos da virose, dificultando sua identificação. A planta virosada:

- perde o vigor;
- reduz a produtividade;
- não amadurece completamente a uva (falta cor e açúcar);
- definha ao longo do tempo.

Controle

A medida mais importante é o emprego de material de propagação livre de vírus. Outras medidas importantes são o controle dos possíveis vetores, como as cigarrinhas, as cochonilhas e os pulgões. Apesar de não haver uma comprovação definitiva, há evidências da transmissão desta virose pelas cochonilhas e pulgões. Portanto, outra maneira de diminuir a propagação do vírus é controlar tais pragas.

Intumescimento dos ramos

Também conhecido como **Corky Bark**, este vírus pode estar presente na forma latente em muitas cultivares viníferas em pé-franco. Porém, os sintomas não aparecerão enquanto suas gemas não forem enxertadas sobre porta-enxertos.

Descrição

A difusão do vírus ocorre pela propagação vegetativa da videira, seja por material herbáceo seja por material lenhoso. O vírus não passa pela inoculação mecânica para plantas herbáceas, bem como não se conhece vetor para ele. As plantas afetadas apresentam redução no vigor após vários anos. As enxertadas morrem do enxerto para cima, permanecendo somente o porta-enxerto.

Os porta-enxertos não apresentam sintomas, mas se for utilizado material contaminado para receber enxerto de vinífera, os sintomas aparecerão na copa. A redução do vigor já é o suficiente para suspeitar que haja vírus do intumescimento dos ramos, mesmo durante a fase de dormência. Porém, outros sintomas caracterizam melhor a virose, como brotação atrasada na primavera e folhas com coloração vermelha ou amarela.

Dependendo da cultivar, essa coloração desenvolve-se durante o verão, inclusive nas nervuras, associada ao enrolamento das folhas para baixo. As folhas demoram cerca de 3 a 4 semanas após o normal para caírem, a produção é reduzida e de maturação desuniforme. Os sintomas mais característicos aparecem na base dos ramos, onde surgem (Figura 3.5):

- rachaduras na casca;
- maturação irregular;
- partes verdes alternadas com porções de lignificação normal.

Controle
A única medida eficiente para o controle dessa virose é o emprego de material isento do vírus na produção de mudas.

Degenerescência da videira ou entrenós curtos
Conhecida também como **Fan Leaf**. O vírus causador dos entrenós curtos da videira é considerado um dos mais importantes nos países vitícolas. Essa virose é transmitida por nematoides.

Descrição
A difusão da virose é feita pela propagação vegetativa da videira com material contaminado e pelos nematoides *Xiphinema index* Thorne & Allen e *Xiphinema*

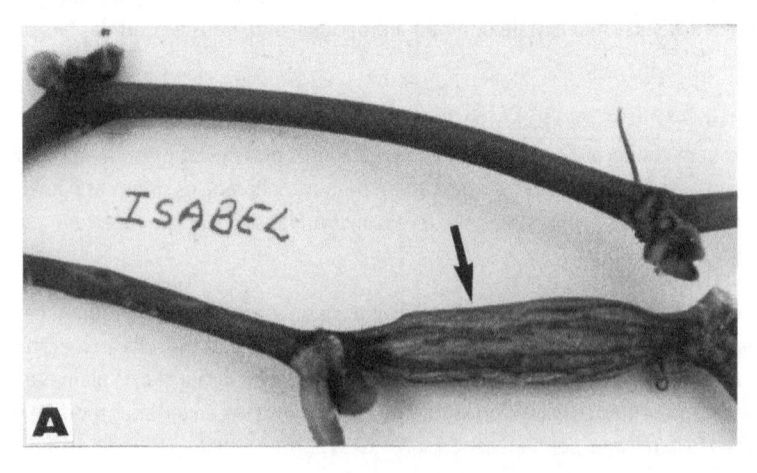

Figura 3.5 Sintomas do vírus de intumescimento dos ramos.

italiae Meyl quando estes picarem plantas afetadas e posteriormente passarem a plantas sadias. As videiras afetadas são menores que as normais. As brotações e as folhas aparecem muito adensadas devido ao encurtamento dos entrenós. Outros sintomas são:

- ramos dispostos em ziguezague;
- fasciação ou achatamento dos ramos e, às vezes, dos pecíolos e das gavinhas;
- formação de nós duplos e gemas opostas.

Além desses, podem aparecer folhas assimétricas, com seios peciolares abertos e dentes alongados. A lâmina foliar apresenta manchas descoloridas ou avermelhadas ao longo das nervuras secundárias. Manchas amareladas podem desenvolver-se ao longo das nervuras principais, iniciando no começo ou meados do verão. O limbo foliar permanece normal.

Controle
O primeiro meio de controle é o uso de material de propagação livre de vírus. O controle da moléstia, onde o solo for infestado por nematoides, é difícil e muito caro. O único controle eficiente é o repouso do solo por um período de 6 a 10 anos. Após esse período, todas as raízes das videiras estarão decompostas e a população de nematoides morta.

O uso de fumigantes pode ser eficiente em solos de boa estrutura que permitam a penetração do nematicida. Entretanto, as fumigações são feitas com produtos de elevada toxidez e que vêm tendo seu uso restringido. Além disso, ao esterilizarem o solo, eliminam microrganismos úteis, como as micorrizas.

Caneluras do tronco
Conhecido como **Grapevine Stem Pitting**. Sabe-se que o vírus passa por meio da multiplicação vegetativa. Não se conhecem as propriedades físicas do vírus e nem hospedeira herbácea ou vetor natural.

Descrição
As plantas infectadas apresentam brotação atrasada de, no mínimo, 4 a 5 semanas. No tronco, a casca é rugosa com aspecto de cortiça. Sob a casca, existem reentrâncias no lenho no sentido longitudinal do tronco. Quando esta virose ocorre em cultivares sensíveis, em poucos anos as plantas morrem. Em alguns casos, morrem tanto o enxerto quanto o porta-enxerto e, em outros, morre somente o enxerto (Figura 3.6).

Controle
O controle é feito por meio de material isento do vírus.

> » **DICA**
> Nas folhas e nos ramos, os sintomas do vírus das caneluras do tronco são semelhantes aos do vírus dos entrenós curtos.

Figura 3.6 Sintomas do vírus das caneluras do tronco.

❯❯ Controle de moléstias virais

O controle das viroses somente é viável pela seleção sanitária, pois, uma vez que as videiras estejam infectadas, não existem meios para curá-las. Portanto, é muito importante a conscientização dos viveiristas para que utilizem somente material isento de viroses e que tenham uma seleção de plantas dentro do próprio viveiro.

O processo de termoterapia aplicado ao material de propagação pode fornecer tecido isento de vírus. A distribuição para a produção de mudas de material limpo de vírus é o único meio eficaz de eliminação de viroses. Aliado a isso, deve ser feito um controle permanente dos possíveis vetores de viroses, como:

- Nematoides
- Cochonilhas
- Cigarrinhas

>> Moléstias bacterianas

Bactérias são microrganismos procariotas, de forma arredondada ou de bastão. Estão associadas com as enfermidades da videira, porém existem dúvidas, em muitos casos, se as bactérias são a causa primária ou se são apenas um fenômeno secundário.

Galha da coroa

A **galha da coroa** é causada pela bactéria *Agrobacterium tumefaciens* (Smith & Townsend) Conn. Muitas outras plantas são suscetíveis a esta moléstia. A galha da coroa é também conhecida por **nó negro** quando ocorre na parte aérea das videiras.

Descrição

O patógeno pode ser transmitido por qualquer agente que entre em contato com material contaminado. A bactéria penetra nas plantas pelas lesões provocadas no cultivo da videira. As galhas se desenvolvem quando as plantas sofreram uma desbrota dos porta-enxertos ou nas lesões da poda. Pode acontecer também por lesões provocadas por frio intenso ou por rachaduras naturais provocadas pelo crescimento das plantas.

O desenvolvimento das galhas aparece sobre as lesões, quando inicia o crescimento das videiras na primavera. Quando são jovens, as galhas são tenras, de cor creme a esverdeada e sem cortiça ou cobertura. Com a idade, o tecido escurece até tomar a coloração café. A superfície torna-se de textura moderadamente resistente e muito áspera. O tecido superficial da galha enegrece e morre.

Controle

A única medida de controle é evitar o corte das galhas com ferramenta de poda para não transmiti-la à madeira sadia. A maioria das galhas desaparecerá depois de alguns anos.

Cancro bacteriano

A moléstia do **cancro bacteriano** é causada por *Xanthomonas campestris* pv. *viticola* (Nayudu) Dye e ocorre principalmente nos vinhedos do Vale do São Francisco. Foi constatada pela primeira vez naquela região em 1998.

Descrição

Nas folhas da videira, a moléstia forma manchas angulares escuras, circundadas, ou não, por um halo amarelo. À medida que se desenvolve, causa a necrose do tecido. Pode aparecer também nos pecíolos e em manchas em forma de "V" no limbo foliar. Nos ramos, ela forma manchas estriadas e cancros (rachaduras longitudinais). Nas inflorescências, ocorre necrose, que inicia na ponta e avança para a base da mesma.

> **>> DICA**
> No Brasil, há somente a suspeita de uma moléstia cujo agente causador seja uma bactéria. Por isso, deve-se controlar sua entrada no território nacional, por meio da quarentena de material importado.

> **>> IMPORTANTE**
> O cancro bacteriano é a principal moléstia bacteriana que ocorre no Brasil e vem trazendo grandes prejuízos à viticultura nordestina.

A bactéria pode invadir o sistema vascular e espalhar-se por toda a planta. Além disso, a moléstia causa grande redução na produção dependendo de quanto infectada a videira está. As plantas infectadas produzem cachos com sintomas de cancro no engaço, inviabilizando sua comercialização como uva de mesa.

Controle

Não há medidas eficazes de controle depois que a moléstia tenha se estabelecido. Podas severas para reduzir o material infectado ou erradicação de plantas atacadas são alternativas para prevenir a dispersão da bactéria. Para reduzir a probabilidade de invasão do vinhedo pela *Xanthomonas campestris* pv. *viticola*, recomenda-se:

- Instalar pedilúvio com amônia quarentenária a 0,1% nas vias de acesso ao vinhedo.
- Evitar o trânsito de máquinas entre propriedades.
- Usar mudas de sanidade garantida.
- Não utilizar irrigação sobrecopa.
- Aplicar produtos à base de cobre após a poda ou em caso de ferimentos (calda ou pasta bordalesa).
- Não fazer a torção dos ramos.
- Aplicar a cianamida hidrogenada por aspersão e não por pincelamento ou imersão.
- Desinfetar as tesouras de poda, de colheita, de desbaste, canivetes e qualquer ferramenta usando hipoclorito de sódio a 2%, ou água sanitária a 50% ou amônia quarentenária a 0,1%.

>> Distúrbios fisiológicos e acidentes meteorológicos

Existem certos distúrbios fisiológicos ocasionados por várias causas que provocam sintomas semelhantes às moléstias. Do mesmo modo, alguns efeitos das condições meteorológicas adversas podem ser confundidos com moléstias.

>> Distúrbios fisiológicos

Dentre os distúrbios fisiológicos mais comuns, destacam-se:

- Desavinho

- Sarmentos vermelhos
- Gemas falhadas
- Baga de água
- Secamento da ráquis ou murchadeira dos cachos
- Filagem
- Vermelhidão das folhas

Desavinho (Coulure ou Colatura)

O **desavinho** pode ser ocasionado, principalmente, pela própria constituição típica da flor, pois há cultivares que desavinham naturalmente. Antes da abertura das flores, pode ocorrer o desavinho. O cacho, então, se transforma quase sempre em gavinha. Esse fenômeno, em geral, ocorre em virtude do excesso de seiva proporcionada pela abundância de matéria orgânica do solo.

As flores não fecundadas secam e caem, deixando uma pequena cicatriz no lugar ocupado pelo botão. Em algumas cultivares, as flores parcialmente fecundadas iniciam seu crescimento e abortam as sementes. Isso ocorre depois da baga ter crescido cerca de um terço do tamanho normal, ficando o cacho, depois de maduro, entremeado de bagas grandes e pequenas. Alguns recursos para o controle do desavinho são:

- Correções adequadas de solo
- Podas condizentes com o vigor da planta
- Poda verde

Sarmentos vermelhos

Os **sarmentos vermelhos** ocorrem quando os brotos têm maturação tardia e sua casca permanece verde durante o outono. Nesta época, torna-se de coloração roxa com a queda da temperatura. Tal condição ocorre quando uma superprodução retarda a maturação dos frutos e o ciclo vegetativo termina antes que os sarmentos amadureçam.

A solução é o controle da carga de frutos, de modo que tanto a produção como os ramos amadureçam normalmente, ao seu tempo. Esse distúrbio dificilmente ocorre nas condições brasileiras.

Gemas falhadas

As **gemas falhadas** ou o atraso na sua brotação na primavera, seguidas de fraco desenvolvimento, são decorrência de uma maturação parcial da madeira do ano anterior. Este transtorno está diretamente relacionado com o sarmento vermelho, embora menos severo.

A maior parte da extremidade basal dos sarmentos que poderiam ser usados para os esporões de produção matura até a coloração normal. Geralmente, a má maturação da madeira pode ser causada por qualquer das seguintes condições:

- Excesso de produção.

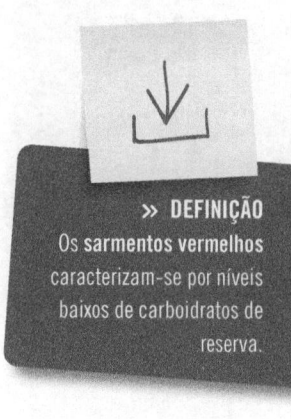

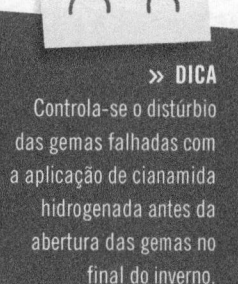

>> **DEFINIÇÃO**
Os **sarmentos vermelhos** caracterizam-se por níveis baixos de carboidratos de reserva.

>> **DICA**
Controla-se o distúrbio das gemas falhadas com a aplicação de cianamida hidrogenada antes da abertura das gemas no final do inverno.

- Crescimento vigoroso e tardio causado pelo excesso de nitrogênio e água no solo.
- Desfolhação das videiras por insetos ou enfermidades no verão, seguido por um novo crescimento rápido ao final do verão e no outono.
- Falta de potássio.
- Desordens que alterem o ciclo normal de desenvolvimento da videira, como o enrolamento da folha.

Baga de água

As primeiras bagas afetadas pela **baga de água** são as da ponta da ráquis. Em seguida, as bagas afetadas podem estar distribuídas por todo o cacho. Quando as bagas da ponta da ráquis são afetadas, ocorre falta de açúcar, de cor e de sabor. Atribuem-se essas condições à superprodução, a qual evita a nutrição adequada e o desenvolvimento completo das bagas afetadas. Inicialmente, a baga de água ocorre nas pontas dos cachos e, nos casos mais severos, nas pontas das ramificações laterais dos cachos.

As bagas afetadas também podem estar em qualquer parte dos cachos, mas essa condição não está associada à superprodução. As evidências indicam que ocorre um esforço induzido dentro da videira, causado por períodos quentes. Os esforços parecem resultar da competição entre os frutos e as partes vegetativas, especialmente as folhas, na obtenção de materiais que têm um limitado abastecimento.

Secamento da ráquis ou murchadeira dos cachos

O **secamento da ráquis** ocorre devido ao desequilíbrio entre as concentrações de potássio e cálcio mais magnésio (K/Ca + Mg). A análise de pecíolo deve indicar um valor entre 1,5 e 10, para a relação K/Mg. Com valor acima de 10, certamente, ocorrerá o distúrbio, devendo ser tomadas medidas preventivas de controle. Aplicações de sal amargo (Sulfato de Magnésio) em solução de 0,4% diretamente ao cacho evitam o problema.

Filagem (Millerandage ou Acinelatura)

A **filagem** é consequência de má fecundação em virtude da má disposição do saco embrionário ou do tubo polínico ou, ainda, devido à esterilidade do pólen. Eventualmente, pode ter origem em situações semelhantes às do desavinho. Em alguns casos, ocorre em razão da deficiência de boro, podendo ser remediada com a aplicação foliar de solução de bórax a 0,3%.

Vermelhidão das folhas

Quando a causa não for infecção por vírus, nem for uma característica varietal, pode ocorrer **vermelhidão das folhas** em casos de extrema carência de fósforo e/ou de boro, em vinhedos em solos fortemente ácidos. A redução desse problema pode se dar por:

- Correção de pH do solo
- Adubação fosfatada
- Aplicações de calda bordalesa

> » **DEFINIÇÃO**
> Secamento da ráquis ou murchadeira dos cachos é uma fisiopatia que faz a ráquis do cacho secar, iniciando da ponta do cacho para o pedúnculo. As bagas murcham e mumificam, ou a ráquis pode romper-se e o cacho cair parcial ou totalmente.

> » **DEFINIÇÃO**
> Filagem é a parada de desenvolvimento de algumas bagas, enquanto outras prosseguem crescendo normalmente.

>> Acidentes meteorológicos

Dentre os acidentes meteorológicos mais comuns, destacam-se:

- Queimadura das bagas
- Golpe de dedo
- Danos causados por frio
- Danos causados por granizo
- Danos causados por vento
- Danos causados por geada

Queimadura das bagas (escaldadura ou golpe de Sol ou *sun scald*)

Uma elevação repentina de temperatura depois de um período frio ao final da primavera e quando o crescimento da videira é muito rápido pode matar as pontas dos brotos. Esta lesão ocorre, principalmente, quando houver um vento dessecante acompanhando a elevação da temperatura. As lesões podem resultar de uma onda de calor em qualquer época depois da formação das bagas e antes da maturação.

A intensidade da lesão é variável, podendo ser simplesmente em algumas bagas, em parte dos cachos ou no cacho inteiro. Algumas vezes, apenas as uvas expostas ao Sol são danificadas. As bagas afetadas enrugam, escurecem e secam. Após as lesões diretas, partes dos talos secam e outras partes mostram áreas danificadas. A queimadura das bagas pode ocorrer por duas vias. A primeira seria uma dessecação indireta das bagas, pela ação refletida da radiação solar, atingindo os cachos internos, não os diretamente ensolarados. Em geral, é um acidente causado pelas reverberações do calor do solo que atingem os cachos de baixo para cima. A segunda seria a forma de queimadura intensa e rápida, que age diretamente e por isso é mais grave. A redução dos danos por queimadura do Sol pode se dar por:

- Boa poda
- Adequado desbrote
- Boa condução

Golpe de dedo (*drought spot*)

O golpe de dedo, uma moléstia que ocorre em virtude do clima (estação muito quente e seca), produz uma desidratação ou fuga dos sucos internos das bagas, fazendo que estas apresentem uma pequena reentrância em um lado, como se tivessem sido apertadas. A maior ocorrência se verifica no período após o raleio manual (nas uvas de mesa finas), não ocorrendo na fase de maturação.

A água transpirada pelas folhas supera a que é absorvida pelas raízes, havendo então translocação de água dos frutos para as folhas. De início, surgem nas bagas pequenas manchas escuras, que, nos casos mais severos, formam depressões que chegam a atingir metade da baga.

É mais frequente em plantas de alto vigor, ocorrendo também nos locais onde o enraizamento seja mais superficial e possa ocorrer alteração brusca de temperatura. Maior intensidade de radiação solar aumenta o problema. Os meios de minimizar os danos são:

- Manter o equilíbrio sistema radical/parte aérea visando estabilizar a videira.
- Evitar o excesso de adubação nitrogenada.
- Evitar capinas e os trabalhos de solo no período de pré-maturação da uva.
- Manter constante a umidade do solo.

Danos por frio

Em primaveras frias, os vinhedos expostos aos ventos frios podem apresentar uma queima de ramos, dando a impressão de que se trata de alguma moléstia. Diferencia-se de infecções causadas por microrganismos, pois as manchas causadas pelo frio atingem todo o sarmento. Esses danos ocorrem durante noites em que sopra o vento Minuano, no Rio Grande do Sul e Santa Catarina.

Danos por granizo

As videiras atingidas por granizo têm seus tecidos dilacerados, dependendo da intensidade do fenômeno. As folhas podem ser parcial ou totalmente destruídas. Os ramos, quando muito atingidos, podem comprometer a produção do ano seguinte. Se os cachos forem atingidos em fase adiantada da maturação, a perda pode ser total, tanto pela uva que é derrubada, como pela podridão que se instala nas bagas lesionadas.

Após a retirada do tecido atingido, deve ser feita uma aplicação da calda bordalesa, pois esta ajuda na cicatrização, e uma adubação com nitrogênio para estimular o crescimento. Os meios de defesa contra essas ocorrências são:

- Implantação de vinhedos em áreas não sujeitas a granizo.
- Emprego de foguetes antigranizo (cuja eficácia técnica e econômica é contestada).
- Cobertura do vinhedo com tela plástica.

Danos por geada

Dificilmente **geadas negras** atingirão brotações da videira, pois sua ocorrência é rara e se dá exclusivamente no inverno, quando as plantas estão em dormência. Porém, **geadas brancas** podem causar danos graves à videira se as atingirem durante o ciclo vegetativo. As brotações atingidas morrem por desidratação, ficando

---

» DICA
As marcas de granizo são semelhantes às de antracnose, sendo, porém, mais profundas e irregularmente distribuídas pela planta. As plantas atingidas no início do ciclo (brotos com menos de 10 cm de comprimento) devem ser podadas novamente. Videiras atingidas após esta fase devem ser podadas, eliminando apenas as partes feridas ou as folhas rasgadas.

» CURIOSIDADE
As **chuvas de pedra** ou **saraivas**, como são chamadas as ocorrências de granizo, tendem a se repetir, ano após ano, sendo comuns na primavera e no início do verão. Isso se deve, provavelmente, a aspectos ligados à topografia e ao relevo locais.

escuras no mesmo dia ou no dia seguinte ao que ocorreu a geada. Os meios de controle são:

- Instalação dos vinhedos em áreas não sujeitas a geada (evitar baixadas e fundos de vale).
- Manter ou implantar barreiras ou quebra-ventos na parte acima do vinhedo.
- Plantar cultivares de brotação tardia.
- Gerar calor (por meio de fumaça) no vinhedo.
- Gerar turbulência ou aumentar a umidade do ar nas noites em que se está prevendo a geada.
- Eliminar barreiras ou dar condições de escoamento do ar frio na parte inferior do vinhedo.
- Manter o solo limpo e exposto, no período de riscos de geada.
- Evitar adubar precocemente com nitrogênio.
- Atrasar a poda.

Danos por vento

Ventos podem quebrar os brotos novos da videira, reduzindo a produção e prejudicando a formação da planta para o próximo ciclo. Ventos do Sul podem causar danos por frio na videira e aumentar a incidência de antracnose. Ventos quentes e secos podem causar desidratação nos brotos tenros.

Nos viveiros ou em vinhedos recém-plantados, a ação do vento pode ser danosa nos solos que são mantidos limpos de vegetação. O vento levanta partículas de areia que causam dano mecânico às brotações. Soluciona-se este tipo de dano com o uso de cobertura do solo e/ou implantação de quebra-ventos. Para que os quebra-ventos sejam eficazes, recomenda-se:

- Conservar os quebra-ventos naturais.
- Implantar quebra-ventos no espaçamento 2,5 x 2,5 m a 1,5 x 1,5 m.
- Dedicar às mudas das plantas quebra-vento a mesma atenção dada às mudas de videira, especialmente no preparo de solo, adubação, rega e capina.
- Preferir espécies de rápido crescimento, de copa alta e que não sejam hospedeiras de pérola-da-terra.
- Usar espécies de folhas caducas para possibilitar o escoamento do ar frio nos locais onde pode haver retenção do ar frio na área do vinhedo, especialmente na parte baixa.
- Plantar os quebra-ventos com uma distância de 10 a 20 m em relação ao vinhedo, evitando o seu sombreamento e a concorrência do sistema de raízes no solo.

> » **DICA**
> As videiras atingidas por geada têm sua brotação totalmente destruída. Porém, nas cultivares americanas, a nova brotação ainda é fértil, produzindo uma safra um pouco menor que a normal. As cultivares viníferas, na sua maioria, rebrotam somente gemas vegetativas, havendo perda total de produção. Uma exceção é a Gamay Noir, que é fértil na gema secundária.

> » **DICA**
> Na escolha das espécies de plantas quebra-ventos, deve-se levar em consideração que a distância de proteção aos ventos é de 6 a 10 vezes a altura do quebra-vento. Algumas espécies adequadas para esse uso são o Álamo, o Plátano, os *Pinus*, os Ciprestes, a Casuarina e a Grevílea.

>> Pragas

Além das moléstias, dos distúrbios fisiológicos e dos acidentes meteorológicos, várias espécies de animais de diferentes classes, como mamíferos, aves, insetos, nematoides, ácaros, entre outros, podem danificar a cultura da videira dependendo da região de cultivo. Veremos quais são as principais **pragas** associadas à viticultura no Brasil, relacionando as medidas de controle que podem ser adotadas pelos viticultores.

>> Mamíferos

Alguns mamíferos podem se tornar pragas da videira. Em regiões urbanas ou suburbanas, diversas espécies de ratos (*Echimys dasythrix*, *Mus musculus*, *Rattus norvegicus* e *Rattus rattus*), domésticos ou selvagens, costumam comer as uvas maduras. O controle desses animais é feito pelo uso de raticidas específicos ou com o emprego de armadilhas. No caso de plantio de novos vinhedos, as lebres (*Lepus capensis* L.) e as preás (*Cavia aperea*) causam danos ao roerem o tronco das mudas.

Pode-se evitar o ataque desses animais instalando telas ao redor do vinhedo novo que protejam até 20 cm para dentro do solo, ou colocando proteções individuais ao redor de cada muda. As lebres também são repelidas pela colocação de mechas de cabelo humano espalhadas antes da colheita ao redor do vinhedo. Em algumas regiões do país, o graxaim (ou sôrro) (*Dusicyion gymnoscerus* e *D. thous*) ataca as uvas maduras. O controle é feito com cães de guarda que permaneçam à noite nos vinhedos.

> **>> ATENÇÃO**
> No caso de usar raticidas específicos, o controle deve ser feito cuidadosamente, pois os venenos empregados para matar ratos têm efeito sobre a fauna silvestre e doméstica em geral, além de serem perigosos às crianças.

>> Aves

Locais em que a flora nativa não proporcione suficiente alimento aos pássaros podem se tornar inaptos à viticultura. Algumas aves comem as uvas quando elas ainda estão verdes. Portanto, deve ser feito um controle preventivo. Os vinhedos mais sujeitos ao ataque são os isolados, os de maturação precoce e os próximos a matas ou capoeiras. Ataques intensos de pássaros podem provocar perda total em 1 ou 2 dias. Muitas espécies costumam se alimentar de uva, variando conforme a região. Aqui destacamos algumas. São elas:

- Pombas-de-bando (*Zenaida auriculata*)
- Pomba-juriti (*Leptotila verreauxi*)
- Cardeais (*Paroaria coronata*)
- Diversos tipos de sabiás (*Mimus* spp. e *Tordus* spp.)

> **>> ATENÇÃO**
> Os sistemas de condução em espaldeira e similares são mais suscetíveis ao ataque de pássaros, pois a uva fica mais exposta.

- Corruíras (*Troglodytes aedon*)
- Pardais (*Passer domesticus*)

Como a caça desses animais é proibida, devem ser tentados outros métodos de controle, como a instalação de redes ao redor das plantas, no caso de espaldeiras, ou a cobertura com tela sobre todo o vinhedo nas latadas. Outra opção é o uso de espantalhos que, no entanto, têm pouca eficácia, pois as aves logo se acostumam e não os respeitam mais.

Nos Estados Unidos e na Austrália, usam-se pandorgas (pipas ou papagaios) com figuras de aves de rapina, que mantêm as aves frugívoras afastadas. A solução mais recente é o uso de canhões de disparo programado (regulam-se o número de tiros e o seu intervalo) instalados dentro do vinhedo em época próxima à maturação da uva. A presença de pessoas no vinhedo também inibe, em parte, o ataque das aves.

O único controle eficaz contra as aves é a instalação de telas anti-pássaros no início da maturação das uvas.

> **» CURIOSIDADE**
> Os horários de maior atividade dos pássaros são próximo ao nascer e ao pôr do Sol. Outras aves, como as emas (nhandú ou avestruz), também comem uvas maduras.

» Nematoides

Podem alimentar-se somente das células das paredes das raízes ao entrar nestas (ectoparasitas) ou ao penetrarem nas raízes (endoparasitas), alimentando-se dentro delas. Podem ser sedentários ou migrarem lentamente no solo. Disseminam-se por meio de:

- Vento
- Água
- Movimentação de solo
- Plantas
- Máquinas infestadas

Os nematoides do gênero *Xiphinema* são ectoparasitas e seu principal dano às videiras é a transmissão de vários tipos de vírus. Os do gênero *Meloidogyne* são endoparasitas, causando galhas nas raízes das plantas infectadas.

O controle químico dos nematoides com o uso de produtos fumigantes de solo apresenta um controle eficiente. Porém, os produtos utilizados são altamente tóxicos e serão proibidos no comércio. Outras soluções para o controle de nematoides são apresentados no Quadro 3.2.

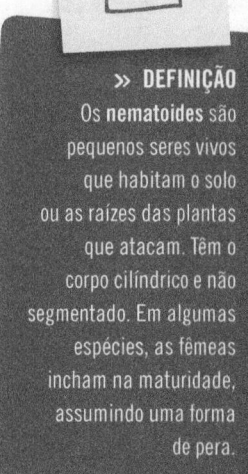

> **» DEFINIÇÃO**
> Os **nematoides** são pequenos seres vivos que habitam o solo ou as raízes das plantas que atacam. Têm o corpo cilíndrico e não segmentado. Em algumas espécies, as fêmeas incham na maturidade, assumindo uma forma de pera.

» Ácaros

Alguns ácaros parasitam a videira, sendo os mais comuns o Ácaro Rajado (*Tetranychus urticae* Koch) e o Ácaro Vermelho (*Panonychus ulmi* Koch). Esses são pragas de culturas de clima temperado, eventualmente se instalando na videira

Quadro 3.2 » Controle de nematoides

Plantio de *Crotalaria spectabilis* e *Crotalaria juncea*	• Os nematoides penetram nas raízes, mas não completam seu ciclo de vida, não deixando descendência e, portanto, reduzindo paulatinamente sua população no solo.
Inundação do solo	• Nos locais onde for possível, no período de dormência da videira, saturando-se o solo com água por um período de até 60 dias, há uma drástica redução na população de larvas infestantes. Sendo possível aplicar este tratamento em período quente, os resultados serão melhores, pois a eclosão das larvas terá sido maior durante o período de temperatura alta.
Plantio de culturas-armadilhas	• Semeia-se uma cultura suscetível aos nematoides, fazendo o acompanhamento com observações ao microscópio do estádio de desenvolvimento dos mesmos nas raízes. Como *Meloidogyne* é sedentário, não abandonarão as raízes. Assim, antes que tenham efetuado nova postura, a cultura-armadilha deverá ser enterrada ou destruída, matando a população que a parasitava. Se este procedimento for feito com atraso, haverá um aumento na população da praga.
Vegetação de cobertura do solo	• Aplica-se o uso de vegetação de cobertura do solo do vinhedo com espécies variadas, incluindo, pelo menos uma vez a cada dois anos, a *Crotalaria*.
Uso de porta-enxertos resistentes	• Diversos porta-enxertos têm tolerância aos nematoides e já vêm sendo empregados normalmente. Em caso de solos com altas infestações, aconselha-se o uso de Dog Ridge, Harmony, Salt Creek, 039-16 e 043-43. Estes porta-enxertos são imunes aos nematoides.
Revolvimento do solo	• Aplica-se o revolvimento do solo, pois os raios solares têm efeito deletério sobre os nematoides, destruindo-os em pouco tempo.

nos locais mais quentes e/ou nos períodos de estiagem na Região Sul do Brasil. Os ácaros são controlados com acaricidas específicos, como:

- Azociclotim
- Ciexatim
- Propargite
- Tetradifom

Os ácaros causam manchas bronzeadas nas folhas e brotações novas, podendo, às vezes, infestar o cacho, causando bronzeamento das bagas. O Ácaro da Erinose (*Colomerus vitis* Pagenstecher) parasita as folhas da videira formando uma reentrância em sua face inferior. As aplicações com enxofre exercem efetivo controle.

>> Insetos

De acordo com o local de ataque na planta, podemos dividir as pragas em dois tipos: **pragas das raízes** (ou subterrâneas, as quais atacam as sementes, raízes e colo da videira) e **pragas da parte aérea** (as quais atacam as partes acima do colo, como os ramos, folhas, flores e frutos).

Pragas das raízes

As pragas das raízes mais comuns na videira são a filoxera e a pérola-da-terra, ou Margarodes, conforme veremos a seguir.

Filoxera (Daktulosphaira vitifoliae ou Viteus vitifoliae) Hemiptera: Phylloxeridae

É um afídio (pulgão) subterrâneo, originário dos Estados Unidos. Hoje se encontra disseminado em todas as regiões vitícolas. Como vimos, ele invadiu a Europa na segunda metade do século passado, de lá sendo levado a todos os continentes. Atualmente, apenas o Chile é a região totalmente isenta da praga.

É um inseto de ciclo de vida complexo, passando parte de sua vida no solo, parasitando as raízes da videira, e parte em galhas que causa na face inferior das folhas da videira. A presença da filoxera é maior em solos com teores altos de argila do que em solos arenosos. Temperaturas altas (>32° C) são letais aos ovos do inseto, bem como a presença de água parada.

>> **ATENÇÃO**
A *Vitis vinifera* L. não tolera a filoxera, por isso deve ser propagada sobre porta-enxertos resistentes.

Desse modo, alguns solos do perímetro irrigado do Vale do Rio São Francisco são livres dessa praga. Nesses locais, é possível o plantio de videiras europeias de pé-franco. O parasitismo nas raízes leva as videiras à morte por inanição, pois a filoxera forma galhas (nodosidades) onde se alojam muitos indivíduos que se nutrem dos tecidos modificados. Em alguns anos, em geral 2 a 3 (depende se ocorrem estresses hídricos ou não), as plantas morrem.

A filoxera pode parasitar as folhas, mas isso raramente ocorre em videiras europeias ou mesmo nas labruscas. No entanto, é comum ocorrer na folhagem de porta-enxertos, especialmente em vinhedos de planta-matriz. Quando a infestação é grande, causa prejuízos, pois reduz a área foliar útil. Nesses casos, a filoxera deve ser controlada com inseticida específico, como:

- Dimetoato
- Endossulfam
- Fenitrotion
- Fentioom
- Metidation

O controle mais efetivo é obtido com o emprego de cultivares porta-enxertos. Essas, como foram criadas com esse fim específico, têm tolerância suficiente à praga, dispensando o uso de inseticidas. A maior parte das cultivares de *V.labrusca* e seus híbridos, nas condições sul-brasileiras, pode ser cultivada de pé-franco.

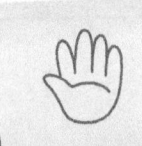

> **ATENÇÃO**
> Os danos que a pérola-da-terra causa aos vinhedos são de duas naturezas: nutre-se da seiva que extrai das raízes onde está instalada e, paralelamente, injeta uma toxina que diminui o vigor da planta infestada.

> **DICA**
> O controle biológico da pérola-da-terra com fungos entomopatogênicos teve ação eficaz em laboratório, mas ineficaz a campo. O emprego de porta-enxertos resistentes ainda não tem resultados confirmados. Porém, sabe-se que *V.rotundifolia* é imune à praga.

> **ATENÇÃO**
> Como o controle da pérola-da-terra é difícil, é imprescindível que se evite sua disseminação.

Pérola-da-terra ou Margarodes (Eurhizococcus brasiliensis Hempel*)*
Hemiptera: Margarodidae

É uma cochonilha subterrânea que infesta as raízes da videira e de diversas plantas, tanto nativas como cultivadas. É natural do sul do Brasil, sendo abundante desde o Paraná até a metade norte do Rio Grande do Sul. É conhecida também por **carrapato-da-videira**. Apresenta um ciclo vital complexo, ainda não totalmente entendido. Sabe-se que é de reprodução partenogenética facultativa, dando uma geração por ano.

O nome **pérola-da-terra** foi dado em função do aspecto da sua forma de resistência (cistos). Os cistos têm o formato semelhante a um grão de soja. Quando jovens, apresentam cor branca, tornando-se amarelados com o envelhecimento. É nesta fase que exercem o parasitismo nas raízes da videira.

Com o passar do tempo a videira definha, apresentando folhas com coloração amarelada entre as nervuras, com os bordos revirados para baixo. Essa praga dissemina-se por meio da atividade humana, sendo levada em itens que contenham os ovos ou ninfas para locais até então livres da praga. Alguns desses itens são:

- Mudas de plantas
- Calçados
- Implementos
- Ferramentas

Como ataca muitas espécies, dissemina-se e mantém-se com extrema facilidade. Parte da sua distribuição, tanto para novas áreas como dentro do perfil do solo, é feita pela **formiga doceira** ou **argentina** (*Linepithema humile* Mayr), que formam uma simbiose com as pérolas, protegendo-as em troca de suas exsudações.

Um conjunto de práticas pode minimizar o problema. Deve-se evitar o plantio em áreas sabidamente infestadas. Além disso, na instalação do vinhedo, deve-se fazer a correção de pH, de fertilidade e preparo de solo com esmero, expondo as camadas subsuperficiais do solo aos raios de Sol. Também deve-se adubar com muita matéria orgânica e, para recuperar uma área, cultivá-la por três anos com cebola ou alho macho antes de implantar o vinhedo. Não usar no preparo de solo implemento que tenha vindo de área contaminada e preferir o plantio de estacas ao de mudas enraizadas. Caso adquirir mudas, fazer um expurgo com fosfina (duas pastilhas de três g/m3 durante 3 dias) ou submergir as raízes das mudas em água a 50°C por 5 minutos. Deve-se usar porta-enxertos híbridos de *V.rotundifolia*, como o 039-16 e o 043-43.

Também deve-se utilizar adubação orgânica em detrimento da mineral e usar, na adubação verde, ervilhaca, alho macho e cravo-de-defunto, tidas como repelentes à praga. Além disso, deve-se manter o vinhedo e as áreas próximas livres de língua-de-vaca (*Chapatalia mutans* [L.] Hemsi.), umas das hospedeiras mais atacadas.

Pragas da parte aérea
Quanto às pragas da parte aérea, as espécies mais comuns são:

- Formigas cortadeiras
- Cochonilhas parda e do lenho
- Mosca-das-frutas
- Broca dos ramos
- Cigarrinha
- Besouros desfolhadores

Formigas cortadeiras (Atta spp. e Acromyrmex spp.) Hymenoptera: Formidae

Diversas espécies de formiga atacam a videira, variando conforme a região do país. No Rio Grande do Sul e em Santa Catarina, predominam as formigas ditas **quemquéns**, **mineiras** ou **de monte** (*Acromyrmex*). Nos demais Estados, predominam as **saúvas** (*Atta*).

A sociedade das formigas apresenta especialização dos indivíduos e organização interna complexa do formigueiro. Os animais não se nutrem diretamente dos tecidos cortados da planta. As partes verdes recolhidas são transportadas ao formigueiro, onde servirão de substrato para a nutrição de um fungo do qual se alimentam.

A atividade das formigas é maior em regiões de clima quente. Dentro do período do dia, costumam ser mais ativas nas horas de temperatura amena (no verão, próximo do nascer e do pôr do Sol). O controle é feito aplicando-se nos carreiros (por onde as formigas passam transportando sua carga) iscas à base de:

- Clorpirifós
- Dodecacloro
- Fipronil
- Sulfluramida

Tais produtos devem ser colocados em dias quentes e secos, evitando-se o contato com o solo, pois poderão absorver umidade e não serem carregados pelas formigas.

Dentro do formigueiro, o inseticida reage com a umidade alta do ambiente liberando um gás tóxico para o fungo que nutre as formigas. Quando for possível identificar as entradas do formigueiro, podem ser empregados formicidas em pó, insuflados diretamente para dentro dos mesmos por meio de bombas. Neste caso se empregam produtos à base de:

- Clorfenvinfós
- Deltametrina
- Diazinom
- Fenthion

> » DICA
> Não adianta matar as formigas que estão cortando a videira, pois estas serão substituídas continuamente por outros indivíduos, que assumirão seus postos, dando continuidade ao trabalho. Para eliminar o problema é necessário que se atinja a fonte de nutrição das formigas e/ou se elimine a rainha, responsável pela oviposição.

> **» ATENÇÃO**
> O parasitismo da cochonilha parda enfraquece as brotações, podendo levá-las à morte. É comum a associação com formigas doceiras que se beneficiam de suas excreções açucaradas. Quando não houver a presença de formigas, pode surgir fumagina sobre as folhas e cachos.

A aplicação deve ser feita quando o solo estiver seco, e as dosagens dos produtos variam de acordo com a marca comercial.

Cochonilha Parda (Parthenolecanium persicae Fabricius) Homoptera: Coccidae

São cochonilhas de coloração parda e que vivem agrupadas na brotação do ano da videira.

O controle é feito com a retirada dos ramos infectados quando da poda e com a aplicação de óleo mineral a 2% durante o repouso hibernal da videira. À calda pode ser adicionado um inseticida à base de Fenitrothion ou Parathion Metílico. A calda sulfocálcica também exerce um controle eficaz se aplicada no inverno em concentração de 4° Baumé.

Cochonilhas do lenho e cochonilha algodão

As cochonilhas do lenho e a cochonilha algodão são cochonilhas pequenas, de forma arredondada e de carapaça levemente convexa. Infestam os ramos velhos das parreiras, em grandes aglomerados, por vezes sob a casca do ritidoma. Na cochonilha algodão (*Icerya schrottkyi* Hempel), encontra-se a Homoptera: Margarodidae. Na cochonilha do lenho, há:

- *Duplaspidiotus tesseratus* Charmoy
- *Pseudaulacaspis pentagona* Targioni Tozzetti
- *Hemiberlesia lantaniae* Signoret) Homoptera: Diaspididae
- Cochonilha Algodão (*Icerya schrottkyi* Hempel) Homoptera: Margarodidae.

Algumas dessas espécies transmitem viroses, devendo ser controladas para evitar a disseminação dos vírus nos vinhedos. Podem ser controladas por raspagem das partes afetadas com escova de aço ou com a aplicação hibernal de óleo mineral a 2% adicionado de um inseticida, na dosagem recomendada pelo formulador, à base de:

- Diazinom
- Dimetoato
- Fenitrothion
- Fentiom
- Malatiom

Se a infestação for muito grande, podem ser feitas aplicações durante a fase estival, com os mesmos produtos, porém reduzindo a concentração do óleo mineral para 0,5%. Essas pragas também podem ser removidas das cascas das videiras com o uso de equipamentos tipo lava-jato, utilizando simplesmente água sob pressão.

Besouros desfolhadores (Maecolaspis spp.) Coleoptera: Chrysomelidae

São pequenos besouros que comem as folhas da videira deixando as nervuras. A folha fica com um aspecto semelhante a uma rede. Ocorrem, principalmente, no meio da primavera. Podem ser controlados com o emprego de inseticidas à base de:

- Deltametrina
- Fenitrothion
- Fentiom
- Triclorfom

Mosca-das-frutas (Anastrepha fraterculus Wiedemann) Diptera: Tephritidae
É a mosca-das-frutas de origem americana, sendo praga de importância econômica nos países do Conesul da América. Ocorre especialmente em uva de mesa do tipo europeia, causando uma descoloração nas bagas. As partes afetadas ficam endurecidas, e a fruta perde seu valor comercial. O controle é feito com o uso de iscas pega-moscas e tratamentos com inseticidas específicos à base de:

- Fenitrotiom
- Fenthion
- Metidatiom
- Triclorfom

A colocação dos frascos pega-moscas nas bordas do vinhedo serve para monitorar a população da praga e indicar o momento de aplicação do inseticida. Instalam-se quatro frascos/ha, contendo 25% de suco de uva ou vinagre de vinho em solução com água. Quando forem capturadas as primeiras moscas, devem ser iniciadas as aplicações tipo armadilha.

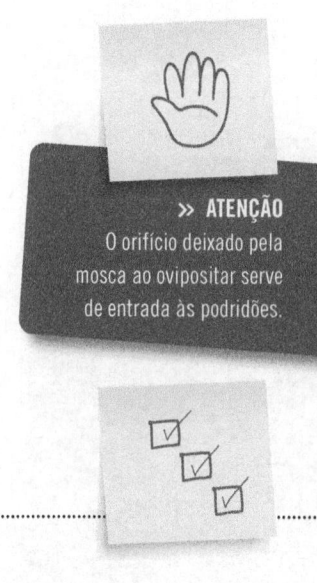

>> **ATENÇÃO**
O orifício deixado pela mosca ao ovipositar serve de entrada às podridões.

>> PROCEDIMENTO

A **aplicação tipo armadilha** é feita usando-se uma calda contendo, em cada 100 L de água, 5 L de melaço ou 5 kg de açúcar mascavo e um dos inseticidas específicos. Aplica-se na orla do vinhedo, sobre a face inferior das folhas em jato de gotas grossas.

Continuam-se usando os frascos para monitoramento. Se for atingido um nível de 3,5 moscas/frasco/semana, devem ser feitos tratamentos convencionais com inseticidas em toda a folhagem do parreiral.

Broca dos Ramos (Xylopsocus capucinus Fabricius e Paramadarus complexus Casey) Coleoptera: Curculionidae
A **espécie *Xylopsocus capucinus* fabricius** ocorre nas regiões Sul e Sudeste do Brasil. Abrem galerias longitudinais nos ramos reconhecidas pelas tiras de madeira enroladas junto ao acúmulo de gomas. O único meio de controle é a remoção e queima do material broqueado.

A **espécie *Paramadarus complexus*** Casey foi constatada no nordeste brasileiro. Ela abre galerias na madeira, onde constrói sua câmara pupal. Neste ponto, causa intumescimento do ramo e, consequentemente, interrupção da circulação da seiva, com a morte do ramo. Com os sistemas de poda sincronizados podem ser eliminadas todas as partes infectadas da planta de uma única vez, reduzindo drasticamente a população da praga.

Cigarrinha (Aethalion reticulatum L.) Homoptera: Aethalionidae
É praga ocasional da videira. Os vinhedos instalados próximos às matas são os mais infestados. O controle é feito com inseticida à base de:

- Fenitrotiom
- Fenthion
- Malatiom
- Metidatiom

Outros insetos

Vários outros insetos são encontrados nutrindo-se de partes da videira, como pragas e pragas ocasionais.

Pragas

A maioria dos insetos encontrados nutrindo-se de partes da videira raramente atinge um nível de população que cause dano econômico. Quando as pragas atingirem nível de dano econômico (nos casos em que, não havendo controle, ocorrerão prejuízos), devem ser utilizados inseticidas específicos. Dentre as espécies que podem causar dano econômico estão:

- Piolho-de-São-José (*Quadraspidiotus perniciosus* Comst.)
- Ácaro branco (*Polyphagotarsonemus latus* Banks)
- Microácaros (*Calomerus vitis* Pagenstecher e *Calepitrimerus vitis* Nalepa)
- Mandarová-da-uva (*Eumorpha vitis* L.)

A população dessas espécies deve ser monitorada visando observar se tendem a se tornar pragas ou não. Quando os níveis populacionais se mantiverem baixos, o que é normal para estas espécies, não devem ser tomadas medidas de controle, deixando-se por conta dos inimigos naturais a manutenção do equilíbrio das populações.

Pragas ocasionais

As pragas ocasionais são as vespas e as abelhas que eventualmente furam a uva madura. Não se deve eliminar tais insetos, pois fornecem alimentos e são predadores de outros insetos. Devem ser tomadas medidas de precaução, como evitar a instalação de vinhedos próximo a apiários.

Outras medidas mais duradouras seriam o enriquecimento da flora nativa com espécies perenes de floração coincidente à maturação da uva e o ensacamento dos cachos, o que é tremendamente oneroso.

>> **DICA**
Pode-se minimizar o problema das pragas ocasionais semeando uma cultura que seja atrativa às abelhas e que venha a florescer no período em que a uva esteja amadurecendo. Recomenda-se a semeadura de trigo-mourisco (*Polygonum vulgare*) ou girassol (*Helianthus annus*) escalonadamente a cada 15 dias, a partir da primeira semana de dezembro.

>> **NO SITE**
Acesse o ambiente virtual de aprendizagem para fazer atividades relacionadas ao que foi discutido neste capítulo.

>> RESUMO

Neste capítulo, discutimos a importância de medidas preventivas gerais no trato da videira, como a escolha de local com boa insolação, o desenvolvimento de um solo profundo e rico em nutrientes, a escolha de uma região propícia ao plantio, a construção de proteção do vento, a escolha de porta-enxerto adequado, o espaçamento de plantio, tratos permanentes (poda, limpeza, etc.), entre outras. Além disso, identificamos as medidas preventivas específicas, de acordo com os tipos de moléstias, pragas, distúrbios fisiológicos e acidentes meteorológicos aos quais está submetida a videira. Desse modo, podemos concluir que a posição assumida pelo viticultor – seja de prevenção, correção ou controle – garante o equilíbrio fitossanitário da videira e o aumento da segurança de cultivo do vinhedo.

capítulo 4

Manejo da videira

Em seu meio natural, a videira pode ter um grande desenvolvimento. Tudo depende do preparo da área de plantio, das técnicas de manejo da planta, das práticas de manejo do solo e das modalidades de poda adotadas a fim de assegurar a longevidade e a sustentabilidade dos vinhedos. Com relação ao preparo da área de plantio, a escolha de um sistema de condução, o qual subentende a densidade de plantio, a exposição e o manejo do dossel vegetativo, entre outros fatores, afeta o comportamento da planta, bem como a poda, cuja técnica tem uma das implicações fisiológicas mais importantes para a videira e, por conseguinte, para a vindima.

Além disso, as práticas de manejo do solo, que visam à manutenção da matéria orgânica do solo do vinhedo, levam à expressão de todo o potencial produtivo da videira, garantindo um bom estado de maturação dos frutos para fins de colheita, como veremos neste capítulo.

Objetivos deste capítulo

» Escolher o sistema de condução adequado ao plantio da videira.

» Relacionar o tipo de poda ao sistema de condução adotado.

» Compreender os diferentes tipos de técnicas de manejo da videira.

» Aplicar os sistemas e as práticas de manejo do solo.

» Aplicar as modalidades de poda de acordo com as características genéticas da cultivar e as possibilidades ambientais de cultivo.

» Identificar o estádio de maturação da uva e analisar as condições ideais de vindima.

>> Sistemas de condução

Existem muitas formas de sustentação da videira. Cada região vitícola adota um sistema que possibilite o equilíbrio buscado entre rendimento e qualidade. A escolha de um **sistema de condução** deve ser feita cuidadosamente, pois afetará de maneira definitiva a densidade de plantio, a exposição e o manejo do dossel vegetativo, e, consequentemente, todos os processos fisiológicos da videira.

A densidade de plantio pode variar de cerca de 1.000 plantas/ha até 10.000 plantas/ha. Obviamente, as menores densidades são empregadas em sistemas de condução de grande expansão vegetativa, como as latadas. As grandes densidades são utilizadas em:

- Espaldeiras baixas
- Solos pobres
- Climas frios e/ou secos

De uma maneira geral, quanto maior a densidade de plantio, menor a produção por planta, porém melhor a composição da uva. Para cada situação há uma densidade ideal. Devem ser levados em conta os seguintes aspectos:

- Quanto mais quente e úmido o clima, mais alta deve ser a planta e menor a densidade de plantio.
- Quanto mais fértil o solo, menor deve ser a densidade de plantio.
- Quanto mais vigoroso o porta-enxerto, menor deve ser a densidade de plantio.
- Quanto mais vigorosa a cultivar-copa, menor deve ser a densidade de plantio.

Um sistema de condução adequado deverá atender a alguns princípios de manejo do dossel vegetativo (Quadro 4.1).

Um modelo ideal de dossel vegetativo, visando promover altas produtividades e melhor composição dos frutos, deve apresentar determinadas características quanto ao dossel vegetativo, brotos e frutos e microclima do dossel. A seguir, veremos quais são essas características.

>> Dossel vegetativo

No dossel vegetativo, a orientação das linhas de plantio é norte-sul, pois promove uma maior e mais bem distribuída interceptação da radiação solar. A relação altura do dossel/largura entre fileiras é $\approx 1/1$, pois valores mais altos tendem a provocar sombreamento na base das fileiras adjacentes e valores mais baixos não proporcionam uma completa interceptação da radiação solar incidente.

> **Quadro 4.1 » Princípios de manejo do dossel vegetativo**
>
> **Princípios**
> - É desejável uma grande superfície foliar exposta à luz solar, e esta área foliar deverá desenvolver-se o mais rapidamente possível na primavera.
> - Os dosséis vegetativos não devem ficar tão próximos a ponto de causarem sombreamento à base dos adjacentes. Quanto a isso, dosséis verticais são preferidos, e a relação altura do dossel/largura entre fileiras não deve ser maior que 1.
> - O sombreamento do dossel deve ser evitado, especialmente na zona onde estão os cachos e onde se formarão as gemas para renovação.
> - As folhas e os frutos deverão ter um microclima tão uniforme quanto possível.
> - A repartição dos fotossintetizados entre crescimento dos brotos e desenvolvimento dos frutos deverá ser apropriada de modo a não haver área foliar em excesso ou em défice em relação ao peso de frutos.
> - O número de brotos em ativo crescimento vegetativo deverá ser limitado.
> - O arranjo dos órgãos da planta em partes restritas facilita a mecanização, isto é, extremidades dos brotos para a execução das despontas, base dos sarmentos para execução da poda seca e cachos de uva para execução da vindima.
> - O sistema de condução deverá possibilitar a existência das zonas de frutificação e renovação em alturas similares para cada indivíduo do vinhedo.

Além disso, a inclinação das paredes foliares é vertical ou próximo à vertical, pois a face inferior dos dosséis inclinados permanece sempre sombreada. A localização da zona de frutificação e renovação fica próximo ao topo do dossel, pois uma boa exposição desta área aos raios solares promove a produtividade e, em geral, a qualidade dos vinhos, ainda que possa haver um excessivo acréscimo nos teores de fenóis.

A área do dossel deve ser de ≈ 21.000 m²/ha, pois valores menores indicam incompleta interceptação dos raios solares e valores maiores estão associados a sombreamento de uma fileira sobre a outra. A relação área foliar/área do dossel é de <1,5, especialmente para sistemas de condução em posição vertical completa (espaldeiras simples).

O espaçamento entre os brotos é de ≈ 15 brotos/m, pois valores menores indicam incompleta interceptação da radiação solar e valores maiores estão associados a sombreamento. Esse valor é aplicável a sistemas em que os brotos sejam conduzidos verticalmente e pode variar de acordo com o vigor do vinhedo. A espessura do dossel fica entre 30 e 40 cm. Os dosséis devem ser tão estreitos quanto possível.

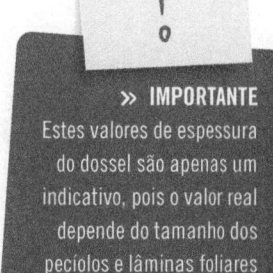

> **» IMPORTANTE**
> Estes valores de espessura do dossel são apenas um indicativo, pois o valor real depende do tamanho dos pecíolos e lâminas foliares e de sua orientação.

>> Brotos e frutos

O comprimento dos brotos é de 10 a 15 nós, aproximadamente 600 a 900 mm. Tais valores são obtidos com despontas. Brotações curtas têm área foliar insuficiente para amadurecer frutos. As brotações longas contribuem para o sombreamento do dossel e causam a elevação de pH do mosto e do vinho. O desenvolvimento de brotações laterais é limitado a um total de, no máximo, 10 brotos laterais por ramo. Excesso de brotações laterais está associado com alto vigor.

A relação área foliar/massa de uvas é próximo a 10 cm^2/g (entre 6 e 15 cm^2/g). Valores menores causam inadequada maturação e valores maiores conduzem a aumentos de pH do mosto e do vinho. Já a relação produção de frutos/área do dossel é de 1 a 1,5 kg de frutos/m^2 de área de dossel. Esse é o valor de área de dossel necessário para o amadurecimento da uva. Em climas mais quentes, pode-se aceitar valores mais altos (até 2 kg/m^2).

A relação produção de frutos/massa total de sarmentos é de 6 a 10, pois valores baixos estão associados à produtividade baixa e excesso de vigor dos brotos. Os valores altos estão associados a atraso na maturação e redução da qualidade da uva. A presença de brotos novos em desenvolvimento após o início da mudança de cor da uva não é desejada, pois são um forte dreno metabólico que exerce concorrência por nutrientes e fotossintetizados com os cachos em maturação.

A massa individual dos sarmentos no inverno é de 20 a 40 g, pois estes valores indicam vigor adequado. A área foliar está relacionada à massa de sarmentos, com 50 a 100 cm^2 de área foliar/g de massa de sarmentos. Tais valores são variáveis com a cultivar e o comprimento das brotações. Já o comprimento dos entrenós é de 6 a 8 cm, pois indicam vigor adequado. No entanto, este valor é variável com a cultivar.

A massa total de sarmentos/m de comprimento do dossel vegetativo é de 0,3 a 0,6 kg/m. Valores menores indicam que o dossel é demasiado esparso e valores maiores indicam sombreamento. Esse valor também está sujeito à variação com a cultivar e o comprimento das brotações.

>> Microclima do dossel

As características do microclima do dossel são basicamente:

- proporção de aberturas no dossel;
- número de camada de folhas;
- proporção de frutos nas camadas externas do dossel;
- proporção de folhas externas.

A proporção de aberturas no dossel é de 20 a 40%. Aberturas maiores indicam perda de radiação solar e aberturas menores indicam provável sombreamento. Já o número de camada de folhas é de 1 a 1,5, pois valores maiores estão associados a sombreamento e valores menores à incompleta interceptação da radiação solar.

A proporção de frutos nas camadas externas do dossel é de 50 a 100%, pois os frutos das camadas internas têm defeitos de composição. Além disso, a proporção de folhas externas é de 80 a 100%, pois as folhas das camadas internas causam queda de produtividade e defeitos na composição dos frutos. As características da uva a ser produzida podem variar muito em função do dossel vegetativo (Quadro 4.2).

Quadro 4.2 » Características do microclima em dosséis esparsos e densos

Característica	Dossel esparso	Dossel denso
Radiação solar	Maior parte das folhas e frutos expostos.	Maior parte das folhas e frutos sombreados.
Temperatura	Frutos e folhas mais aquecidos. À noite podem voltar à temperatura ambiente.	Frutos e folhas ficam à temperatura semelhante à ambiente.
Umidade	Frutos e folhas ficam expostos à umidade ambiente.	Dentro do dossel, tende a haver maior umidade.
Velocidade do vento	Frutos e folhas expostos à velocidade de vento semelhante à velocidade de vento ambiente.	Velocidade de ventos diminui dentro do dossel.
Evaporação	Taxas de evaporação similares à taxas de evaporação ambiente.	Taxas de evaporação menores dentro do dossel.

» Escolha do sistema de condução

Como vimos, a escolha do sistema de condução deve ser feita de forma criteriosa, uma vez que afeta a densidade de plantio, a exposição e o manejo do dossel vegetativo, e, consequentemente, todos os processos fisiológicos da videira. Os sistemas de condução podem ser em **latada** e em **espaldeira**.

» Latada

O sistema latada é conhecido também por **pérgola** ou **caramanchão**, sendo o mais difundido no Brasil. Proporciona altas produções e permite grande expansão vegetativa à planta. O sistema latada é composto por **posteação** e **aramado**. Esse sistema é empregado:

- na região da Serra Gaúcha (RS);
- no Alto Vale do Rio do Peixe (SC);
- no Vale do Rio São Francisco (BA, MG e PE);
- no Estado do Paraná e na região de Jales (SP).

Posteação

A posteação é formada por cantoneiras, com postes externos, internos e rabichos. Os postes podem ser de madeira, pedra ou concreto. As cantoneiras são constituídas por postes de 2,7 m de comprimento. Os postes externos, com um comprimento mínimo de 2,5 m, devem ser fincados em toda a extremidade do vinhedo, voltados para fora. Os rabichos são postes com 1,2 m de comprimento.

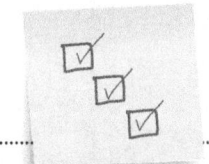

» PROCEDIMENTO

Os **rabichos** devem ser fincados, alinhadamente, a 2,0 m de distância da parte externa dos postes de cantoneira e dos postes externos, atados a estes com um cordão de três fios de arame. Isso mantém o sistema de aramado perfeitamente esticado.

Os postes internos devem ser colocados conforme a necessidade no cruzamento dos cordões secundários com a linha das fileiras das plantas. Sua função é auxiliar a sustentação do peso da produção, dos ramos e da rede da latada. Deve-se fazer uma canaleta, na parte superior dos postes internos, para apoiar o cordão secundário.

Aramado

O sistema de aramado é composto por cordões primários, secundários e fios simples, devendo-se manter os cordões a uma altura mínima de 2,0 m acima do solo. Os cordões primários são constituídos de 7 a 9 fios de arame enrolados sem pressão. Estes cordões devem ser colocados de modo a interligar os postes de cantoneira, 2 a 2, com os postes externos situados entre eles, formando duas laterais.

Os cordões secundários são constituídos por fios duplos colocados no mesmo sentido dos cordões primários e transversais ao da linha de plantio, ligando os postes externos com os internos, situados na mesma linha, 2 a 2. Os fios simples são colocados no mesmo sentido da linha de plantio. O primeiro na própria linha e os demais a cada 0,4 ou 0,5 m desta, até completar toda a área.

Os fios simples são amarrados pelas extremidades aos cordões primários e são colocados por cima dos cordões secundários, onde são atados. Os fios simples são perpendiculares aos cordões primários e secundários. Os espaçamentos recomendados nos sistemas em latada constam no Quadro 4.3.

> » **DICA**
> Recomenda-se utilizar arame ovalado 14 x 16. Atualmente, existem no mercado muitas opções em arames galvanizados especialmente desenvolvidos para a fruticultura.

Quadro 4.3 » **Espaçamentos recomendados nos sistemas em latada**

Rio Grande do Sul	• Em todas as regiões produtoras, no mínimo 2,5 m entre fileiras e 1,0 m entre plantas, podendo variar (2,5 x 1,5; 2,5 x 2,0; 2,8 x 1,5), resultando em densidades de plantio de 2.000 a 3.000 plantas/ha.
Santa Catarina	• Para todas as regiões, 3,0 m entre fileiras e 2,0 m entre plantas, resultando em densidade de plantio de 1.666 plantas/ha.
São Paulo	• Para a região noroeste do Estado, 5,0 m entre fileiras e 3,0 m entre plantas, resultando em densidade de plantio de 666 plantas/ha.
Vale do Rio São Francisco	• De 3,0 a 4,0 m entre fileiras e de 3,0 a 2,0 m entre plantas, resultando em densidades de plantio entre 700 e 1.200 plantas/ha.

A principal vantagem deste sistema de condução é a alta produtividade que proporciona. Tem como desvantagens o alto custo de implantação (grande quantidade de arame), a dificuldade de mecanização de algumas operações, a necessidade de mão de obra constante para manter a vegetação equilibrada, sob pena de haver perdas qualitativas importantes, e a exposição do viticultor aos produtos fitossanitários.

» Espaldeira

A espaldeira é um sistema de condução no qual a ramagem e a produção da videira ficam expostas de forma vertical. Sua construção é semelhante a uma cerca e mais simples do que a latada. A espaldeira é empregada nas regiões:

- da Campanha e do Alto Camaquã (RS);
- de Jundiaí e São Roque (SP);
- de Andradas e Caldas (MG).

O sistema espaldeira emprega 3 a 4 fios de arame, sendo o primeiro colocado a, no mínimo, 1,0 m do solo e os demais a cada 0,35 m. A posteação é feita individualmente para cada fileira. A distância entre os postes é de 5 a 6 m, e os postes das extremidades devem estar presos a rabichos para que os fios permaneçam bem estendidos, conforme a Figura 4.1.

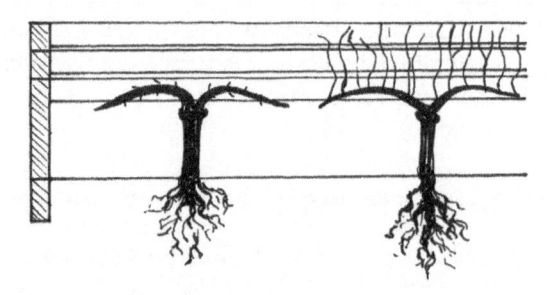

>> **NO SITE**
No ambiente virtual de aprendizagem Tekne (**www.bookman.com.br/tekne**) você encontra uma apresentação em PowerPoint® com todas as imagens do livro.

Figura 4.1 Sistema de condução em espaldeira com dois conjuntos de fios duplos.

Os espaçamentos adotados nas espaldeiras em São Paulo são de 2,0 m entre fileiras e 1,0 m entre plantas, resultando em uma densidade de plantio de 5.000 plantas/ha. Já no Rio Grande do Sul, os espaçamentos adotados nas espaldeiras variam entre 3,0 e 3,5 m entre fileiras e de 1,5 a 2,5 m entre plantas, resultando em densidades de plantio de 2.222 a 2.666 plantas/ha.

As vantagens da espaldeira são o baixo custo e a facilidade de implantação. Esse sistema também torna mais fáceis as operações mecanizadas, sendo possível inclusive fazer a poda e a colheita da uva com máquinas. Apresenta a desvantagem da baixa produtividade, que, entretanto, leva a uma graduação de açúcar um pouco superior à latada. Outra desvantagem é o fato das uvas ficarem mais expostas ao ataque de pássaros.

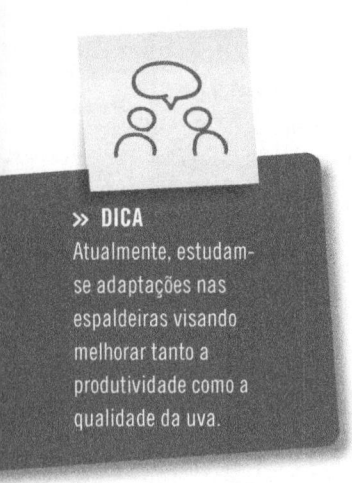

>> **DICA**
Atualmente, estudam-se adaptações nas espaldeiras visando melhorar tanto a produtividade como a qualidade da uva.

>> Poda

A poda é a remoção de partes da planta que afetam seu comportamento fisiológico. Desse modo, a retirada de madeira morta não seria considerado poda. A remoção de partes ou do todo de inflorescências ou cachos é chamada de **raleio** ou **desbaste**, constituindo-se em um tipo especial de poda.

A poda está sempre ligada à condução da planta e subordinada ao sistema de condução adotado. De todas as técnicas culturais, a poda é a que tem implicações fisiológicas mais importantes, pois condiciona:

- A forma, as dimensões, o equilíbrio e a longevidade das cepas.
- A superfície foliar e o vigor.
- O volume e a qualidade da vindima.

» Propósitos da poda

O propósito principal da poda é ajudar a estabelecer e manter a videira em uma forma que torne fácil o trabalho e as operações a serem executadas no vinhedo, como:

- Cultivo
- Controle de moléstias e pragas
- Raleios e colheita

Outros propósitos são:

- Distribuir o lenho fértil na videira, dentre as videiras e ano a ano de acordo com a capacidade produtiva dos esporões e varas, de modo a equilibrar a produção e obter médias de colheita altas de uvas de qualidade.
- Diminuir ou eliminar a necessidade de raleios para controlar a carga de frutos, pois a poda é o meio mais barato de se obter tal efeito.

» Princípios da poda

Com relação à videira, os princípios da poda a serem levados em conta são:

- Efeito depressor
- Redução da produção
- Capacidade
- Vigor dos brotos
- Fertilidade
- Vara
- Nutrição e maturação

Efeito depressor

A poda tem um efeito depressor na videira. A remoção de partes vegetativas vivas em qualquer momento diminui a capacidade ou a habilidade produtiva total da videira. A capacidade é fortemente determinada pelo número, tamanho e qua-

> **IMPORTANTE**
> Para o viticultor, a poda concentra as atividades da videira nas partes que permanecem na planta, porém reduz o potencial (a capacidade) total de produção. Uma boa poda deve maximizar o primeiro efeito e minimizar, tanto quanto possível, o segundo.

lidade de folhas e duração do tempo em que estas permanecem ativas. A poda seca:

- Reduz o número total de folhas que serão formadas durante a estação de crescimento seguinte.
- Reduz o número de brotos.
- Atrasa a formação de uma área foliar principal para até o verão.

A poda seca reduz tanto a área foliar total como o período ativo das folhas. Em consequência, menor quantidade de carboidrato (açúcar e, posteriormente, amido) será formada, e o total disponível para a nutrição de raízes, de ramos, de flores e de frutos será menor.

Redução da produção

A produção de uva reduz a capacidade da videira para o(s) próximo(s) ano(s). É sabido que a videira que produz uma colheita abundante em um ano tem um crescimento vegetativo menos vigoroso naquele ano e tende a ter uma menor quantidade de frutos na safra seguinte. Esse efeito explica, em parte, as oscilações de safra que ocorrem na Serra Gaúcha, por exemplo. Entretanto, é difícil separar, em condições de campo, os efeitos de:

- Ano meteorológico
- Carga de frutas
- Poda

Capacidade

A capacidade de uma videira é diretamente proporcional ao número de brotos que ela desenvolve. A área foliar total, e não a taxa de elongação dos ramos, determina a capacidade. Uma videira severamente podada, ficando com poucos brotos que cresçam rapidamente, parecerá vigorosa. No entanto, será superada em produção por outra videira que tenha numerosos brotos de crescimento lento, aparentando pouco vigor, porém tendo uma área foliar ativa maior.

Vigor dos brotos

O vigor dos brotos de uma videira é inversamente proporcional ao seu número e à quantidade de frutos. Quanto menos brotos e quanto menos uva, maior será o vigor dos brotos remanescentes, sendo mais rápido o seu crescimento.

> **IMPORTANTE**
> O vigor dos brotos é fundamental quando se tratam de videiras em formação, quando o objetivo é o desenvolvimento de um único, forte e vigoroso broto que virá a ser o tronco da planta.

De uma maneira mais ampla, esse princípio se aplica aos braços e às frutas da videira adulta. Quanto menos braços, mais vigorosos estes serão. Para a obtenção de cachos grandes, deve-se limitar seu número. Se desejar bagas grandes, deve-se limitar seu número no cacho.

Fertilidade

A fertilidade de uma videira, dentro de limites, é inversamente proporcinal ao vigor dos brotos. Na prática vitícola, há um limite de vigor dentro do qual a videira é mais fértil. Se o vigor for deficiente ou excessivo, haverá alterações no metabolismo que induzirão a videira a uma menor produtividade.

Videiras débeis (de pouco vigor) por qualquer motivo (poda incorreta, falta de água, falta de nutrientes, infecção por moléstias e pragas) produzirão safras pequenas e de baixa qualidade. Videiras vigorosas devido à supernutrição em água ou nutrientes ou poda que tenha deixado poucos brotos produzirão, igualmente, safras de menor quantidade e qualidade.

Vara
Uma vara longa, um ramo longo ou videira grande pode produzir mais do que uma pequena e, portanto, deveria manter mais gemas após a poda. Deste modo, ao executar a poda, uma vara longa que vai ser deixada em esporão poderá comportar um esporão maior do que o proveniente de uma vara menor.

Nutrição e maturação
Uma dada videira em uma dada estação pode nutrir propriamente e amadurecer apenas uma limitada quantidade de frutas; sua capacidade é limitada por sua história e seu ambiente. Dentro de certos limites, a data de maturação da uva é dada pelo acúmulo de graus/dia e não pode ser antecipada pela retirada de frutas.

Aumentos de carga ainda maiores levam a uma maturação incompleta (uva com pouco açúcar e muita acidez), formação de bagas de água, secamento da ponta dos cachos, redução do crescimento dos ramos e pouca formação de gemas férteis. Esta última alteração afetará a produção do ano seguinte.

> **» ATENÇÃO**
> O máximo de uva que uma videira pode amadurecer, sem atrasar a maturação, é um indicativo de sua capacidade de produção, sendo esta quantidade a sua produção normal. À medida que a carga de frutas aumenta, a maturação atrasa.

» Elementos da poda

De acordo com a posição no ramo, as gemas da videira podem ser classificadas em cinco tipos. A Figura 4.2 indica os tipos de gemas e o Quadro 4.4 apresenta a classificação delas.

A localização das gemas condiciona o tipo de poda. As partes que ficam após a execução da poda recebem nomes específicos, como **varas de produção** e **esporões** (ver Figura 4.3).

» Tipos de poda

Quanto ao tamanho dos elementos de frutificação, a poda pode ser classificada em:

- Poda curta
- Poda longa

> **» DEFINIÇÃO**
> As **varas de produção** são os ramos deixados após a poda com três ou mais gemas, normalmente tendo de 6 a 8. Os **esporões** são os ramos deixados após a poda com 1 ou 2 gemas. Eventualmente, podem ser deixados esporões de 3 ou 4 gemas (Figura 4.3).

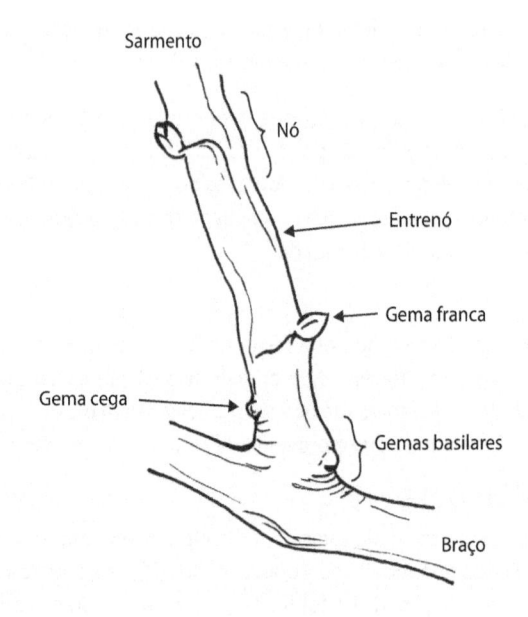

Figura 4.2 Tipos de gemas.

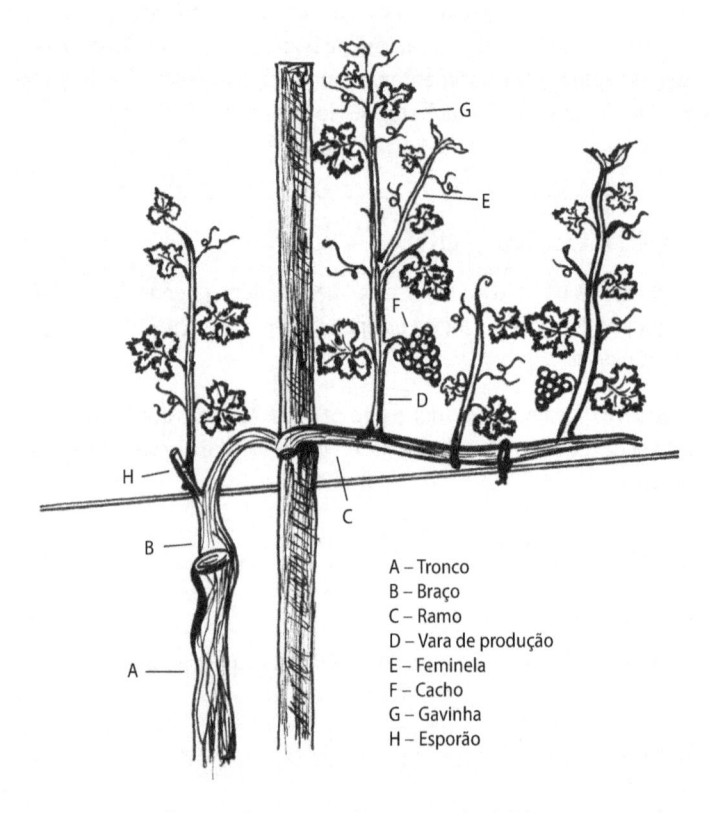

A – Tronco
B – Braço
C – Ramo
D – Vara de produção
E – Feminela
F – Cacho
G – Gavinha
H – Esporão

Figura 4.3 Identificação das partes dos ramos da videira para a poda.

Quadro 4.4 » Classificação das gemas

Gemas prontas	• Formadas na primavera e verão, podem dar origem à brotação chamada **feminela** (neto, ramo antecipado, lateral). Podem ser estéreis, pouco ou muito férteis, dependendo da cultivar.
Gemas francas ou axilares	• Formadas nas bases das gemas prontas, junto à inserção do pecíolo. Não brotam no ano em que se formam, transformando-se durante o ciclo vegetativo, tornando-se férteis ou não durante a primavera. Durante a brotação, são inibidas pela formação de hormônios dos brotos apicais. Podem ser muito férteis tanto nas cultivares finas como nas americanas.
Gemas latentes	• Pouco desenvolvidas, situadas na madeira velha, cobertas por sucessivas camadas de tecido de proteção. Se brotarem, originarão ramos estéreis. Essa brotação somente ocorre se for feita uma poda drástica, ou se ocorrer dano por geada que destrua as demais gemas, ou ainda quando há problemas de circulação de seiva.
Gemas basilares, ou da copa, ou casqueiras	• Conjunto de gemas não bem diferenciadas situadas na base do ramo, na inserção com a madeira velha. Brotam quando se faz poda curta, ou quando se aplica Cianamida Hidrogenada (Dormex), ou ainda se houver algum problema que impeça a brotação das demais gemas. Normalmente férteis nas cultivares comuns e estéreis nas finas.
Gemas cegas	• São gemas basilares mais desenvolvidas. São férteis nas cultivares comuns e pouco férteis nas finas.

- Poda mista
- Poda rasa

Poda curta

A poda curta apresenta algumas vantagens como a ser de mais fácil execução e proporcionar uma brotação uniforme. Além disso, não causa cortes em madeira de mais de dois anos, o que, em termos de sanidade da planta, é melhor. Não requer arqueamento ou amarrio, salvo no ano em que se está formando o cordão esporonado.

Esse tipo de poda permite a possibilidade de ter uma cepa com mais reservas no tronco e evita a possibilidade de excesso de brotos por área, no caso de cepas muito vigorosas. Além disso, permite a realização de pré-poda e poda mecanizada. A poda curta apresenta algumas desvantagens como, por exemplo:

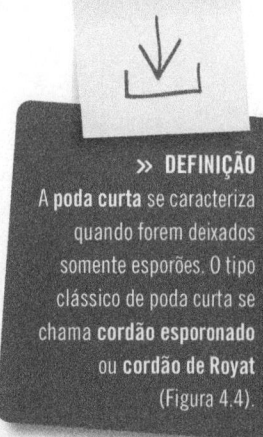

> » **DEFINIÇÃO**
> A **poda curta** se caracteriza quando forem deixados somente esporões. O tipo clássico de poda curta se chama **cordão esporonado** ou **cordão de Royat** (Figura 4.4).

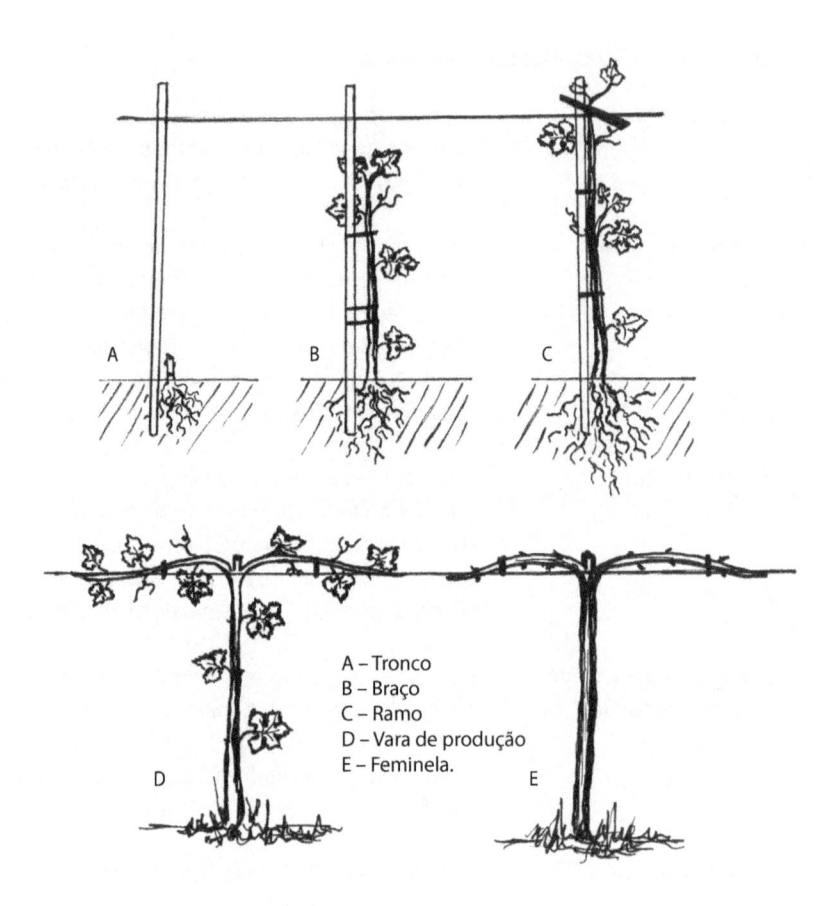

Figura 4.4 Sistema de poda curta (cordão esporonado ou de Royat).

A – Tronco
B – Braço
C – Ramo
D – Vara de produção
E – Feminela.

- Não se adapta a todas as cultivares (como as que tenham as gemas basais inférteis como Itália e outras).
- Leva mais tempo até a formação completa da planta.
- Requer um bom controle das moléstias que afetam o lenho.

Poda longa

Normalmente, a poda longa se emprega quando as cultivares exploradas têm as gemas da base inférteis ou pouco férteis (grande maioria das cultivares). Também se usa em cultivares sujeitas à moléstia fisiológica da "filagem", pois se consegue uma diminuição do vigor individual dos brotos, que é uma das causas desse mal.

A poda longa tem como principal vantagem a possibilidade de grandes colheitas. No entanto, tem as desvantagens de necessitar arqueio e amarrio dos ramos. Além disso, a brotação é menos uniforme e frequentemente incompleta. É difícil manter uma videira podada em poda longa por muito tempo. Esse tipo de poda foi praticamente abandonado.

>> **DEFINIÇÃO**
A **poda longa** se caracteriza quando forem deixadas somente varas de produção.

Poda mista

Nesse tipo de poda (ver Figura 4.5), são deixados esporões para a produção de lenho para a safra seguinte e varas que visam à produção de uva da estação. A modalidade mais conhecida é a poda Guyot, em que para cada vara de produção é deixado um esporão.

Poda rasa

Na poda rasa, os cortes são feitos rasos, deixando-se apenas a madeira velha. A brotação se dará à partir de gemas "casqueiras" que dão origem a vários brotos por gema. A única vantagem desse sistema é a facilidade de sua execução. A maior desvantagem é que, por emergirem vários brotos em cada ponto, é necessário uma desbrota (poda verde) enérgica. Quanto à quantidade de elementos deixados (carga de gemas), a poda poderá ser:

- Poda rica – quando se deixarem, após a poda, mais de 100 mil gemas por hectare.
- Poda média – quando se deixarem, após a poda, entre 50 mil gemas e 100 mil gemas por hectare.
- Poda pobre – quando se deixarem, após a poda, menos de 50 mil gemas por hectare.

>> **DEFINIÇÃO**
A **poda mista** se caracteriza quando forem deixados esporões e varas de produção (Figura 4.5). É o tipo de poda mais praticado.

>> **DEFINIÇÃO**
A **poda rasa** é o tipo de poda em que, aparentemente, não são deixadas gemas nos elementos da poda.

>> **CURIOSIDADE**
A poda rasa é praticada na região sul do Brasil na cv. Isabel, na qual tais gemas são suficientemente férteis.

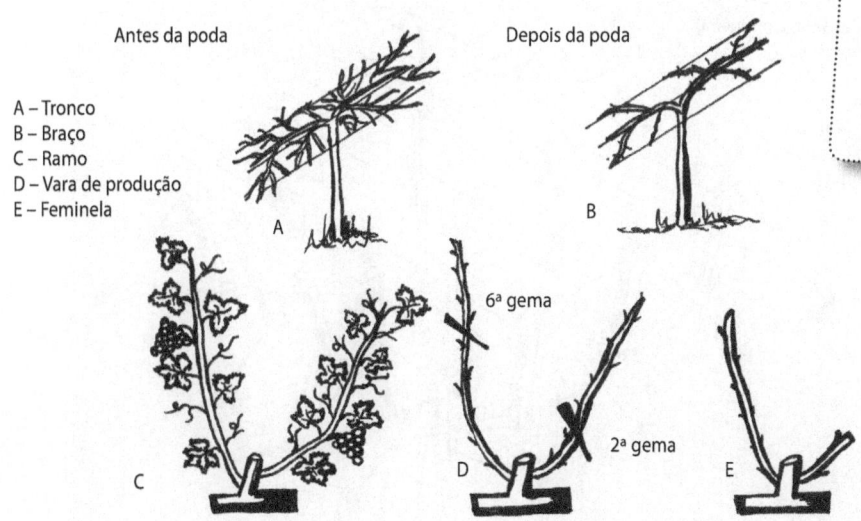

A – Tronco
B – Braço
C – Ramo
D – Vara de produção
E – Feminela

Figura 4.5 Sistema de poda mista.

» Modalidades de poda

As modalidades de poda podem ser divididas em:

- Poda seca
- Poda verde
- Podas especiais

Poda seca

A poda seca é realizada quando a videira se encontra em dormência. Também chamada de **poda de inverno**, classificada em **poda de formação** e **poda de produção**.

Poda de formação

A poda de formação da videira é feita visando favorecer o desenvolvimento do tronco e dos braços primários da planta, conforme Figura 4.6.

Esse tipo de poda consiste na eliminação de todos os cachos de uva que porventura existam, bem como de todos os brotos em excesso, deixando somente um broto (o mais bem posicionado e/ou de maior vigor). Este deve ser amarrado a um tutor à medida que cresce. Ao atingir a altura do arame do sistema de condução, deve ser decepado de 15 cm a 20 cm abaixo do arame. Isso irá favorecer a brotação de gemas laterais que formarão os futuros braços e ramos de produção. No inverno seguinte, as videiras cujos brotos não tenham atingido o arame devem ser podadas, deixando-se duas gemas apenas. A brotação será novamente conduzida ao arame, conforme descrito.

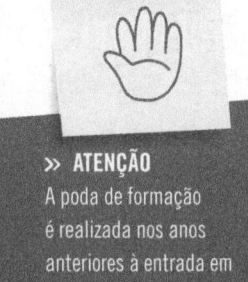

> **» ATENÇÃO**
> A poda de formação é realizada nos anos anteriores à entrada em produção das videiras. É feita visando dar simetria à planta e prepará-la para produzir. Busca-se um desenvolvimento do sistema radicular equilibrado e a formação de uma estrutura que permita produzir de forma estável.

A – Poste de canto (cantoneira)
B – Postes externos
C – Rabicho
D – Poste interno
E – Cordão principal
F – Cordão secundário
G – Fios simples

Figura 4.6 Poda de formação.

Poda de produção

A **poda de produção** é feita quando a planta já atingiu um determinado desenvolvimento e iniciou a produção de frutos. É feita anualmente, no inverno, antes que as plantas tenham iniciado a brotação. Nas regiões tropicais do país, essa poda pode ser praticada em qualquer época, visando ao escalonamento da produção. Os principais objetivos de uma boa poda de produção são:

• Regular a estrutura produtiva visando à obtenção de produtividade satisfatória com boa qualidade.
• Evitar a dominância apical (acrotonia) por meio da redução do número de gemas por elemento de produção deixado.
• Estabelecer e manter a videira sob uma forma que facilite as operações no vinhedo.

Os princípios que regem a poda de produção são similares aos que regem a poda como um todo (Quadro 4.5).

A poda no ano seguinte consistirá na eliminação das varas que produziram e na seleção, a partir da brotação originária dos esporões, da nova vara e do novo esporão.

> **» DICA**
> Normalmente, nas condições do sul do Brasil, em latadas de espaçamento 2,5 m x 1,5 m, são deixadas seis varas de produção (com 6 a 7 gemas cada) e de 6 a 12 esporões (com até duas gemas cada) por planta. Para que haja uma conveniente distribuição do dossel após a brotação, as varas deverão ficar distanciadas entre si em, no mínimo, 50 cm.

Quadro 4.5 » Princípios que regem a poda de produção

Princípios	• A videira frutifica, normalmente, em brotos do ano que nascem de sarmentos do ano anterior. • O sarmento que proporcionou uma vara frutífera não produz mais e, por conseguinte, deve ser substituído por outro que ainda não tenha frutificado. • A frutificação é, em geral, inversamente proporcional ao vigor. • O vigor individual dos sarmentos de uma planta está em relação inversa ao seu número. • Quanto mais se aproxima da vertical a posição do sarmento, maior o seu vigor. • A produção de frutos diminui a capacidade da cepa. Uma planta somente tem condições de nutrir e maturar de forma eficaz uma determinada quantidade de frutos. • Os sarmentos que nascem afastados do tronco são, em igualdade de condições, os mais vigorosos. • O tamanho e o peso dos cachos, em igualdade de condições varietais de solo, clima, poda, etc., aumentam quando se reduz a quantidade dos mesmos, o que ocorre imediatamente depois do pegamento dos frutos. • Qualquer que seja o sistema de poda aplicado, o viticultor deverá vigiar que a futura massa foliar e cachos se encontrem nas melhores condições de aeração, calor e luminosidade. • Para continuar um braço, se elegerá o sarmento mais baixo e mais próximo da base.

> **DICA**
> Nos locais sujeitos às geadas, convém retardar a poda, visando evitar que a brotação seja atingida pelos danos da geada. Na região da Serra Gaúcha, obtém-se melhor brotação e maior produtividade em videiras podadas no período imediatamente anterior à entrada em brotação.

> **CURIOSIDADE**
> Com relação à fase da Lua, não há estudos que mostrem uma clara influência. Entretanto, os viticultores gaúchos nunca podam durante a Lua Nova, tendo preferência pela poda na Lua Minguante do mês de agosto.

A brotação mais próxima da base do ramo será podada curta (esporão) e a brotação imediatamente seguinte ao esporão será podada longa (vara de produção).

Época de poda
Com exceção das regiões tropicais brasileiras, onde a poda pode ser feita em qualquer época do ano, a poda é realizada no inverno. Na região sul-brasileira, a poda é feita em julho, agosto e, eventualmente, início de setembro. O viticultor faz a poda quando as gemas estão inchadas e já há o fenômeno de "choro" da videira.

Quanto mais cedo, no período de dormência, se fizer a poda, mais precoce será a brotação. Isso pode ser benéfico nos locais onde se vise precocidade de maturação da uva. Entretanto, a diferença na data de brotação entre videiras podadas cedo ou no período normal, em geral, é pequena, não sendo maior do que 10 dias.

Fatores de escolha do sistema de poda
A escolha do sistema de poda depende de fatores como:

- Cultivar
- Condições de clima e solo
- Aspectos fitossanitários
- Vigor da planta
- Carga de ruptura (produtividade desejada)

Cultivar
Cada cultivar de videira tem características próprias de fertilidade das gemas, sendo várias estéreis nas gemas da base, conforme indica o Quadro 4.6. O aparecimento de cachos, com maior frequência nos ramos originados das gemas da parte mediana do sarmento, indica que uma cultivar necessita poda com varas longas.

Por outro lado, se for verificado que os cachos se situam, em maior quantidade, nos ramos originados das brotações da base, isso indica que poderá ser feita uma poda curta. Nos casos em que se possa podar tanto curto como longo, se optará pelo sistema que seja de mais fácil e cômoda execução, com economia de mão de obra.

Condições de clima e solo
As condições edafoclimáticas agem sobre a manifestação do vigor da videira. Assim, solos férteis e climas quentes e úmidos induzem a um maior vigor, o qual pode ser ajustado por meio da poda. Por exemplo, uma planta que emite muitas varas finas e curtas indica que está sobrecarregada, devendo ser feita uma poda pobre no próximo ciclo. Ao contrário, tendo poucas e grossas varas, significa que está necessitando uma poda mais rica.

Aspectos fitossanitários
Excesso de enfolhamento pode causar um aumento na incidência de moléstias fúngicas. Cultivares muito vigorosas e suscetíveis a moléstias devem ter uma poda que possibilite um bom espaçamento entre as varas para evitar sobreposição da

Quadro 4.6 » **Tipo de poda recomendado por cultivar**

Cultivar	Tipo de poda
Cabernet Franc	Poda mista pobre ou rica
Cabernet Sauvignon	Poda mista pobre ou rica
Concord	Poda mista pobre ou rica
13 Couderc	Poda curta, com esporão
Dona Zilá	Poda curta, com esporão
Isabel	Poda curta ou poda mista pobre, ou curta sem esporão
Ives (Bordô)	Poda curta ou poda mista pobre, ou curta sem esporão
Merlot	Poda mista pobre ou rica
Itália e Itália Rubi	Poda mista rica
Moscato Bailey A	Poda curta, com esporão ou poda mista pobre ou rica
Moscato Branco	Poda mista pobre ou rica
Niágara Branca e Rosada	Poda mista pobre ou rica, ou curta com esporão
Riesling Itálico	Poda mista pobre ou rica
Seibel 2	Poda curta, sem esporão
Seibel 1077 (Couderc preta)	Poda curta, sem esporão
Seyve Villard 5276 (Seyval)	Poda curta
Trebbiano	Poda mista pobre ou rica
Vênus	Poda curta, com esporão
Villenave	Poda curta, com esporão

folhagem. Durante a poda seca, aproveita-se para realizar a retirada de ramos com cancros e lesões devidos a moléstias e/ou granizo, pois nestes há grande quantidade de estruturas de reprodução dos fungos.

Vigor da planta

Deve-se levar em conta o vigor da videira a ser podada, pois a frutificação e o crescimento vegetativo estão relacionados com o teor de carboidratos e nitrogênio disponível na planta e/ou no ramo. Para cultivares vigorosas (em geral menos produtivas), é necessário que se adotem práticas devigorantes, como porta-enxertos débeis e uma poda mais rica (Quadro 4.7). No entanto, não se pode deixar um número muito alto de gemas, pois há o risco de se provocar sombreamento do dossel. Para uvas finas de mesa, o ideal é que fiquem 5 ramos/m^2.

Quadro 4.7 » **Relação entre vigor da videira e/ou do ramo com a produtividade e crescimento vegetativo**

Vigor da videira e/ou do ramo	Características da videira e/ou do ramo	Consequências
• Alto vigor. • Teor moderado de carboidratos e teor alto de nitrogênio.	• Ciclo vegetativo longo. • Folhas grandes. • Ramos grossos com entrenós longos. • Maturação tardia dos ramos.	• Pouca ou nenhuma formação de gemas frutíferas. • Baixo índice de brotação. • Aborto das flores. • Baixa produtividade. • Crescimento vegetativo vigoroso.
• Médio vigor. • Teor alto de carboidratos e teor moderado de nitrogênio.	• Ciclo vegetativo médio. • Folhas de tamanho normal. • Ramos de diâmetro mediano, com entrenós de comprimento mediano. • Boa maturação do ramo.	• Formação abundante de gemas frutíferas. • Elevado índice de brotação. • Elevada produtividade. • Crescimento vegetativo moderado.
• Baixo vigor. • Teor muito alto de carboidratos e teor moderado de nitrogênio.	• Ciclo vegetativo curto. • Crescimento vegetativo fraco. • Folhas pequenas e de cor amarelada. • Ramos finos com entrenós curtos. • Maturação precoce do ramo.	• Formação muito limitada de gemas frutíferas. • Produção muito limitada. • Cachos pequenos. • Crescimento vegetativo fraco.

O vigor das videiras pode ser avaliado por ocasião da poda, servindo de indicador de quanta carga a planta comporta para a safra seguinte, conforme Quadro 4.8.

Quadro 4.8 » Índices ótimos da poda

Parâmetro	Índices ótimos
Superfície foliar total m^2/superfície foliar exposta m^2	1,5 a 2,5
Superfície foliar total m^2/kg de cachos	1 a 1,5
Kg de cachos/kg de lenho na poda de inverno	5 a 12 (ideal 7 a 8)

Carga de ruptura (produtividade desejada)

Em cada ecossistema vitícola, as videiras comportam um determinado número de gemas ideal para a qualidade da uva. Esse valor é chamado de **carga de ruptura**. Um ponto crucial é estabelecer a carga de ruptura, ou seja, o peso de uva compatível com o modelo qualitativo posto como objetivo. O nível elevado de qualidade exige um máximo de uva por planta entre 1 e 3 kg, em que os valores mais baixos se referem aos vinhos tintos e os mais altos aos vinhos brancos.

Em condições de climas quentes, sem restrição hídrica e com sistemas de condução que permitem grande expansão da copa da videira, os valores são bem maiores. Na maior parte dos casos, nos vinhedos gaúchos, cada planta individualmente produz até 15 ou mesmo 20 kg. Calcula-se a carga de ruptura da seguinte forma:

Número de gemas/planta = (Pmax/planta)/(F × pmc),

onde

- pmax/planta = carga máxima por planta, em kg (carga de ruptura) para o nível de qualidade desejado;
- F = fertilidade média das gemas (número de cachos por gema);
- pmc = peso médio do cacho, em kg (variável com a cultivar, clone, ecossistema e técnicas culturais aplicadas).

Poda verde

A poda verde se refere às operações realizadas durante o ciclo vegetativo, no tecido em estado herbáceo. Consiste na eliminação do total ou parte de gemas, brotos, folhas, flores, cachos e bagas da videira. Serão consideradas, para efeitos de estudo, somente as práticas que incidem sobre órgãos vegetativos (brotos e folhas), sendo as demais abordadas como práticas de manejo da videira.

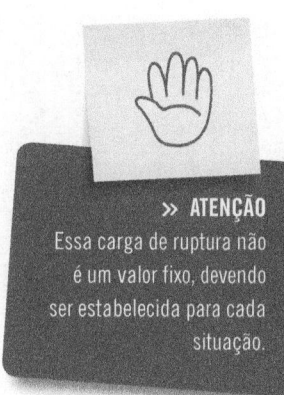

» **ATENÇÃO**
Essa carga de ruptura não é um valor fixo, devendo ser estabelecida para cada situação.

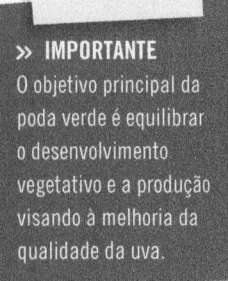

>> **IMPORTANTE**
O objetivo principal da poda verde é equilibrar o desenvolvimento vegetativo e a produção visando à melhoria da qualidade da uva.

A poda verde é feita com diversas finalidades e de vários modos. Emprega-se para complementar a poda seca durante a formação da planta, para facilitar a penetração de luz, de ar e de calor, para garantir a fecundação das flores, para diminuir a incidência de moléstias e para economizar fungicidas. Alguns princípios devem ser levados em conta na execução da poda verde:

- O crescimento e a atividade vegetativa dependem do número de folhas completamente desenvolvidas.
- Folhas expostas ao Sol elaboram mais que as localizadas à sombra.
- Climas secos e quentes em pleno verão favorecem as folhas à sombra.
- O desenvolvimento dos ramos é inversamente proporcional ao seu número.
- A atividade vegetativa dos ramos está diretamente relacionada com sua posição na planta.
- O crescimento do ramo tem relação direta com sua orientação.
- O desenvolvimento dos cachos é inversamente proporcional ao seu número.

Desbrota
A desbrota consiste na eliminação de ramos ladrões desnecessários à poda seca do ano seguinte, dos ramos estéreis (o que deve ser feito após a floração) e de parte dos ramos frutíferos, deixando-se 1 ou 2 brotos por nó (no caso de Isabel conduzida em poda rasa). Neste caso, uma melhoria qualitativa da uva ocorre desde que o procedimento seja repetido anualmente.

Associado à melhoria, ocorre, porém, uma redução de produtividade. É feito também, associado a essa prática, o **desnetamento**, que é a retirada de brotos nascidos nas axilas das folhas. Em outras cultivares (que não seja a Isabel) ou em outros sistemas de poda (que não seja a poda rasa), pode ocorrer a brotação de mais de uma gema por nó.

Neste caso, devem ser retiradas as brotações em excesso enquanto ainda jovens (com menos de 15 cm de comprimento), ficando somente um broto. Também devem ser retirados os primeiros brotos que surgem nas axilas das folhas basais, pois estes são inférteis e impedem a melhor aeração e luminosidade dos cachos.

Desponta
A desponta é a supressão das extremidades dos ramos. Este procedimento visa diminuir a dominância apical a fim de favorecer a maturação das gemas basais, equilibrar a vegetação, aumentar o peso médio dos cachos e a qualidade da uva.

Ela pode ser feita antes e após a floração, sendo que as despontas precoces favorecem a brotação das feminelas. Em cultivares vigorosas, efetua-se o primeiro desponte alguns dias antes da floração para obter maior pegamento de frutos. Nos **ramos ladrões**, caso sejam necessários à poda seca do ano seguinte, se faz a desponta para aumentá-los em diâmetro.

Nos ramos frutíferos, pratica-se a desponta visando que o movimento dos fotossintetizados seja em direção aos cachos e não seja consumido em crescimento vegetativo. Para ter o melhor efeito, a desponta deve ser feita durante o estádio de início de maturação das bagas, pois nesta fase haverá pouca ou nenhuma brotação de feminelas (gemas axilares). Devem ser deixadas pelo menos oito folhas além do último cacho.

A desponta também serve como maneira de permitir uma entrada de Sol e circulação de ar em vinhedos conduzidos em latada.

Desfolha

A desfolha visa equilibrar a relação folha/fruto. É executada quando a vegetação da videira for muito densa, prejudicando a aeração e a insolação dos frutos, bem como dificultando os tratos fitossanitários. Devem ser retiradas as folhas que encobrem os cachos, tendo-se o cuidado de não retirar mais do que 50% delas. Uma desfolha exagerada compromete o vigor e a futura produtividade da planta. Essa prática deve ser feita entre 15 e 25 dias antes da colheita.

Eliminação de gavinhas e desnetamento

A eliminação de gavinhas e desnetamento é praticada nas latadas de uva de mesa nas regiões tropicais do Brasil. Deve ser feita antes do florescimento, pois as gavinhas são as primeiras estruturas a lignificarem, ficando difícil a execução desta prática pouco tempo após. Visa facilitar a condução das plantas. Nessa mesma ocasião é feito o desnetamento (retirada de brotos ditos netos ou feminelas).

Podas especiais

Há alguns tipos de podas especiais de acordo com a situação:

- poda em videiras atingidas por granizo ou geada;
- poda para atrasar a brotação (sistema de pré-poda);
- segunda poda para produção de uva tardia.

Poda em videiras atingidas por granizo ou geada

Nas videiras atingidas por granizo antes da floração, deve ser feita uma poda encurtando os ramos, eliminando as áreas lesionadas. Com isso se obterá uma nova brotação com uma pequena safra de uva e uma formação de lenho boa para a safra seguinte. Quando a saraiva ocorrer mais de 30 dias após a floração, dificilmente se conseguirão tais objetivos, pois o período vegetativo restante será demasiado curto para um crescimento e maturação regular dos sarmentos.

Poda para atrasar a brotação (sistema de pré-poda)

Retardar a brotação visa duas finalidades principais: escapar do risco de geadas na primavera e atrasar a maturação da uva. O atraso na brotação pode ser obtido esperando-se para executar a poda quando as videiras já tenham iniciado a brotação, mas ainda não tenham brotos maiores do que 5 cm de comprimento. Em

>> **DICA**
Nas videiras em que a geada atingir a brotação, recomenda-se podar imediatamente acima da última gema que tenha permanecido funcional, no caso das varas de produção. Nos esporões, poda-se deixando somente a gema basal.

>> **ATENÇÃO**
A nova brotação, que virá das gemas que ainda não estavam abertas quando foi feita a poda, demorará mais alguns dias a surgir. Dependendo das condições climáticas, ocorre um atraso de até 15 dias na data da brotação. O atraso na data da colheita será menor do que os 15 dias.

tal situação, as perdas serão poucas com a eliminação de partes da planta já em vegetação.

Entretanto, em vinhedos grandes, é praticamente impossível realizar a poda enquanto os brotos ainda permaneçam no tamanho ideal. Para evitar tal inconveniente, deve-se adotar um sistema de pré-poda. Eliminam-se, precocemente, todos os sarmentos que não serão utilizados na poda. Podam-se as pontas de todas as futuras varas e esporões, deixando-os com 12 ou mais gemas.

Ao chegar a primavera, o vinhedo assim conduzido deverá iniciar a brotação alguns dias após os podados pelo sistema normal, iniciando pelas gemas das extremidades das varas. Então, quando estes brotos estiverem com 3 cm a 5 cm de comprimento, realiza-se a poda de acordo com o sistema planejado, do mesmo modo que seria feita na época normal.

Segunda poda para produção de uva tardia

Essa segunda poda pode ser praticada somente em cultivares vigorosas. O objetivo é a produção de uva tardia (fora de sua época normal de maturação). Para a Isabel, em condições da Serra Gaúcha, seguem-se as indicações no Quadro 4.9.

Quadro 4.9 » **Indicações para a Isabel, em condições da Serra Gaúcha**

Indicações	
	• Faz-se a poda de inverno na época normal, porém deixando somente esporões, pois estes proporcionam a formação de ramos mais vigorosos, onde será feita a segunda poda.
	• Faz-se uma poda verde, desbastando (eliminando) os ramos mal posicionados e menos vigorosos, permanecendo os melhores e mais sãos.
	• No final de novembro (dependendo da cultivar), quando os ramos estão começando a lignificar, é feita outra operação de poda. Os ramos remanescentes da poda verde são podados, ficando de 10 a 15 varas com 4 a 12 gemas cada e de 5 a 10 esporões de 2 gemas por planta.
	• Eliminam-se todos os cachos de uva presentes – nessa época em estágio chumbinho – e retiram-se todos os netos. Isso é necessário para que a planta seja forçada a emitir brotação das gemas novas na base dos ramos.
	• Amarram-se os ramos visando a uma distribuição uniforme da vegetação.
	• Em alguns dias, ocorre a brotação das gemas basais.
	• Como esta brotação nova ocorrerá em período quente e úmido e quando a população de inóculo de fungos já é alta, devem ser feitos tratos fitossanitários rigorosos.
	• Associada à aplicação de fungicidas, devem ser feitas aplicações foliares de ureia a 0,3% visando estimular o vigor da planta.

Daí em diante, os cuidados serão iguais aos dispensados às videiras podadas em época normal. Na metade do mês de abril, não tendo ocorrido geada precoce, a uva estará madura. Há uma pequena perda em produtividade em função do menor número de cachos, mas principalmente devido à grande diminuição do peso dos cachos.

Poda mecânica

Em função do aumento dos custos em mão de obra, na Europa e nos Estados Unidos vêm sendo desenvolvidos sistemas de condução que permitam a poda mecânica. Paralelamente a isso, vêm sendo desenvolvidas tesouras de poda pneumáticas e elétricas que permitem ao podador um rendimento bem mais elevado, reduzindo o custo da operação.

> **» CURIOSIDADE**
> No Brasil, como a mão de obra ainda não é limitante, sistemas de condução que permitem a poda mecânica não são empregados. Além disso, os sistemas de poda mecanizados necessitam de complemento manual para que fiquem benfeitos.

» Práticas de manejo da videira

Diversas técnicas de manejo podem ser aplicadas visando modificar o comportamento fisiológico da videira. Algumas práticas se referem aos meios físicos (mecânicos), como incisões, torções dos ramos, cortes ou remoções de partes da videira. Outras são efetuadas por reguladores de crescimento (fito-hormônios) que, aplicados via foliar, irão atuar nas partes da videira sensíveis ao tratamento.

» Práticas de manejo por meios mecânicos

As práticas de manejo por meios mecânicos são divididas em:

- Torção dos ramos
- Incisão anelar ou anelamento
- Raleio

Torção dos ramos

A torção dos ramos é complementar à poda de produção no Vale do Rio São Francisco. Consiste em forçar as varas de produção, por meio de torção feita com as mãos, antes da amarração das mesmas ao aramado. O objetivo dessa prática é aumentar a brotação das gemas.

Nas demais regiões brasileiras, é costume forçar as varas de produção para posições diferentes das quais seriam as normais para estas ficarem após a poda. Posteriormente, as varas são amarradas ao aramado, tendo como objetivos aumentar a brotação das gemas e melhor distribuir a vegetação.

Incisão anelar ou anelamento

A incisão anelar consiste na remoção de um anel completo de casca de 3,5 mm a 6,5 mm de largura de ramos da videira. O ferimento deve interromper somente os vasos que conduzem a seiva elaborada (a casca e o líber). Portanto, as partes que ficarem acima da incisão receberão os carboidratos sintetizados nas folhas, ficando supernutridos. Essa nutrição em excesso persistirá enquanto não ocorrer a cicatrização do ferimento.

Após isso, como a recomposição dos tecidos não fica igual ao que era antes da incisão, continuará havendo um pequeno excesso nutricional na região acima do anelamento. Essa prática é aplicada com diversas finalidades e deve ser feita com instrumentos apropriados. Estes são chamados de **incisores**, sendo em forma de tesoura de poda ou canivete, provido de duas lâminas de corte paralelas, distanciadas na medida em que se deseja a espessura do anel a ser retirado.

As partes da videira que ficam abaixo dos cortes ficarão, temporariamente, privadas da normal nutrição. Em condições tropicais, onde o metabolismo é intenso, a incisão não deverá ser praticada em ciclos consecutivos nas mesmas plantas. Este tipo de prática de manejo tem como efeitos:

- aumento da fixação de frutos;
- aumento do tamanho das bagas;
- antecipação da maturação e melhoria na coloração da uva.

Aumento da fixação de frutos

O efeito de aumento da fixação dos frutos é maior nas cultivares apirenas, quando a incisão é feita durante ou imediatamente após a floração. Essa prática é muito importante para a cv. Corinto Negra (Zante Curante). Nas uvas normais, a influência sobre o pegamento dos frutos é desprezível. Pode ocorrer que, havendo maior fixação de frutos, torne-se necessário um posterior desbaste de frutos, sob pena das bagas terem seu desenvolvimento comprometido.

Aumento do tamanho das bagas

O efeito do aumento do tamanho das bagas também é maior nas cultivares apirenas, quando a incisão é feita imediatamente após a queda das flores inviáveis. Nessa fase, há rápida divisão celular nas bagas. O aumento de tamanho de bagas obtido deste modo varia de 30 a 100% para as uvas apirenas, atingindo um máximo de 20% em uvas normais.

Os melhores resultados são obtidos executando o corte imediatamente após a natural queda de frutinhas pós-floração, podendo-se obter um grande aumento de tamanho de frutos com pouca ou nenhuma alteração na quantidade destes.

> **» DICA**
> O anelamento é praticado nos países produtores de uva de mesa, sendo pouco empregado no Brasil. Deverá ser mais bem estudado em condições locais, pois tem o inconveniente de causar estresse nas partes da videira que ficam abaixo dos cortes.

Para a produção de uvas de mesa Sultanina o momento de execução da incisão é crucial. Se feita muito cedo, antes do final da queda normal dos frutinhos, o cacho fica muito compacto. Se feita com alguns dias de atraso, o aumento do tamanho das bagas é menor. Praticado três semanas após a queda dos frutinhos, não produzirá efeito. A incisão deve ter uma largura de 5 mm a 6,5 mm para esta finalidade, cicatrizando em 3 a 4 semanas.

Antecipação da maturação e melhoria na coloração da uva
Para que se obtenha uma maturação precoce e um incremento na coloração é necessário que a incisão seja feita no início da mudança de cor das uvas rosadas e tintas (amolecimento nas uvas brancas). Os resultados são variáveis de acordo com a produtividade, o crescimento das videiras e as condições climáticas.

Obtêm-se os melhores resultados nas cvs. Alphonse Lavallée e Cardinal quando se executa o anelamento no estágio em que as uvas atinjam de 5 a 6° Brix. Os melhores resultados com estas cultivares são obtidos em plantas com pequena carga de frutos, sendo nulos no caso de videiras com carga normal ou acima do normal. Normalmente essa técnica é empregada nas regiões quentes para acentuar a precocidade de maturação das uvas de mesa.

> » **CURIOSIDADE**
> No Estado do Paraná, o anelamento dos ramos de Rubi feito no início de maturação permitiu antecipar a colheita de 3 a 12 dias, sem alterar a composição dos frutos.

Raleio

O raleio é realizado visando adequar-se a carga de uvas à capacidade produtiva da planta, para que esta possa amadurecer cachos de máxima qualidade, dentro do objetivo visado. Em uvas de mesa, isso significa cachos de tamanho médio a grande, com bagas grandes, de coloração típica e uniforme, sãs e de fácil manuseio. Em uvas para a indústria, significa cachos de uvas bem maduras (com relação açúcar/acidez desejada), sãs, com coloração uniforme e típica da cultivar. O raleio pode ser executado em:

- Brotos
- Inflorescências
- Cachos
- Bagas

Raleio de brotos (ramos)
O raleio de brotos consiste na remoção das brotações indesejadas, que normalmente são inférteis ou mal posicionadas.

O objetivo principal dessa prática é abrir o dossel vegetativo e permitir que a planta melhor nutra os ramos férteis que permanecem. Para que faça bom efeito, deve-se iniciar a remoção de tais brotações quando estas tiverem de 20 a 30 cm de comprimento, continuando até pouco após o florescimento.

Raleio de inflorescências
O raleio de inflorescências consiste na eliminação dos cachos florais (inflorescências) antes do florescimento. Eliminando as inflorescências, aumenta a relação folhas/cachos, melhorando a nutrição dos cachos remanescentes.

> **CURIOSIDADE**
> No Vale do São Francisco, é praticado também o **pinicado**, que consiste em descompactar o cacho com a mão logo após a formação das bagas, quando estas tenham menos que três milímetros de diâmetro. Os cachos podem ser descompactados, com tesoura apropriada para raleio, quando atingem um diâmetro de 5 a 6 milímetros. Em geral, essa prática é complementar ao raleio com escova feito na prefloração.

> **DICA**
> Ainda na prefloração, quando os botões florais se soltam com facilidade, o raleio de bagas pode ser feito com escova plástica apropriada, 10 dias antes da data prevista para a floração.

Essa prática é empregada nas cultivares muito férteis, como Cardinal e Alphonse Lavallée. Nestas, se não for feito um desbaste, a carga de frutos será tão grande que os mesmos dificilmente atingirão plena maturação. Devem ser eliminados os cachos florais mal situados e os que brotem das femineias. A operação de desbaste nesta fase é mais rápida e barata do que a remoção de cachos após o florescimento. Isso ocorre porque é mais fácil distinguir os primórdios quando ainda não há excesso de folhagem.

Raleio de cachos

O raleio de cachos consiste na remoção de cachos completos após o florescimento. Pode ser empregado para adequar a carga à capacidade produtiva da videira, tanto em caso de uvas de mesa como de uvas para a indústria.

Nesta prática, retiram-se os cachos de dimensões inadequadas (muito pequenos ou muito grandes), os deformados e os que estejam muito próximos uns dos outros. Também pode ser praticada a remoção de extremidades de cachos, como em Sultanina, visando dar uma forma mais adequada aos mesmos. Por ocasião do raleio de cachos se aproveita para soltá-los dos arames, visando facilitar sua colheita.

A retirada de cachos, no caso de uvas para vinho (especialmente tintos), deve ser feita a partir da mudança de cor das bagas. Após essa fase, a uva não terá capacidade de divisão celular e, assim, não terá como aumentar o tamanho das bagas. Haverá uma diminuição na produtividade em função do menor número de cachos que ficam.

Raleio de bagas

É praticado visando reduzir o número de bagas por cacho e, assim, obter uma melhor nutrição das bagas remanescentes com, portanto, maior tamanho e mais completa maturação da uva. Essa prática pode ser realizada em mais de uma ocasião. Na prefloração, os cachos podem ser descompactados com a mão, 10 dias antes da data prevista para a floração.

Sendo feito um raleio que retire até 60% das bagas, a necessidade de um repasse com tesoura, posteriormente, será bem menor, havendo uma economia de mão de obra. O raleio com tesoura, pelas injúrias que causa, deve ser seguido de aplicação de fungicida para o controle de podridões – o fungicida deve ser aplicado diretamente aos cachos.

» Reguladores de crescimento ou fito-hormônios

Os reguladores de crescimento utilizados em viticultura são de origem sintética e desempenham papéis semelhantes aos dos hormônios naturais. São empregados visando diversos objetivos:

- quebra de dormência das gemas;
- atraso de brotação;
- aumento na fixação de frutos;
- desbaste de bagas;
- elongação da ráquis e dos pedicelos;
- indução de apirenia;
- aumento de tamanho das bagas apirenas;
- aumento de tamanho das bagas com sementes;
- promoção da maturação;
- retardo da maturação;
- precaução da desgrana pós-colheita.

Quebra de dormência das gemas

Em regiões onde a dormência não é superada pelo frio do inverno ou onde as cultivares empregadas tenham uma necessidade muito grande em horas de frio, há a necessidade do emprego de produtos químicos para a quebra de dormência. Isto visa a obtenção de um aumento na porcentagem de gemas brotadas e a antecipação na brotação para maior precocidade de maturação. Nas regiões tropicais, é imprescindível o emprego de reguladores de crescimento para quebra de dormência.

A antecipação será maior quanto mais cedo for a aplicação em relação à data de brotação normal. Entretanto, a precocidade de brotação aumenta os riscos dos brotos serem atingidos por geadas. Em regiões subtropicais e tropicais, as concentrações do produto devem ser maiores:

• No nordeste brasileiro, no período de temperatura amena (maio a agosto), aplica-se a Cianamida Hidrogenada em concentração de 3,5%.
• No nordeste brasileiro, durante o período quente (setembro a abril), aplica-se a Cianamida Hidrogenada em concentração de 3%.
• No noroeste de São Paulo, para Centennial Seedless, a melhor concentração para maior brotação é de 3%.

A Cianamida Hidrogenada é aplicada em pulverização (aspersão) molhando todos os ramos dormentes, até o escorrimento, devendo ser aplicada imediatamente após a poda e, no mais tardar, até o segundo dia depois desta. Bons resultados são obtidos com a aplicação através de um "rolinho" (de pintura) ou aspersão.

Em geral, o aumento na porcentagem de gemas brotadas conduz a uma maior produtividade e melhor formação de ramos que ficarão para a poda do ano seguinte. Entretanto, estes benefícios são acompanhados por diminuição da graduação em açúcar e, às vezes, da coloração da uva. Aplica-se o Ethephon em concentração de 5.000 a 8.000 ppm, molhando-se toda a planta, de 10 a 14 dias antes da data prevista para a poda.

Em 3 a 5 dias, as folhas começam a amarelar e cair. Foi constatado que esta prática aumenta a porcentagem de gemas brotadas e também a sua fertilidade. Visando

>> **ATENÇÃO**
Para melhorar a brotação de cultivares viníferas, da alta exigência em frio, aplica-se Cianamida Hidrogenada na concentração de 1 a 1,5%, 20 a 25 dias antes da data de brotação normal. Para antecipar a maturação, aplica-se a Cianamida Hidrogenada em concentração de 1 a 2%.

> **CURIOSIDADE**
> No Vale do Rio São Francisco, aplica-se Ethephon em ciclos sucessivos visando à derrubada das folhas para forçar a entrada em dormência das videiras. Entretanto, as videiras passam somente por um estado de quiescência.

facilitar os trabalhos de poda e aumentar a brotação no ciclo subsequente, a aplicação de Ethephon, 20 dias antes da poda, em concentração de 7.500 ppm é eficaz para a cv. Rubi no Estado de São Paulo.

Atraso de brotação

Com o objetivo de retardar a brotação, podem ser empregados o Ácido Nafatalenoacético (ANA) ou seu sal sódico em concentrações de 100 a 200 ppm. Com esta finalidade também pode ser empregado o Cloreto de Clorocolina (Cyclocel ou CCC) e a Hidrazida Maleica, ambos produtos ainda não testados em condições brasileiras. Aplicações com giberelina podem causar atraso na brotação do próximo ciclo.

Aumento na fixação de frutos

O aumento na fixação de frutos pode se dar por:

- Auxinas
- Giberelinas
- Inibidores de crescimento

Auxinas

Aplicam-se auxinas em cultivares do tipo Corinto Negra – apirena por partenocarpia estimulativa – visando evitar a abcisão dos frutinhos. Durante ou imediatamente após a antese, devem ser mergulhados ou aspergidos os cachos em solução aquosa de Ácido 4-clorofeniloxiacético (4-CPA) de 2 ppm a 10 ppm, substituindo a prática de incisão anelar.

Giberelinas

As giberelinas têm pequeno efeito na fixação dos frutos nas cultivares americanas, tendo, em geral, efeito negativo em cultivares de *V.vinifera*. Na cv. Concord, pode ser obtido um acréscimo de até 16% aplicando-se Ácido Giberélico 3 (AG_3) em concentração de 100 ppm, 11 dias após o florescimento.

> **DICA**
> Nos Estados Unidos, o cloreto de clorocolina é empregado em uvas americanas em concentrações de 750 ppm a 1.200 ppm, obtendo-se aumentos da fixação de frutinhos de, no mínimo, 20%. O produto deve ser aplicado ou nos cachos ou na folhagem, três semanas antes da data prevista para a antese.

Inibidores de crescimento

O uso de Ácido Succínico-2,2-dimetilhidrazida (SADH) em concentrações de 500 ppm a 2.000 ppm causa aumento proporcional às dosagens em cultivares americanas, indo de 20 a 100%. Associado a isso há um decréscimo no tamanho das bagas. Essa prática não é conveniente para uvas de mesa. Pode ser útil na produção de uvas finas para elaboração de vinho tinto, pois a redução de tamanho das bagas causa um aumento na relação película/polpa.

O emprego de cloreto de clorocolina (Cyclocel ou CCC) em concentração de 1.000 ppm associado a um espalhante adesivo a 0,05% também aumenta a fixação dos frutinhos. É uma prática útil em cultivares como a Garnacha Negra, sujeita ao corrimento. Deve-se ter em conta os efeitos secundários de redução da iniciação floral e debilitação da planta.

Desbaste de bagas

O desbaste de bagas é a prática que permite a obtenção de uva de mesa de maior tamanho, bem como de maior sanidade, pois os cachos ficam menos compactos. Diversos produtos são empregados, sendo as giberelinas os mais comuns e mais eficazes.

Giberelinas

A aplicação de giberelinas, quando realizada durante o florescimento, pode provocar danos ao pólen e ao óvulo, causando a queda de muitas flores e frutinhos. Deste modo, reduz o número de frutos fixados equivalendo a um raleio de bagas nos cachos em formação. Aplica-se AG_3 na Sultanina (Thompson Seedless) em concentração de 10 ppm, quando houver 40% de florescimento.

Repete-se a aplicação quando houver 80 a 90% de floração, conseguindo-se uma redução do número de bagas. O raleio pode auxiliar na sanidade dos cachos reduzindo sua compacidade, deste modo diminuindo a incidência de podridões. Por outro lado, aumenta o tamanho das bagas, o que pode ser negativo em caso de uva tinta para produção de vinho fino.

Elongação da ráquis e dos pedicelos

As condições de clima tropical, com baixa umidade do ar e temperatura elevada, normalmente favorecem a polinização e fixação dos frutos. Deste modo, é necessário que se faça um tratamento para alongar a ráquis e os pedicelos a fim de evitar a compactação e deformação dos cachos.

A aplicação de AG_3 em concentração de 25 ppm em prefloração induziu à descompactação do cacho e apirenia incompleta na cv. Itália. Porém, aplicações durante ou após a floração causaram diminuição no peso médio de bagas, apesar de reduzirem a compacidade do cacho.

A elongação da ráquis pode ser obtida por aplicação de AG_3 em concentração de 10 ppm no estádio de 3 a 4 folhas, havendo um aumento de 26% no seu comprimento, reduzindo a incidência de podridão cinzenta em Riesling Renano.

Indução de apirenia

A ausência de sementes é um atributo indispensável para a produção de uva passa, importante para a produção de uva de mesa e que poderá ter seu espaço na produção de uva para a elaboração de vinhos tintos de longo envelhecimento. Nesse último caso, a longa maceração das películas no mosto, bem como a presença de sementes, pode causar um excesso de extração de taninos de sabor amargo e adstringente.

A eliminação das sementes poderá ser uma alternativa para a melhoria de tais produtos. Nesse caso, podem ser aplicadas as giberelinas e a estreptomicina.

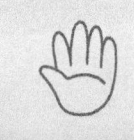

> **» ATENÇÃO**
> Evita-se a compactação e deformação dos cachos aplicando-se AG_3 em concentração de 2 ppm em aspersão dirigida aos cachos florais quando estes tiverem 6 cm de comprimento. Essa aplicação deve ser feita nas horas frescas do dia, pois pode haver fitotoxidade, e não deve ser feita em cultivares como a Itália e a Piratininga, pois haverá diminuição da fertilidade das gemas no ciclo seguinte.

Giberelinas

A aplicação de AG$_3$ em concentração de 100 ppm 10 dias antes da antese e complementada por outra aplicação duas semanas após é empregada para obtenção de uva de mesa de qualidade. A primeira imersão dos cachos induz a apirenia e a segunda induz ao aumento no tamanho das bagas. A aplicação de AG$_3$ em uva Isabel dá os melhores resultados (maior número de uvas apirenas) quando aplicado em prefloração e após a floração com as concentrações de 50, 100 e 200 ppm.

Estreptomicina

A apirenia completa pode ser obtida com a aplicação do antibiótico Estreptomicina na cv. Itália Rubi, mergulhando os cachos florais em solução do produto com 400 mg/L, 6 a 8 dias antes do florescimento. Este produto age sobre o pólen e impede o desenvolvimento do embrião, conduzindo à formação de bagas apirenas em qualquer cultivar de videira. Este tratamento deve ser complementado com aplicação de giberelina, no caso de uva de mesa, para a obtenção de frutos de tamanho compatível.

Aumento de tamanho das bagas apirenas

Normalmente, as cultivares apirenas produzem uva de menor tamanho do que as cultivares normais. Para contornar este inconveniente, vários produtos vêm sendo empregados, como:

- Giberelinas
- Citocininas
- Auxinas

Giberelinas

Com o objetivo de obter um maior tamanho em uvas sem semente, deve ser aplicado o AG$_3$ quando as uvas tenham entre 3 mm e 5 mm de diâmetro, aproximadamente 15 dias após a floração. A concentração do produto é variável de acordo com a região e a cultivar.

As dosagens são de 40 ppm e devem ser aplicadas aos cachos quando as bagas tiverem de 4 mm a 5 mm de diâmetro, com repetição da aplicação uma semana mais tarde, no caso de ter sido feito um desbaste manual anteriormente. Com este procedimento, pode ser obtido um aumento de até 264% no tamanho da uva.

As aplicações de giberelinas devem ser testadas quanto às dosagens e época de aplicação, pois podem ou não ser eficazes ou causar aumento exagerado de tamanho, tornando os cachos compactos e de difícil manuseio pós-colheita.

Citocininas

Emprega-se o regulador Forchlorfenuron (CPPU), que é similar à citocinina. O produto vem sendo testado pelo fabricante, devendo ser aplicado somente sobre os cachos, molhando-os completamente. Entretanto, tal tratamento não substitui o uso de giberelina, apenas complementa sua ação. Para Sultanina (Thompson Seedless) e Red Globe os melhores resultados são obtidos com concentração de 10 ppm aplicada às uvas quando estas tiverem entre 4 mm e 8 mm de diâmetro.

> **» ATENÇÃO**
> Em condições de São Paulo para a cv. Centennial Seedless, recomenda-se a aplicação da AG$_3$, entre 15 e 20 dias após o florescimento.

O emprego de Thiadizuron (TDZ), que é uma fenilureia e tem alta atividade de citocinina, foi testado em Santa Catarina com a cv. híbrida Vênus. Foi possível verificar o aumento de tamanho da baga em até 107% em relação à testemunha quando se aplicaram 100 ppm de giberelina mais o TDZ em 50 ppm quando as bagas estavam no estágio chumbinho/ervilha.

Auxinas
Não se empregam auxinas para o aumento de tamanho de bagas, mas existe a possibilidade de se empregar, desde que devidamente testado, o Quinmerac (IUPAC), que tem ação semelhante às auxinas.

Aumento de tamanho das bagas com semente

O aumento de tamanho das bagas com semente é um procedimento necessário para obter maior qualidade de frutos em uvas de mesa. O aumento obtido nas uvas sem semente, em geral, é pequeno em relação à uva não tratada. A cultivar que melhor responde a este tratamento é a Datier de Beirute (Rosaki), em que aplicações de AG_3 em concentração de 10 ppm a 20 ppm, após o pegamento dos frutos, promovem um aumento de 50 a 70% no tamanho das bagas.

No Brasil, as dosagens para a cv. Itália e suas mutantes (Rubi, Benitaka e Brasil) variam de 20 ppm a 40 ppm de giberelina aplicada 30 a 40 dias após o pleno florescimento. O aumento de tamanho é pequeno, mas a uva forma película mais resistente e adquire uma forma mais regular, melhorando sua apresentação.

O ácido giberélico, o CPPU e o thiadizuron são aplicados para aumentar o tamanho de bagas. Em São Paulo, com Niágara Rosada, não houve resposta à giberelina e somente ao thiadizuron, que aumentou o tamanho das bagas. No nordeste brasileiro, com Itália, foi possível verificar interação entre CPPU e giberelina, que proporcionaram os melhores cachos para exportação. O CPPU em 10 mg/L aumentou o tamanho das bagas em 14% do volume.

Promoção da maturação

Dois aspectos ligados à maturação da uva podem ser modificados com o emprego de reguladores de crescimento: a **coloração da película** e a **relação açúcar/acidez**. São tratamentos, portanto, úteis tanto na produção de uva de mesa como na de uva para vinificação (especialmente na elaboração de vinhos tintos).

No nordeste brasileiro, aplica-se Ethephon, que libera etileno, às uvas Piratininga, Red Globe, Rubi e outras cultivares de bagas tintas ou rosadas visando obter uma coloração uniforme e completa. Para isso, aplica-se uma solução com concentração de 200 ppm (200 mg/L) de Ethephon no início da maturação da uva.

A modificação na relação açúcar/acidez também pode ser afetada de forma importante. O Ethephon deve ser aplicado aos cachos e às folhas quando pelo menos 15% das bagas tiverem iniciado o processo de mudança de cor. Vêm sendo testadas diversas concentrações, variando desde 100 ppm a 1.000 ppm.

>> ATENÇÃO
Não deve ser feita a aplicação de Ethephon em cultivares que apresentem desgrana natural, pois haverá uma queda ainda maior de frutos.

Diversos estudos levados a cabo no exterior apontam a melhoria na maturação da uva, que é obtida em função de uma redução na acidez. Entretanto, aplicações contínuas do produto podem levar a uma queda de produtividade.

Retardo da maturação

O atraso na maturação pode ser útil no caso de uvas de mesa quando se deseja escalonar a colheita ou produzir uva fora de época visando melhor preço. O retardo na maturação também poderá ser importante no sul do Brasil em uvas para vinho, pois em boa parte dos anos o mês de fevereiro (quando a maior parte da uva fina é colhida) é mais chuvoso do que o mês de março.

Neste caso, um retardo na maturação poderia ser benéfico. Para isso, emprega-se a auxina Ácido 2-benzotiazol-2-oxiacético (BOA ou BTOA). O produto deve ser aplicado em concentrações de 5 ppm a 40 ppm, dependendo do retardo que se queira dar à maturação, de 4 a 5 semanas após a fixação dos frutos.

Precaução da desgrana pós-colheita

Para evitar a desgrana das uvas pós-colheita e manter a qualidade dos frutos para consumo *in natura*, aplicam-se $CaCl_2$ e Ácido Naftalenoacético (ANA) 20 dias antes da colheita. Foi possível verificar uma diminuição na atividade das enzimas poligalacturonase e pectinametilesterase, que estão diretamente envolvidas na abcisão dos frutos. Com isso, houve significativa redução na desgrana pós-colheita em uvas Niágara Rosada.

>> Manejo do solo

As práticas de manejo do solo visam à manutenção da matéria orgânica do solo do vinhedo, levando à expressão de todo o potencial produtivo da videira e garantindo um bom estado de maturação dos frutos para fins de colheita.

>> Objetivos de manejo do solo

O manejo de solo em vinhedos deve ter por objetivos:

- Manter a fertilidade do solo
- Evitar acentuar a erosão
- Evitar o assoreamento dos cursos de água
- Evitar a contaminação das águas pelos agroquímicos

A manutenção da fertilidade do solo é obtida pelo correto manejo das adubações e pelas correções químicas. Para isto, devem ser feitas análises de solo periodicamente a cada quatro anos e executadas as adições de nutrientes recomendadas. Dentro deste item, devem ser levadas em conta todas as práticas que visem à manutenção da matéria orgânica do solo do vinhedo.

Deve-se evitar aplicações excessivas de resíduos orgânicos e/ou adubos verdes, pois estas práticas podem conduzir a um excesso de vigor nas videiras, com consequente redução qualitativa na uva. A uva terá maturação desuniforme, graduação de açúcares menor e coloração deficiente, e o mosto terá excesso de nitrogênio, causando distúrbios durante a fermentação alcoólica, com dificuldades de limpidez do vinho.

A erosão dos solos pode representar um grave problema em locais de alta pluviosidade e declividade. Existem várias maneiras de trabalhar o solo visando manter uma boa produtividade do vinhedo, sem haver os riscos de erosão e, com isso, de assoreamento dos cursos de água e sua contaminação com agroquímicos. A escolha dependerá do tipo de solo, da topografia do vinhedo e do período em que ocorrem as precipitações pluviais.

> **» ATENÇÃO**
> A aplicação de engaços e bagaço (mesmo fermentado) de vinhedos onde havia suspeita de fusariose não deve ser feita, pois o fungo sobrevive nessas partes do cacho e poderá infectar os vinhedos.

» Sistemas e práticas de manejo do solo

O Quadro 4.10 apresenta os sistemas básicos de manejo de solo.

Nas coberturas com materiais sintéticos, o emprego de plásticos pretos tem possibilitado bons resultados no Rio Grande do Sul. Outros materiais como o "Bidin" (marca registrada de Rhodia), originalmente criado para revestir canos de drenagem, possibilitam uma cobertura de solo boa, permitindo que a água penetre no solo e evitando o crescimento da vegetação invasora. Algumas práticas de controle à erosão que podem ser adotadas desde a implantação do vinhedo são:

- Terraceamento (em declives superiores a 20%)
- Sulcos de proteção
- Muretas de pedra (taipas) em nível
- Canais de escoamento de água nas partes superiores do vinhedo
- Capinas alternadas nas fileiras do vinhedo
- Cobertura morta do solo
- Entrelinhas permanentemente vegetadas (roçadas)

A semeadura de misturas de gramíneas e leguminosas é útil no manejo de solos de vinhedos, pois, tendo completado seu ciclo vital, após secarem, há a formação de espessa camada de matéria orgânica morta (*mulch*) sobre o solo. Tendo-se em conta que a maior parte das chuvas ocorre nas zonas vitícolas do sul do Brasil, durante o inverno, a cobertura vegetal presta grande benefício no controle de erosão hídrica.

Os solos de encosta beneficiam-se da cobertura morta pela vegetação também no que diz respeito à resistência a secas, pois neste caso reduz a evaporação onde

> **» ATENÇÃO**
> Quanto menos o solo for mobilizado, menos riscos de erosão. Assim, quando se for refazer a correção química do solo a cada quatro anos, deve ser feita uma lavração que servirá para descompactá-lo.

Quadro 4.10 » Sistemas básicos de manejo do solo

Solo sempre coberto com vegetação	• Neste tipo de manejo, a vegetação nativa exerce concorrência com a videira, não sendo recomendável em locais onde as disponibilidades de água e nutrientes sejam poucas. Em locais declivosos, em climas chuvosos, este tipo de manejo pode ser empregado, pois as perdas para a vegetação serão menores do que as em virtude da erosão. No entanto, esta vegetação deve ser mantida roçada periodicamente, a cada 40 dias, no mínimo.
Solo sempre limpo	• É a forma que possibilita maior desenvolvimento às videiras, porém somente é possível em situações não sujeitas à erosão. Locais planos e irrigados por gotejamento podem adotar este tipo de manejo, podendo acoplar à água de irrigação os fertilizantes e mesmo os herbicidas.
Solo coberto com vegetação nas épocas de chuva e limpo no período de seca	• Nas regiões brasileiras com clima de estação seca definida, este tipo de manejo pode ser adotado com vantagens.
Solo coberto (*mulch*)	• É uma prática que tem dado bons resultados quanto à produção e ao controle de erosão. Podem ser empregados diversos tipos de cobertura do solo, como a manutenção da vegetação nativa roçada, a semeadura de misturas de gramíneas e leguminosas, a incorporação de resíduos de culturas (bagaços de cana ou palhas de gramíneas), bem como o emprego de coberturas com materiais sintéticos.

se encontra (comparada ao solo descoberto). Por outro lado, quando plantada em vinhedo em anos de seca, compete com a videira, prejudicando-a.

A camada morta de matéria orgânica que é formada no solo, caso a cobertura vegetal tenha abrangido todo o solo rapidamente, representa um excelente meio de controle de invasoras. Estas não conseguem se desenvolver após o estabelecimento da camada morta. Decorre disso que o viticultor, além dos benefícios diretos do uso da mistura gramínea/leguminosa como melhoradora das condições físico-químicas (incorporação de matéria orgânica e nitrogênio orgânico) do solo, tem o número de capinas a fazer reduzido, bem como a utilização de herbicidas diminuída. A incorporação de matéria orgânica ao solo influencia na sua densidade aparente e na estrutura.

A decomposição desta matéria orgânica aumenta a atividade microbiana, conduzindo à aglutinação de partículas do solo. Isso melhora a aeração, drenagem e infiltração de água no solo. Porém, nota-se que, em locais onde foi feita a semeadura de leguminosas ou onde foi incorporado adubo verde ou orgânico, há uma tendência a surgirem focos de infestação de *Fusarium oxysporum* f.sp. *herbemontis*, fungo que ataca a videira, levando-a à morte.

A mobilização do solo, causando ferimentos às raízes, e a melhoria das condições do mesmo pela alta disponibilidade de matéria orgânica para a sobrevivência e multiplicação do fungo são os fatores responsáveis pela incidência de fusariose nesses vinhedos. A mineralização da matéria orgânica causa uma redução em seu pH, o que melhora ainda mais as condições de sobrevivência do fungo.

Deve-se, portanto, semear a cobertura verde o mais cedo possível (de preferência em março ou até meados de abril), de modo que a sua floração já tenha terminado quando do início da brotação da videira. Nos casos em que isso não tenha sido possível e haja coincidência da brotação da videira com o florescimento e/ou enchimento dos grãos da cobertura verde, esta deve ser roçada ou dessecada com herbicida sistêmico ao iniciar a brotação das videiras.

Algumas espécies de leguminosas, como a ervilhaca ou vica (*Vicia sativa*), mostram, a partir do terceiro ano de cultivo, drástica diminuição do número de plantas, devido à autoalelopatia. Há um acúmulo de toxinas liberadas pela ervilhaca no solo que prejudica o seu próprio crescimento. Para evitar a autoalelopatia, deve-se, a partir do terceiro ano de cultivo, alternar a ervilhaca com outra leguminosa ou utilizá-la consorciada à aveia preta (*Avena strigosa*).

Esta consorciação promove um melhor equilíbrio na relação carbono/nitrogênio. Isto é muito importante em relação às uvas destinadas à vinificação, em que altos teores de nitrogênio causam desequilíbrios na fermentação e na qualidade final do vinho. Para o consórcio aveia preta – ervilhaca, têm-se obtido bons resultados com o uso de 20 kg/ha e 50 kg/ha de sementes, respectivamente.

Uma prática de manejo de solo, envolvendo adubação e proteção do solo, que pode ser adotada nas condições do sul do Brasil é: ao instalar o vinhedo, fazer as correções baseadas na recomendação para videira e, nos anos subsequentes, somar as necessidades da videira com as da vegetação a ser implantada. Após a vindima, em março ou abril, quando necessário, faz-se a recorreção com calcário e adubos. A ordem de trabalho é a seguinte:

- Calcário
- Adubo orgânico e químico (P, K e B)
- Incorporação
- Semeadura da cobertura verde
- Incorporação com gradagem leve ou capina

No inverno, à época da poda, desseca-se a vegetação de cobertura com herbicida de ação total (gliphosate), ou elimina-se esta vegetação com roçadeira. Deve ser feito um manejo que não permita o rebrote desta vegetação, pois a mesma competirá com a videira por água e nutrientes. Quando a uva estiver na fase de chumbinho (outubro ou novembro no sul do Brasil), verificar o estado nutricional do vinhedo.

Havendo carência de nitrogênio, aplicam-se de 20 kg a 30 kg de ureia por hectare em cobertura, antes de uma chuva ou irrigação. Em caso de clima seco, aplicar

> **» DICA**
> Onde a semeadura é tardia (de maio em diante), nota-se um atraso e falta de vigor na brotação das videiras. Acredita-se que isso se deve à competição entre a cobertura verde e a videira por água e nutrientes, pois há coincidência da brotação das videiras com o final de florescimento e enchimento dos grãos das gramíneas e leguminosas, havendo demanda de água e nutrientes em quantidades significativas por ambas.

> **» DICA**
> A vica isolada dá melhor proteção ao solo contra a ação das chuvas, porém o consórcio com gramíneas melhora as propriedades físicas, químicas e biológicas do solo.

ureia via foliar (0,5% de ureia) em duas pulverizações espaçadas de 15 dias. No ano seguinte, aplica-se nitrogênio após a vindima.

Uma alternativa de manejo do solo é o uso de herbicidas. O Quadro 4.11 mostra os produtos registrados para a cultura da videira.

> » **ATENÇÃO**
> Ervas daninhas que surgirem na primavera e verão devem ser eliminadas por capina ou herbicida sistêmico, sendo as espécies mais agressivas arrancadas.

> » **IMPORTANTE**
> A manutenção da estrutura original do solo vem sendo preconizada na Europa em função da sustentabilidade da viticultura e da qualificação dos vinhos obtidos em solos de boas características físicas. Solos bem estruturados e de boa drenagem promovem um fornecimento regular de água às videiras, o que se traduz em melhoria qualitativa da uva.

Quadro 4.11 » Herbicidas para cultura da videira

Ametrina	• Do grupo químico triazina, controla invasoras anuais e perenes. Deve ser aplicado em pré-emergência e pós-germinado, em dosagens que vão de 1,2 a 2,8 kg ou L por hectare. Somente deve ser aplicado em vinhedos com mais de três anos.
Diuron	• Do grupo químico derivado da ureia, controla gramíneas anuais e perenes. Deve ser aplicado em pré-emergência e pós-germinado, em dosagens que vão de 1,6 a 3,2 kg ou L por hectare. Sua aplicação deve ocorrer no máximo duas vezes por ciclo da cultura. Seu uso não é recomendado em vinhedos plantados em solos arenosos, e somente deve ser empregado em vinhedos com mais de quatro anos.
Glifosato	• Do grupo químico derivado da glicina, controla invasoras anuais e perenes. Deve ser aplicado em pós-emergência, em dosagens que vão de 0,2 a 2,5 L por hectare. Sua aplicação deve ocorrer nas horas frescas do dia e não se deve roçar a vegetação antes de 10 dias depois de aplicado o produto. É mais eficiente se aplicado em invasoras que estejam no auge da sua vegetação (próximo à floração).
Glufosinato de amônia	• Do grupo químico sal de aminoácido, controla invasoras anuais e perenes. Deve ser aplicado em pós-emergência, na dosagem de 0,4 kg ou L por hectare. Sua eficiência pode ser aumentada com a adição de espalhante adesivo.
Paraquat	• Do grupo químico bipiridilio, controla invasoras anuais. Deve ser aplicado em pós-emergência, nas dosagens de 0,3 a 0,6 L por hectare. O produto pode ser encontrado na forma de "venda aplicada", devendo ser aplicado ao entardecer. É altamente tóxico para Trichoderma, ácaros predadores e insetos úteis.
Simazina	• Do grupo químico triazina, controla gramíneas anuais e algumas dicotiledôneas anuais. Deve ser aplicado em pré-emergência, nas dosagens de 2,5 a 4 kg ou L por hectare. Somente deve ser usado em vinhedos com mais de quatro anos de idade.

Maturação e colheita

Diferentes métodos são aplicados na análise do ponto ideal de colheita da uva, pois do estádio de maturação no qual ela é colhida dependem a qualidade e os produtos dela obtidos.

Estimativa de maturação da uva

A uva é uma fruta não climatérica que apresenta taxa de atividade respiratória baixa e não amadurece após a colheita. Portanto, deve ser colhida somente ao atingir o ponto de maturação desejado e compatível com a utilização a que se destina. Deste modo, é importante que se tenham meios precisos para avaliar o estado de maturação da uva, visando colhê-la em condições ideais.

Uva de mesa
São empregados diversos métodos para indicar o momento ideal para realizar a colheita da uva de mesa. O primeiro indicador é o **aspecto visual** dos cachos e da uva. Os cachos deverão estar com coloração uniforme e as bagas com o tamanho desejado. Para avaliar o tamanho das bagas, no nordeste brasileiro, empregam-se dispositivos chamados de "diamímetros". Estes são gabaritos de tamanho padrão testados em algumas bagas por cacho para verificar se estas já atingiram as dimensões desejadas.

A partir do momento em que a uva tenha o tamanho e o aspecto buscado, pode-se empregar outros métodos de avaliação. A segunda maneira de avaliar é pela **degustação** de algumas bagas, em vários cachos, de várias plantas. Se a uva tiver as características gustativas corretas, poderá ser colhida.

Um terceiro método é a **avaliação do teor de sólidos solúveis** (° Brix), devido à alta correlação entre o grau Brix e a palatabilidade da uva de mesa, o que pode ser ainda melhor avaliado usando a relação açúcar/acidez. Esta relação deve ser determinada com exatidão para cada cultivar e cada região do Brasil. A uva europeia fina de mesa para exportação, produzida no nordeste brasileiro, é colhida com, no mínimo, 15°Brix e com diâmetro superior a 22 mm.

Uva para indústria
A uva colhida com finalidade de ir para indústria deve observar as condições gerais para a vindima e os estádios de maturação.

Condições gerais para a vindima
A uva deve ser colhida em períodos de temperatura mais amena do dia. O horário ideal para a vindima é a partir do momento em que não haja orvalho sobre os cachos, continuando até que a temperatura ambiente chegue aos 20°C. Para

> **CURIOSIDADE**
> A avaliação do grau Brix é feita com um refratômetro e a avaliação do diâmetro com um diamímetro.

a elaboração de vinhos por maceração carbônica, o cuidado com a temperatura ideal para colheita não é necessário.

Assim que a temperatura ambiente superar esse nível, a colheita é suspensa, sendo retomada, se necessário, no final da tarde quando a temperatura voltar ao nível adequado.

A temperatura mais baixa reduz a velocidade das reações de oxidação de compostos aromáticos e, em casos de bagas rompidas, reduz a intensidade da fermentação, que inicia sem controle do enólogo. Além disso, se a uva chegar ao lagar em temperaturas mais altas, a liberação de calor da própria fermentação irá elevar a temperatura do mosto a níveis em que há o perigo de morte das leveduras e consequente parada na fermentação.

Outra vantagem é que, nas primeiras horas do dia, há menor atividade de insetos na uva. Se a uva chegar à cantina com temperatura muito alta, deverá ser colocada em câmara fria até atingir a temperatura desejada para o processamento. Inicia-se ou acentua-se o processo de oxidação e, em casos de bagas rompidas, tem início a fermentação desse mosto, que extravasa sem controle do enólogo. Para a elaboração de vinhos de qualidade, os cachos e bagas ideais devem ser:

- Sãos e inteiros
- Sem rachaduras ou esmagados
- Sem vestígios de ataques de insetos e/ou moléstias
- Sem sinal de bolor (mofos)
- Sem sinal de avinagramento (azedo)

As uvas devem estar desprovidas de umidade exterior anormal resultante do esmagamento de algumas bagas ou da exposição à chuva. Para tanto, pode-se eliminar no vinhedo as uvas não maduras e/ou podres. Uvas limpas, em geral, são uvas de condições sanitárias boas. Para tanto, têm que ser tomados alguns cuidados no processo todo até indústria (Quadro 4.12).

A uva poderá ser submetida à lavagem. Essa prática pode determinar uma melhor qualidade ao eliminar bagas podres, poeira, resíduos de agroquímicos e outros componentes estranhos ao mosto. Ainda antes do esmagamento poderá ser feita uma triagem da uva, ou seja, pode-se fazer uma separação das uvas na recepção na cantina, eliminando as uvas com problemas sanitários e/ou de maturação, bem como restos de engaço e folhas.

Estádio de maturação

Para que a uva seja colhida no estado ótimo de maturação, a vindima deve ser realizada de forma fracionada. Retiram-se das videiras somente as uvas maduras (as que estão no ponto tecnológico desejado). Nos grandes vinhedos europeus a vindima é feita de 3 a 4 passadas. A determinação do ponto de colheita (maturação desejada) deve ser indicada por parâmetros de fácil determinação, baseados em modificações bioquímicas e/ou morfológicas que ocorrem durante o amadurecimento da uva.

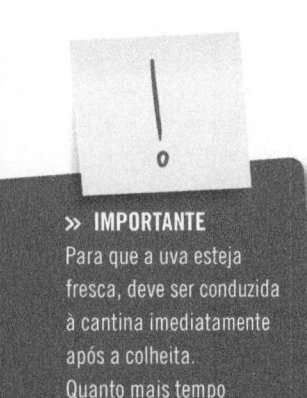

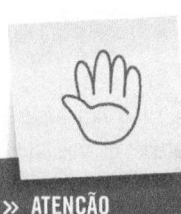

>> **IMPORTANTE**
Para que a uva esteja fresca, deve ser conduzida à cantina imediatamente após a colheita. Quanto mais tempo passa, piores ficam as condições da fruta para o processamento.

>> **ATENÇÃO**
As uvas devem ser colhidas respeitando os prazos de carência dos defensivos, para que cheguem na etapa de triagem sem resíduos de tratamentos fitossanitários.

> **Quadro 4.12** » **Alguns cuidados no processo de condução da uva até a indústria**
>
> **Cuidados**
> - Manter os equipamentos (tesouras, caixas, etc.) de colheita limpos e higienizados.
> - Folhas e outras partes da planta devem ser separadas (retiradas das caixas de colheita) ainda no vinhedo.
> - Para que não haja perda qualitativa entre a colheita e o início da vinificação é necessário que se tomem cuidados no transporte.
> - O transporte das caixas com uva da propriedade até a indústria deve ser realizado com segurança, em veículos de rodas pneumáticas, evitando acidentes, movimentos bruscos e solavancos que possam colocar em risco as pessoas e a carga.
> - Os veículos devem ser limpos, as caixas com a uva dispostas em ordem, empilhadas e encaixadas, com a carga protegida por encerados (lonas) contra poeira, Sol e chuva.
> - Transportar as uvas em horas de temperatura amena e de menor movimento nas estradas, em velocidade compatível.
> - Chegando à indústria, ainda há uma série de cuidados.
> - No lagar, não se deve manusear uvas sãs e uvas com problemas no mesmo momento.

Tais modificações não são simultâneas em todos os cachos de um vinhedo. A observação das alterações no aspecto dos cachos, com a mudança na cor das bagas e do engaço, é um indicativo que as uvas estão amadurecendo. Entretanto, não é um parâmetro suficientemente correlacionado à composição da uva para que seja determinante do ponto de colheita. A degustação informal de bagas é usada também como informação auxiliar.

Os métodos de soma térmica e o simples acompanhamento do número de dias após o início da maturação servem como indicadores aproximados, dificilmente permitindo que se decida pela vindima ou não a partir desses dados somente. Os controles mais efetivos de maturação da uva que devem ser feitos para a produção de vinho são:

- Evolução dos açúcares
- Evolução da acidez
- Evolução dos polifenóis
- Evolução aromática

Para que sejam dados confiáveis, devem ser coletadas 250 bagas, no mínimo, por hectare, sendo as mesmas retiradas de 250 plantas, uma de cada cacho e de diferentes posições nos cachos. O critério mais utilizado é o **grau glucométrico**, medido, geralmente, com o mostímetro de Babo, que representa a percentagem de açúcar existente em uma amostra de mosto. Também pode ser usada a escala Brix, que representa o teor de sólidos solúveis totais na uva (90% é açúcar).

Utilizando o grau Babo pode-se ter uma ideia do teor de álcool no futuro vinho, multiplicando o valor da leitura por 0,58. Deve-se ter em mente que cada 18g de açúcar originará 1°GL no vinho. Para isso, existem tabelas que permitem transformar os valores de uma escala em outra e prever o teor alcoólico do vinho. Normalmente, o acompanhamento que é feito pelo viticultor e que dá resultados satisfatórios consiste na análise do teor de açúcar (veja a Tabela 4.1).

Tabela 4.1 » **Equivalência entre as determinações de maturação da uva, grau alcoólico provável do vinho e relação volume de mosto/peso de uva**

Densidade	°Brix	°Babo	Álcool provável	Litros/100 kg
1,04	9,91	8,42	4,89	96,15
1,041	10,15	8,63	5,00	96,06
1,042	10,39	8,83	5,12	95,97
1,043	10,63	9,04	5,24	95,88
1,044	10,87	9,24	5,36	95,79
1,045	11,11	9,44	5,48	95,69
1,046	11,35	9,65	5,60	95,60
1,047	11,59	9,85	5,71	95,51
1,048	11,83	10,06	5,83	95,42
1,049	12,07	10,26	5,95	95,33
1,05	12,31	10,46	6,07	95,24
1,051	12,54	10,66	6,18	95,15
1,052	12,78	10,86	6,30	95,06
1,053	13,02	11,07	6,42	94,97
1,054	13,25	11,26	6,53	94,88
1,055	13,49	11,47	6,65	94,79
1,056	13,73	11,67	6,77	94,70
1,057	13,96	11,87	6,88	94,61
1,058	14,20	12,07	7,00	94,52
1,059	14,43	12,27	7,11	94,43
1,06	14,66	12,46	7,23	94,34
1,061	14,90	12,67	7,35	94,25
1,062	15,13	12,86	7,46	94,16
1,063	15,36	13,06	7,57	94,07
1,064	15,60	13,26	7,69	93,98
1,065	15,83	13,46	7,80	93,90
1,066	16,04	13,63	7,91	93,81
1,067	16,27	13,83	8,02	93,72
1,068	16,50	14,03	8,13	93,63

(continua)

Tabela 4.1 » **Equivalência entre as determinações de maturação da uva, grau alcoólico provável do vinho e relação volume de mosto/peso de uva** *(continuação)*

Densidade	°Brix	°Babo	Álcool provável	Litros/100 kg
1,069	16,53	14,05	8,15	93,55
1,07	16,96	14,42	8,36	93,46
1,071	17,19	14,61	8,47	0,09
1,072	17,42	14,81	8,59	93,28
1,073	17,65	15,00	8,70	93,20
1,074	17,88	15,20	8,81	93,11
1,075	18,10	15,39	8,92	93,02
1,076	18,31	15,56	9,03	92,94
1,077	18,54	15,76	9,14	92,85
1,078	18,76	15,95	9,25	92,76
1,079	18,99	16,14	9,36	92,68
1,08	19,22	16,34	9,48	92,59
1,081	19,44	16,52	9,58	92,51
1,082	19,67	16,72	9,70	0,09
1,083	19,89	16,91	9,81	92,34
1,084	20,12	17,10	9,92	92,25
1,085	20,34	17,29	10,03	92,17
1,086	20,57	17,48	10,14	92,08
1,087	20,79	17,67	10,25	92,00
1,088	21,02	17,87	10,36	91,91
1,089	21,24	18,05	10,47	91,83
1,09	21,46	18,24	10,58	91,74
1,091	21,66	18,41	10,68	91,66
1,092	21,88	18,60	10,79	91,58
1,093	22,10	18,79	10,90	91,49
1,094	22,33	18,98	11,01	91,41
1,095	22,55	19,17	11,12	91,32
1,096	22,77	19,35	11,23	91,24
1,097	22,99	19,54	11,33	91,16
1,098	23,21	19,73	11,44	91,07
1,099	23,43	19,92	11,55	90,99
1,1	23,70	20,15	11,68	90,91
1,101	23,90	20,32	11,78	90,83
1,102	24,10	20,49	11,88	90,74
1,103	24,30	20,66	11,98	90,66
1,104	24,50	20,83	12,08	90,58

(continua)

Tabela 4.1 » **Equivalência entre as determinações de maturação da uva, grau alcoólico provável do vinho e relação volume de mosto/peso de uva** *(continuação)*

Densidade	°Brix	°Babo	Álcool provável	Litros/100 kg
1,105	24,80	21,08	12,23	90,50
1,106	25,00	21,25	12,33	90,42
1,107	25,20	21,42	12,42	90,33
1,108	25,40	21,59	12,52	90,25
1,109	25,60	21,76	12,62	90,17
1,11	25,80	21,93	12,72	90,09
1,111	26,10	22,19	12,87	90,01
1,112	26,30	22,36	12,97	89,93
1,113	26,50	22,53	13,06	89,85
1,114	26,60	22,61	13,11	89,77
1,115	26,90	22,87	13,26	89,69
1,116	27,10	23,04	13,36	89,61
1,117	27,30	23,21	13,46	89,53
1,118	27,50	23,38	13,56	89,45
1,119	27,80	23,63	13,71	89,37
1,12	28,00	23,80	13,80	89,29
1,121	28,20	23,97	13,90	89,21
1,122	28,40	24,14	14,00	89,13
1,123	28,60	24,31	14,10	89,05
1,124	28,80	24,48	14,20	88,97
1,125	29,00	24,65	14,30	88,89
1,126	29,20	24,82	14,40	88,81
1,127	29,40	24,99	14,49	88,73
1,128	29,70	25,25	14,64	88,65
1,129	29,90	25,42	14,74	88,57
1,13	30,10	25,59	14,84	88,50

> » **DICA**
> As uvas para processamento têm que atingir, pelos critérios legais, no mínimo 14°Babo. No entanto, visando à elaboração de vinho de qualidade, o ideal é que superem os 20°Babo, fornecendo um vinho com mais de 11°GL sem correção.

A análise do teor de açúcar é feita coletando-se uma amostra representativa da uva, esmagando-a, separando as cascas e colocando o mosto que escorre em um recipiente (tipo proveta), em que se introduz um mostímetro de Babo. Os mostímetros são calibrados para temperaturas específicas, devendo-se levar em conta este fator para a correção do valor. Esse procedimento deve ser feito semanalmente na fase inicial da maturação.

À medida que se aproxima a época normal de colheita, as amostragens devem ser feitas a cada dois dias. Quando não for verificada alteração no teor de açúcar em três amostragens consecutivas, pode-se proceder a vindima - caso não forem levados em conta outros fatores da composição da uva.

Ao serem tomadas amostras para controlar a evolução dos teores de açúcar, também se levam amostras ao laboratório para determinar a acidez. Essa pode ser expressa em ácido tartárico, em meq/L, em ácido sulfúrico ou em pH. O teor total de ácidos da uva na mudança da cor deve estar entre 10 e 5 g/L (equivalente em ácido sulfúrico).

A avaliação mais adequada é a relação açúcar/acidez, pois a proporção entre eles é determinante para a qualidade do vinho. Diversos índices podem ser empregados. Na França, é muito usada a relação:

R = índice refratométrico/acidez total

O índice refratométrico dado por leitura no refratômetro, e acidez total é expressa em ácido sulfúrico).

Essa relação pode ser expressa utilizando a percentagem de açúcar e a acidez em g/L de ácido tartárico. No curso da maturação, o teor de açúcares aumenta de 50 g/L para até mais de 220 g/L, enquanto a acidez cai de 350 meq/L para até 80 meq/L (ou ainda menos, dependendo de vários fatores).

Algumas empresas da Serra Gaúcha utilizam o **Índice de Maturação** (IM), dado pelo quociente de açúcar em gramas por litro e acidez total em gramas por litro em ácido tartárico (IM = açúcar (g/L) / acidez total (g/L de ácido tartárico)). O aumento de açúcares nem sempre corresponde à mesma diminuição da acidez, pois são fenômenos independentes.

A concentração de açúcar está relacionada à intensidade e duração da luz solar. O ácido tartárico está relacionado com a temperatura (mais frio = mais ácido) e, sobretudo, com a água no solo (mais chuva = mais ácido). O ácido málico depende da temperatura no período de maturação, entrando em combustão quando as temperaturas são altas.

Esse acompanhamento é feito com o uso de índices de maturação, que devem ser estabelecidos para cada região, cada cultivar e cada tipo de produto. O índice utilizado na Serra Gaúcha é variável com a cultivar, tendo se verificado, em média de 10 anos (1989 a 1998), para:

- Merlot: 18,81
- Cabernet Franc: 17,65
- Cabernet Sauvignon: 15,48

A cor dos vinhos, boa parte de seu sabor e as condições para sua maturação e envelhecimento estão intimamente relacionados aos teores de polifenóis da uva. A maturação fenólica das uvas tintas é o acompanhamento dos teores e da fração

>> **ATENÇÃO**
Em geral, a qualidade da uva é maior nos anos em que se obtêm os maiores valores no índice de maturação. Bons vinhos são obtidos na Serra Gaúcha com uvas de índice 25.

>> **ATENÇÃO**
Alguns métodos para estimar a melhor época de colheita vêm sendo empregados com bons resultados. Esses métodos, porém, requerem análises de laboratório e têm que ser executados por empresas e/ou profissionais especializados.

> **DICA**
> A maturação fenólica ocorre quando o conteúdo total de pigmentos das uvas é elevado e sua extratibilidade e capacidade de difusão no vinho são boas.

> **ATENÇÃO**
> Para que os aromas naturais da uva não sejam afetados, elas devem ser desprovidas de cheiro e sabor estranho. Para isso, deve-se evitar armazená-las em local mal cuidado, bem como transportá-las em carrocerias pouco apropriadas e cobertas com lonas que exalem cheiros não desejados.

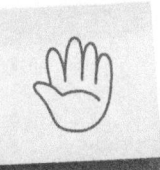

extraível dos taninos das sementes e das cascas. Também são acompanhados os teores e a extratibilidade das antocianinas durante a maturação da uva.

No ponto ideal de maturação fenólica da uva, o teor dos taninos da semente deve ser o menor possível. Para os taninos da casca, ao contrário, os teores devem ser os mais elevados possíveis, assim como os teores e a extratibilidade das antocianinas.

O acompanhamento da maturação fenólica permite testar a adaptação de cultivares às regiões e adaptar as condições de vinificação ao potencial de qualidade da uva. Também possibilita estimar a melhor época de colheita da uva tinta, visando obter a maior qualidade possível.

O conceito de maturação fenólica considera o teor total de substâncias tânicas na uva, sua estrutura e aptidão para ser extraída durante a vinificação. A determinação do conteúdo de antocianas e taninos da uva no curso da maturação permite acompanhar a evolução dessas moléculas e classificar o vinhedo (ou partes dele) conforme sua riqueza fenólica.

Uvas ricas em antocianos podem proporcionar vinhos de mais cor. Entretanto, nem sempre isso ocorre. Isso se deve ao fato de que, de acordo com as condições de maturação e características genéticas da cultivar, o potencial de extratibilidade dessas moléculas varia.

O coeficiente de extração não é constante, sendo diretamente relacionado ao nível de degradação das células da casca. Atingindo uma maturação perfeita (ou mesmo sobrematuração), a riqueza em antocianos do vinho será maior. Eventualmente, a sobrematuração causa redução dos antocianos da casca da uva.

Além das cascas, as sementes são importante fonte de polifenóis. As sementes aportam principalmente taninos (geralmente de sabor duro, amargo e desagradável) ao vinho. Se, porém, as uvas estiverem totalmente maduras (as sementes inclusive), esse aporte será mínimo (e de sabor agradável e mesmo benéfico ao vinho).

Por outro lado, com uvas sobremaduras, não há passagem de tanino algum das sementes ao vinho, que ficará pobre nesse elemento. Obviamente a uva deve ser colhida quando esteja madura e saborosa, e provida de seu aroma característico. Os aromas da uva provêm de compostos químicos que estas sintetizam. A maior parte desses é sintetizada e/ou depositada nas bagas nos últimos dias da maturação.

As bagas devem ser bem formadas, normalmente desenvolvidas, sem mistura de variedades, com maturação homogênea e coloração uniforme. No caso das uvas brancas, é tremendamente importante o seu potencial aromático. Os aromas são marcadores da qualidade nos vinhos brancos. As substâncias aromáticas provenientes da uva constituem o chamado **aroma varietal** ou **primário**, que se deve basicamente a três classes de compostos químicos naturais:

- Pirazinas
- Carotenoides
- Terpenóis

Os aromas formados durante a fermentação, pela ação de leveduras e bactérias, são chamados de **aromas secundários**. Aqueles que se formam durante o envelhecimento são os **aromas terciários** do vinho. O sabor e o aroma das uvas pode ser avaliado com degustação. Atualmente já existe uma metodologia de degustação de uvas que permite avaliar tanto a evolução dos polifenóis como a dos aromas.

Essas avaliações devem começar a partir do ponto em que a relação açúcar/acidez atinja um valor desejado. Atualmente, acompanhando a maturação da uva e com o auxílio de informações dos serviços de previsão de tempo, a data da colheita pode ser decidida mais facilmente pelo viticultor. Como cada vez que chove há uma perda qualitativa da uva, a vindima pode ser antecipada ou protelada conforme a previsão do tempo. A perda qualitativa da uva, neste caso, deve-se:

- à água que se acumula nos cachos;
- à água que entra pelas raízes e vai até as bagas diluindo seus constituintes;
- ao aumento do teor de ácido tartárico que se verifica.

A chuva também facilita as condições para o aumento da incidência de podridões do cacho. A possibilidade de manter a uva na videira em estado de sanidade ideal deve ser sempre buscada. A melhoria qualitativa que poderá advir disto está relacionada:

- à diminuição dos teores de ácido málico (o qual se decompõe pela atividade metabólica dos cachos, influenciada pela temperatura e insolação);
- à formação de aromas (que se acumulam em maior quantidade nos últimos estádios da maturação);
- à concentração de açúcar que poderá haver em função do tempo seco.

Vindima mecânica

A uva para consumo *in natura* dificilmente poderá ser colhida à máquina, pois a integridade e a aparência dos cachos são fundamentais para sua comercialização. Nas uvas para indústria de suco e de vinho, há a possibilidade de mecanização da vindima. As vantagens da colheita mecânica são o seu menor custo, nos países onde a mão de obra é cara, e a rapidez com que pode ser feita. Suas desvantagens são:

- os danos que causa à uva (muitas bagas chegam à cantina rompidas);
- a incorporação de grande quantidade de folhas e outros materiais estranhos à uva;
- a impossibilidade de fracionamento da colheita.

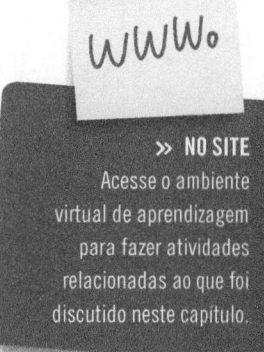

>> NO SITE
Acesse o ambiente virtual de aprendizagem para fazer atividades relacionadas ao que foi discutido neste capítulo.

Estes inconvenientes são, em parte, contornados com a execução de vindima mista. Na véspera da realização da colheita, uma equipe vai ao vinhedo e retira toda a uva que tiver problemas, sejam sanitários ou de maturação. Posteriormente, a máquina colherá toda a uva restante, que estará em boas condições.

>> RESUMO

Neste capítulo, estudamos os processos que envolvem o manejo da videira. Também vimos os sistemas de condução, as técnicas e práticas de poda e manejo de solo, bem como a avaliação da maturação e das formas de colheita da uva, último passo antes da industrialização e do consumo.

Leituras recomendadas

ABRACHEVA, P. Influence de l'enroulament (grapevine leaf roll virus) sur la teneur en certains macro et microelements des feuilles et des rameaux de la vigne. In: SIMPOSIUM INTERNATIONAL SUR LA PHYSIOLOGIE DE LA VIGNE, 1987, Paris. *Anais...* Paris: O.I.V., 1987. v. 1, p. 236-239.

AGRAN, M. K. et al. Occurrence of grapevine virus A (GVA) and other closteroviruses in tunisian grapevine affected by leafroll disease. *Vitis*, Landau, v. 29, n. 1, p. 43-48, 1990.

AHLAWAT, V. P.; YAMDAGNI, R. Effect of various levels of nitrogen and potassium application on growth, yield and petiole composition of grapes cv. perlette. *Progressive Horticulture*, Hissar, v. 20, n. 3-4, p. 190-196, 1988.

AHMEDULLAH, M.; ROBERTS, S.; KAWAKAMI, A. Effect of soil applied macro and micronutrients on the yield and quality of concord grapes. *HortScience*, Alexandria, v. 22, n. 2, p. 223-225, 1987.

ALBUQUERQUE, J. A. S.; ALBUQUERQUE, T. C. S. *Cultivo da videira na região do submédio São Francisco*. Petrolina: CPATSA; EMBRAPA, 1987. (Circular Técnica, 15).

ALBUQUERQUE, T. C. S. *Uva para exportação*: aspectos técnicos da produção. Brasília: EMBRAPA; SPI, 1996.

ALTISSIMO, A. Il prato nella gestione del vigneto. *Vignevini*, Bologna, v. 21, n. 10, p. 87-89, 1994.

ALVARENGA, L. R. *Produção de mudas de videira enxertadas no verão*. Belo Horizonte: Epamig, 1984. (Boletim Técnico, 9).

ALLEN, M. S. Effect of fruit exposure on methoxypirazine concentrations in cabernet sauvignon grapes. In: AUSTRALIAN WINE INDUSTRY TECHNOLOGY CONFERENCE, 8., 1993, Winetitles. *Proceedings...* Adelaide: Winetitles, 1993. p. 195.

ALLEWEDT, G.; SPIEGEL-ROY, P.; REISCH, B. Grapes (vitis). In: MOORE, J. N.; BALLINGTON JR., J. R. (Ed.). *Genetic resources of temperate fruit and nut crops I*. Wageningen: International Society for Horticultural Science, 1990. p. 299-327.

ALLEY, C. J. Propagation of grapevines. *California Agriculture*, Berkeley, v. 34, n. 7, p. 29-30, 1980.

AMBROSI, E. et al. *Guide des cépages*: 300 cépages et leurs vins. Paris: Eugen Ulmer, 1997.

ANDERSEN, P. C.; SIMS, C. A.; HARRISON, J. M. Influence of simulated mechanized pruning and hand pruning on yield and berry composition of vitis rotundifolia noble and welder. *American Journal of Enology and Viticulture*, Davis, v. 47, n. 3, p. 291-296, 1996.

ANGELINI, R.; ANTONACCI, D.; SCIENZA, A. (Coord.). *L'uva da tavola*. Milano: Hoelpi, 2010.

ANGELINI, R.; SCIENZA, A.; PONTI, I. (Coord.). *La vite e il vino*. Milano: Hoelpli, 2007.

ASSOCIAÇÃO DOS ENGENHEIROS AGRÔNOMOS DE SANTA CATARINA. *Guia para o controle de doenças, pragas e plantas invasoras da videira*. Videira: AEASC, 1998.

AZEVEDO FILHO, W. S. et al. *Manual de identificação de cigarrinhas em videira*. Brasília: EMBRAPA, 2012.

BADOUR, C. et al. L'essay de lute contre la carence magnesiènne. *Vigneron Champenois*, Épernay, n.7-8, p. 438-442, 1982.

BÁN, A. D. *Estudo ampelográfico das principais cultivares do Estado do Rio Grande do Sul*. Porto Alegre: Ipagro, 1979. (Boletim Técnico, 5).

BARCELLOS, F. M.; FELICIANO, A. J. Efeito do ácido giberélico no descompactamento do cacho e nas características da uva cultivar Itália (vitis vinifera L.). *Agronomia Sulriograndense*, Porto Alegre, v. 15, n. 2, p. 321-328, 1979.

BARTOLINI, G. et al. Ricerche sulla influenza dell'immersione in acqua delle talee – azione della bagnatura e della centrifugazione sulla capacità rizogena di due portinnesti di vite. *Rivista di Ortoflorofrutticoltura*, Firenze, n. 60, p. 317-322, 1976.

BAVARESCO, L. Excursus mondiale sugli ibridi produttori di vite di terza generazione resistente alle malattie. *Vignevini*, Bologna, v. 17, n. 6, p. 29-38, 1990.

BAVARESCO, L. La concimazione d'impianto del vigneto. *Vignevini*, Bologna, v. 24, n. 10, p. 42-45, 1997.

BAVARESCO, L. Terapia delle principali carenze nutrizionali della vite. *Vignevini*, Bologna, v. 18, n. 4, p. 27-31, 1991.

BAVARESCO, L.; CORAZZINA, E.; RUINI, S. Effetti del boro per via fogliare su vitigni in terreni carenti. *Vignevini*, Bologna, v. 6, n. 16, p. 45-50, 1989.

BEATTIE, J. M.; FORSHEY, C. G. A survey of the nutrient element status of concord grapes in Ohio. *Proceedings of the American Society for Horticultural Science*, St. Joseph, v. 64, p. 21-28, 1954.

BELANCIC, A. et al. Influence of sun exposure on the aromatic composition of Chilean Muscat grape cultivars moscatel de alejandría and moscatel rosada. *American Journal of Enology and Viticulture*, Davis, v. 48, n. 2, p. 181-186, 1997.

BELVINI, P. et al. Ruolo della densità d´impianto su alcuni parametri produttivi e qualitativi della vite. *Vignevini*, Bologna, v. 11, n. 6, p. 21-30, 1984.

BERNARD, A. Production et plantation de plants gréffés en pots. *France viticole*, Montpellier, n. 6, p. 181-185, 1970.

BERTONI, G.; MORARD, P. Alimentation potassique et qualité du chasselas de table. *Connaissance de la Vigne et du Vin*, Talence, v. 22, n. 2, p. 93-103, 1988.

BEYERS, E.; TERBLANCHE, J. H. Identification and control of trace elements deficiencies III: copper deficiency. *The Deciduous Fruit Grower*, Capetown, n. 21, p. 199-202, 1971.

BISSANI, C. A. et al. (Ed.). *Fertilidade dos solos e manejo da adubação de culturas*. Porto Alegre: Gênesis, 2004.

BLOUIN, J.; GUIMBERTEAU, G. *Maturation et maturité des raisins*. Bordeaux: Féret, 2000.

BOLIANI, A. C.; CORRÊA, L. S. (Ed.). *Cultura de uvas de mesa do plantio à comercialização*. Ilha Solteira: UNESP; FAESP, 2000.

BONAVIA, M. et al. Studies on corky rugose wood of grapevine and on the diagnosis of grapevine virus B. *Vitis*, Landau, v. 35 n. 1, p. 53-58, 1996.

BORGOGNO, L. et al. La maturazione dell'uva. *Vignevini*, v. 11, n. 3, p.59-65, 1984.

BOSCIA, D. et al. Identification of the agent of grapevine fleck disease. *Vitis*, Landau, n. 30, p. 97-105, 1991.

BOSCIA, D. et al. Nomenclature of leafroll-associated putative closteroviruses. *Vitis*, Landau, n. 34, p. 171-175, 1995.

BOSELLI, M. La concimazione fogliare della vite con particolare riguardo ai più importanti microelementi. *Vignevini*, Bologna, v. 10, n. 4, p. 31-34, 1983.

BOSELLI, M. La fertilizzazione fogliare della vite. *Vignevini*, Bologna, v. 17, n. 5, p. 37-43, 1990.

BOTELHO, R. V. et al. Efeitos do thiadizuron e do ácido giberélico nas características dos cachos e bagas de uvas 'niágara rosada' na região de Jundiaí SP. *Revista Brasileira de Fruticultura*, Jaboticabal, v. 25, n. 1, p. 96-99, 2003.

BOTELHO, R. V.; PIRES, E. J. P.; TERRA, M. M. Brotação e produtividade de videiras cultivar centennial seedless (vitis vinifera L.) tratadas com cianamida hidrogenada na região noroeste do estado de São Paulo. *Revista Brasileira de Fruticultura*, Jaboticabal, v. 24, n. 3, p. 611-614, 2002.

BOUBALS, D. Obtention de nouveaux porte-greffes favorables à la qualité. *Bulletin de l'O.I.V.*, Paris, v. 50, n. 555, p. 321-330, 1977.

BOULAY, H. Nutrition potassique et magnesiènne de la vigne: les effects du porte-graffe et du cépage. *Arboriculture Frutière*, Montpellier, v. 35, n. 408, p. 38-44, 1988.

BOVAY, E. Diagnostic foliaire de la vigne et action du porte-greffe sur l'alimentation du chasselas. *Revue Romande d'Agriculture, de Viticulture et d'Arboriculture*, Bucuresti, v. 15, n. 4, p. 35-37, 1959.

BOVAY, E.; GALLAY, R. Étude comparative par la méthode du diagnostic foliaire de l'alimentation de divers porte-greffes de chasselas sur deux sols différents. *Revue Romande d'Agriculture, de Viticulture et d'Arboriculture*, Bucuresti, n. 10, p. 85-88, 1956.

BRANAS, J. *Viticulture*. Montpellier: Déhan, 1974.

BRANCADORO, L. et al. Potassium content of grapevine during vegetative period: the role of the rootstock. *Journal of Plant Nutrition*. New York, v. 17, n. 12, p. 2165-2175, 1994.

BRAR, S. S.; BINDRA, A. S. Effect of plant density on vine growth, yield, fruit quality and nutrient status in perlette grapevines. *Vitis*, Landau, v. 25, p. 96-106, 1986.

BRAVO, P.; OLIVEIRA, D. *Viticultura moderna*. Coimbra: Almedina, 1974.

BRYANT, L. R.; CLORE, W. J.; WOODBRIDGE, C. G. Factors affecting yields of concord grapes and petiole composition in some vineyards in the Yakima Valley. *Proceedings of the American Society for Horticultural Science*, Saint Joseph, v. 73, p. 151-155, 1959.

BUENO, S. C. S. (Coord.). *Vinhedo paulista*. Campinas: CATI, 2010.

CALÒ, A.; MORETTI, G.; COSTACURTA, A. Aree viticole del Veneto: vitigni consigliati per nuovi impianti. Venezia: Esav, 1988. (Quaderni di divulgazione, 4).

CALÓ, A.; SCIENZA, A.; COSTACURTA, A. *Vitigni d'Italia*. Bologna: Calderini; Edagricole, 2001.

CAMARGO, U. A. *Utilização de enxertia verde na formação de plantas de videira no campo*. Bento Gonçalves: CNPUV; EMBRAPA, 1992. (Comunicado Técnico, 9).

CAMARGO, U. A. *Uvas do Brasil*. Brasília: CNPUV; EMBRAPA-SPI, 1994. (Documentos, 9).

CAMARGO, U. A.; DIAS, M. F. *Identificação varietal de algumas videiras cultivadas no Rio Grande do Sul*. Bento Gonçalves: CNPUV; EMBRAPA, 1984. (Circular Técnica, 11).

CAMARGO, U. A.; DIAS. M. F. *Identificação ampelográfica de videiras americanas e híbridas cultivadas na mrh 311*. Bento Gonçalves: CNPUV; EMBRAPA, 1986. (Circular Técnica, 12).

CAMARGO, U. A.; MAIA, J. D. G.; RITSCHEL, P. *Embrapa uva e vinho*: novas cultivares brasileiras de uva. Bento Gonçalves: EMBRAPA, 2010.

CARTABELLOTTA, D. et al. Ulteriori risultati sull'uso della idrogeno-cianamide nella viticoltura da tavola. *Rivista di Frutticoltura*, Bologna, v. 61, n. 10, p. 61-65, 1994.

CASTRO, R. A. *Plagas y enfermedades de la vid*. Madrid: Instituto Nacional de Investigaciones Agronomicas, 1965.

CATALANO, L. I nematodi vettori di virus. *Vignevini*, Bologna, v. 19, n. 5, p. 39-44, 1992.

CENCI, S. A.; CHITARRA, M. I. F. Controle da abcisão pós-colheita de uva niágara rosada (vitis labrusca L. x vinifera L.): mecanismos decorrentes da aplicação de ANA e cálcio no campo. *Revista Brasileira de Fruticultura*, Cruz das Almas, v. 16, n. 1, p. 146-155, 1994.

CIRAMI, R. *Tablegrapes for the home garden*. Adelaide: Winetitles, 1996.

CLARK, J. R. et al. Elemental analysis of grape petioles as affected by cultivar and flower cluster thinning. *Research Series – Arkansas Agricultural Experiment Station*, Clarksville, v. 421, p. 113-114, 1992.

CLARKE. P.; RAND, M. *Grapes and wines*. London: Pavilion, 2008.

CLINGELEFFER, P.; KRISTIC, M.; SOMMER, K. Production efficiency and relationships among crop load, fruit composition, and wine quality. In: ANNUAL MEETING, 50., 2001, Davis. *Proceedings...* Davis: American Society for Enology and Viticulture, 2001. p. 318-322.

COBIANCHI, D. L'analisi del terreno e delle foglie: premessa per la concimazione delle piante arboree da frutto. *Frutticoltura*, Bologna, v. 38, n. 10-11, p. 15-25, 1976.

COLUGNATI, G. et al. Strategie differenziate di nutrizione della vite. *Vignevini*, Bologna, n. 1-2, p. 19-27, 1997. (Speciale Fertilizzazione).

COLUGNATI, G. Gestione del suolo: ipotesi possibili per una moderna gestione del suolo. *Vignevini*, Bologna, v. 22, n. 5, p. 34-38, 1995.

COLUGNATI, G. Il ruolo del Boro nella nutrizione della vite. *Vignevini*, Bologna, v. 21, n. 5, p. 29-32, 1997. (Tecnica e Sperimentazione).

CONCEIÇÃO, M. A. F. *Critérios para a instalação de quebra-ventos*. Bento Gonçalves: CNPUV; EMBRAPA, 1996. (Comunicado Técnico, 18).

CONRADIE, W. J. Seasonal uptake of nutrients by chenin blanc in sand culture. I. Nitrogen. *South African Journal of Enology and Viticulture*, Stellenbosch, v. 1, n. 1, p. 59-65, 1980.

CONRADIE, W. J.; SAAYMAN, D. Effects of long-term nitrogen, phosphorus and potassium fertilization on chenin blanc vines II: leaf analyses and grape composition. *American Journal of Enology and Viticulture*, Davis, v. 40, n. 2, p. 91-98, 1989.

CONRADIE, W. J.; TERBLANCHE, J. H. *Leaf analysis of deciduous fruit trees and grape vines*: summer rainfall area. Pretoria: Department of Agricultural Technical Services, 1980.

COOMBE, B.G.; DRY, P. R. (Ed.). *Viticulture*: practices. Adelaide: Winetitles, 2006.

CORAZZINA, E. *La coltivazione della vite*. Verona: Informatore Agrario, 2007.

CORINO, L. et al. Osservazioni sulla carenza borica della vite in alcune zone del Piemonte (monferrato e langhe). *Vignevini*, Bologna, v. 17, n. 4, p. 39-49, 1990.

CORINO, L. et al. Stato nutrizionale, profilo radicale e micorrize di alcuni vitigni coltivati in ambienti del Piemonte con caratteristiche pedologiche diverse. *Rivista di Viticoltura e Enologia,* Conegliano, v. 38, n. 2, p. 67-86, 1985.

CORTESE, P.; ZERBETTO, F.; COMPAGNONI, D. Ricerche sulla protezione antioidica del vigneto secondo il criterio bloccante. *Vignevini*, Bologna, v. 16, n. 4, p. 59-64, 1989.

COSTA, G.; INTRIERI, C. Pre-harvest defoliation on grapes induced by growth regulators. *Acta Horticulturae*, Wageningen, n. 120, p. 238, 1981.

CRESPY, A. *Viticulture d´aujourd´hui*. Paris: Lavoisier, 1992.

CHAMPAGNOL, F. *Éléments de physiologie de la vigne et de viticulture generale*. Montpellier: Déhan, 1984.

CHAMPAGNOL, F. Fertilisation optimale de la vigne. *Le Progres Agricole et Viticole*, Montpellier, v. 95, n. 15-16, p. 423-440, 1978.

CHAMPAGNOL, F. Operazioni in verde e disposizione del fogliame: influenza sulla fisiologia della vite. *Vignevini*, Bologna, v. 21, n. 7-8, p. 19-23, 1994.

CHAMPAGNOL, F. Rajeunir le diagnostic foliaire. *Le Progres Agricole et Viticole*, Montpellier, v. 107, n. 15-6, p. 343-351, 1990.

CHOI, G. et al. Phytochrome signaling is mediated through nucleoside diphosphate kinase 2. *Nature*, n. 401, p. 610-613, 1999.

CHRISTENSEN, L. P. Additives don't improve zinc uptake in grapevines. *California Agriculture*, Berkeley, v. 40, n.1-2, p. 22-23, 1986.

CHRISTENSEN, L. P. Boron application in vineyards. *California Agriculture*, Berkeley, v. 40, n. 3-4, p. 17-18, 1986.

CHRISTENSEN, L. P. Seasonal changes and distribution of nutritional elements in Thompson Seedless grapevines. *American Journal of Enology and Viticulture*, Davis, v. 20, n. 3, p. 176-190, 1969.

CHRISTENSEN, L. P.; BOGGERO, J.; BIANCHI, M. Comparative leaf tissue analysis of potassium deficiency and a disorder resembling potassium deficiency in Thompson Seedlesss grapevines. *American Journal of Enology and Viticulture*, Davis, v. 41, n. 1, p. 77-83, 1990.

CHRISTENSEN, L. P.; KASIMATIS, A. N.; JENSEN, F. L. *Grapevine nutrition and fertilization in the San Joaquin Valley*. Berkeley: University of California, 1978. (Agricultural Sciences Publication).

CHRISTIE, J. M.; BRIGGS, W. R. Blue light sensing in higher plants. *Journal of Biological Chemistry*, n. 276, p. 11457-11460, 2001.

DAL BÓ, M. A. Efeito da adubação NPK na produção, qualidade da uva e nos teores foliares de nutrientes da videira. *Revista Brasileira de Fruticultura*, Cruz das Almas, v. 14, n. 2, p. 189-194, 1992.

DAL BÓ, M. A. et al. Levantamento do estado nutricional da videira em Santa Catarina por análise de solo e tecido. *Revista Brasileira de Ciência do Solo*, Campinas, v. 13, p. 335-340, 1989.

DAL BÓ, M. A.; BECKER, M. Avaliação de sistemas de manejo de solo para a cultura da uva. *Pesquisa Agropecuária Brasileira*, Brasília, v. 29, n. 2, p. 263-266, 1994.

DAVIDIS, U. X.; OLMO, H. P. The vitis vinifera x vitis rotundifolia hybrids as phylloxera resistant rootstocks. *Vitis*, Landau, v. 4, p. 129-143, 1964.

DAVIDSON, D. *The business of vineyards*. Glen Osmond: Davidson Viticultural Consultant Services, 2001.

DAVIDSON, D. The link between vineyard profitability and soils. *The Australian grapegrower and winemaker*, Adelaide, n. 356, p. 34, 1993.

DE GASPERI, A. J. *Formigas cortadeiras, espécies e medidas de controle*. Porto Alegre: Secretaria da Agricultura do Estado do Rio Grande do Sul; Departamento de Produção Vegetal, 1981.

DECHEN, A. R. *Acúmulo de nutrientes pela videira (vitis labrusca L. x vitis vinifera L.) cv. niágara rosada, durante um ciclo de vegetativo*. 1979. Dissertação (Mestrado) – Escola Superior de Agricultura Luiz de Queiroz, Universidade de São Paulo, Piracicaba, 1979.

DELAS, J. Diagnostic foliaire: aspect historique, pratique actuelle. *Progres Agricole et Viticole*, Montpellier, v. 107, n. 18, p. 399-402, 1990.

DELAS, J. Les toxicités metalliques dans les sols acides. *Le Progrès Agricole et Viticole*, Montpellier, v. 101, n. 4, p. 96-101, 1984.

DELAS, J.; POUGET, R. Action de la concentration de la solution nutritive sur quelques característiques physiologiques et technologiques chez vitis vinifera L. cv. cabernet sauvignon II: composition minérale des organes végétatifs, du moût et du vin. *Agronomie*, Paris, v. 4, n. 5, p. 443-450, 1984.

DIAS, M. F. et al. *A cultivar de videira sémillon*: características e comportamento no Rio Grande do Sul. Bento Gonçalves: Uepae de Bento Gonçalves, 1982. (Circular Técnica, 8).

DIAS, M. F.; MANDELLI, F. *A introdução de cepas de videira no Estado pela Secretaria da Agricultura do Rio Grande do Sul*. Porto Alegre: IPAGRO, 1980. (Boletim técnico, 6).

DIAS, M. F.; SUSZEK, S. A. Novas cultivares em destaque para a viticultura rio-grandense. *Agronomia Sulriograndense*, Porto Alegre, v. 14, n. 1, p. 115-126, 1978.

DORIGONI, A. et al. (Coord.). Gestione del vigneto: le alternative. *Vignevini*, Bologna, v. 19, n. 5, p. 14-36, 1992.

DOSTER, M. A.; SCHNATHORST, W. C. Comparative susceptibility of various grapevine cultivars to the powdery mildew fungus uncinula necator. *American Journal of Enology and Viticulture*, Davis, v. 36, n. 2, p. 101-104, 1985.

DRY, P. R. Factors affecting vineyard yield and yield components. *The Australian Grapegrower and Winemaker*, Adelaide, n. 278, p.12-13, 1987.

DRY, P. R. Grape sampling for maturity determination. *The Australian Grapegrower and Winemaker*, Adelaide, n. 277, p. 13, 1987.

DRY, P. R.; COOMBE, B. G. (Ed.). *Viticulture*: resources. Adelaide: Winetitles, 2008.

DUNDON, C. G.; SMART, R. E.; MCCARTHY, M. G. The effect of potassium fertilizer on must and wine potassium levels of shiraz grapevines. *American Journal of Enology and Viticulture*, Davis, v. 35, n. 4, p. 200-205, 1984.

ECCHER, T.; MARRO, M. Alcuni effetti della imbibizione, del dilavamento e delle sostanze di crescita sul radicamento e sulla respirazione delle talee di vite. *Rivista di Viticoltura ed Enologia*, Conegliano, v. 24, n. 8, p. 321-343, 1971.

ECEVIT, F. M.; ILTER, E.; KISMALI, I. Effects de certains porte-greffes américains sur la nutrition minérale de la vigne. *Bulletin de l'O.I.V.*, Paris, n. 629-630, p. 509-520, 1983.

EGGER, E.; RASPINI, L.; STORCHI, P. Gestione del suolo nel vigneto: risultati di ricerche nell'Italia centrale. *Vignevini*, Bologna, v. 22, n. 12, p. 3-7, 1995. (Supplemento Ricerca).

EMBRAPA. *Recomendações para o manejo das doenças fúngicas e insetos pragas da videira*. Porto Alegre: EMATER-RS; EMBRAPA Uva e Vinho, 2003.

ENTAV/INRA/ENSAM/ONIVINS. *Catalogue des varietés et clones de vigne cultivés en France*. Paris: Ministère de l'Agriculture, de la Pêche et de l'Alimentation; CTPS, 1995.

EPAGRI. *Normas técnicas para o cultivo da videira em Santa Catarina*. Florianópolis: Epagri, 2005. (Sistemas de Produção, 33).

EPAGRI. *Produção de mudas de videira livres dos principais vírus*. Florianópolis: EAGRI, 1993. (Documento, 146).

EPAMIG. *Viticultura tropical*. Belo Horizonte: EPAMIG, 1998.

ETOURNEAUD, F.; LOUÉ, A. Le diagnostic pétiolaire de la vigne en relation avec l'interpretation de l'analyse de sol pour le potassium et le magnésium. *Le Progres Agricole et Viticole*, Montpellier, v. 101, n. 23, p. 561-568, 1984.

FACCHINI, P.; FALCETTI, M. *Primo corso di viticoltura d'alta collina*. San Michele all'Adige: Istituto Agrario Provinciale, 1990. (Bollettino ISMA, supl. 1, v. 2).

FAJARDO, T. V. M. (Ed.). *Uva para processamento*: fitossanidade. Brasília: EMBRAPA; SPI, 2003.

FEITOSA, C. A. M. Efeitos do cppu e ga3 no cultivo de uva Itália na região do submédio São Francisco, nordeste do Brasil. *Revista Brasileira de Fruticultura*, Jaboticabal, v. 24, n. 2, p. 348-353, 2002.

FERRARO OLMOS, R. *Viticultura moderna*. Montevideo: Hemisfério Sur, 1984. 2 v.

FILIPPETTI, I. et al. Effeti della potatura corta e lunga sulla sincronizzazione fenologica e sul comportamento vegetativo e produttivo della cv. sangiovese (V.vinifera L). *Vignevini*, Bologna, v. 18, n. 12, p. 41-46, 1991.

FORTES, J. F. *Calda sulfocálcica*: preparo caseiro e utilização. Pelotas: CNPFT; EMBRAPA, 1992. (Documentos, 43).

FORTUSINI, A.; PONTIROLI, R.; BELLI, G. Nuovi dati e osservazioni sulla flavescenza dorata della vite nell'Oltrepó pavese. *Vignevini*, v. 15, n. 3, p. 67-69, 1988.

FRACARO, A. A.; BOLIANI, A. C. Efeito do ethephon em videira rubi (vitis vinifera L.), cultivada na região noroeste do estado de São Paulo. *Revista Brasileira de Fruticultura*, Jaboticabal, v. 23, n. 3, p. 510-512, 2001.

FRÁGUAS, J. C. Diagnose foliar para videira. *Revista Brasileira de Fruticultura*, Cruz das Almas, v. 14, n. 1, p. 235-239, 1992.

FRÁGUAS, J. C. Diagnose nutricional da videira, através de balanços percentuais para N, P, K, Ca e Mg. *Ciência e Agrotecnologia*, Lavras, v. 22, n. 1, p. 42-46, 1998.

FRÁGUAS, J. C. Efeito do alumínio no comprimento de raízes e na absorção de fósforo e cálcio, em porta-enxertos de videira. *Revista Brasileira de Ciência do Solo*, Campinas, v. 17, p. 251-255, 1993.

FRÁGUAS, J. C. et al. *Calagem e adubação para a videira e fruteiras de clima temperado*. Belo Horizonte: EPAMIG, 2002. (Boletim Técnico, 65).

FRÁGUAS, J. C. et al. *Diagnóstico nutricional da videira*: recomendações para coleta de tecido foliar. Belo Horizonte: EPAMIG, 2002. (Boletim Técnico, 63).

FRÁGUAS, J. C. et al. *Videira*: preparo, manejo e adubação do solo. Belo Horizonte: Epamig, 2002. (Boletim Técnico, 64).

FRÁGUAS, J. C. *Tolerância a níveis de saturação de alumínio por porta-enxertos de videira (vitis spp.)*. 1984. 103 f. Tese (Doutorado) – Universidade Federal de Viçosa, Viçosa, 1984.

FRÁGUAS, J. C. *Tolerância de porta-enxertos de videira ao alumínio trocável do solo*. Bento Gonçalves: CNPUV; EMBRAPA, 1992. (Comunicado técnico, 10).

FRASCHINI, P. Nuovi portainnesti americani di vite resistenti ai nematodi. *Vignevini*, Bologna, v. 17, n. 4, p. 30-32, 1990.

FREEMAN, B. M. At the root of the vine. *The Australian grapegrower and winemaker*, Adelaide, n. 232, p. 59-64, 1983. (Annual Technical Issue).

FREGONI, M. Ecosistemi viticoli ed invecchiamento dei vini. *Vignevini*, v. 12, n. 1-2, p. 27-32, 1985.

FREGONI, M. Esigenze di elementi nutritivi in viticoltura. *Vignevini*, Bologna, v. 11, n. 11, p. 7-13, 1984.

FREGONI, M. et al. Influence de la carence ou de l'exces de fer apporté par voie foliaire sur la composition minérale et biochimique, et sur les parametres de la production de vignes chlorotiques. *Connaissance de la Vigne et du Vin*, Talence, v. 18, n. 2, p. 95-110, 1984.

FREGONI, M. L'importanza del boro nella nutrizione della vite. *Vignevini*, Bologna, v. 4, n. 6-7, p. 35-37, 1977.

FREGONI, M. L'ingegneria genetica si propone come innovazione biotecnologica nel miglioramento genetico della vite. *Vignevini*, Bologna, v. 16, n. 10, p. 15, 1989.

FREGONI, M. La cee prudente sulla coltivazione degli ibridi. *Vignevini*, Bologna, v. 17, n. 12, p. 17-23, 1990.

FREGONI, M. Lineamenti per la programmazione e la riconversione della viticoltura. *Vignevini*, Bologna, v. 3, n. 11, p. 23-32, 1981.

FREGONI, M. *Nutrizione e fertilizzazione della vite*. Bologna: Edagricole, 1980.

FREGONI, M. Progettare il vigneto per vini di qualitá. *Vignevini*, v. 27, n. 11, p.75-80, 2000.

FREGONI, M. Vademècum sulle carenze e tossicità degli elementi meso e micronutritivi della vite. *Vignevini*, Bologna, v. 9, n. 3, p. 19-25, 1982.

FREGONI, M. *Viticoltura di qualità*. Verona: Phytoline, 2005.

FREGONI, M. *Viticoltura generale*. Roma: Reda, 1985.

FREGONI, M.; BAVARESCO, L. Il rame nel terreno e nella nutrizione della vite. *Vignevini*, Bologna, v. 11, n. 5, p. 37-49, 1984.

FREGONI, M.; BAVARESCO, L. Recherches sur la nutrition de la vigne dans les sols acides en Italie. *Le progres agricole et viticole*, Montpellier, v. 101, n. 3, p. 64-72, 1984.

FREGONI, M.; BAVARESCO, L. Sperimentazione quadriennale di una forma di allevamento a lyra modificata nel piacentino. *Vignevini*, Bologna, v. 19, n. 3, p. 41-46, 1992.

FREGONI, M.; FRASCHINI, P. Concimazione dell uva da tavola. *Vignevini*, Bologna, v. 16, n. 10, p. 27-31, 1989.

FREGONI, M.; SCIENZA, A. Aspetti della micronutrizione di alcune zone viticole italiane. *Vignevini*, Bologna, v. 3, n. 1, p. 5-8, 1976.

FREGONI, M.; SCIENZA, A. Consumi di elementi minerali dei principali vitigni del Trentino. *Annali della Facultà di Agraria*, Piacenza, v. 1, n. 1-2, p. 168-177, 1971.

FREGONI, M.; SCIENZA, A. Ruolo degli oligo-elementi nella regolazione dell'accrescimento vegetativo de della fruttificazione (produttività e qualità) della vite: problemi diagnostici. *Vignevini*, Bologna, v. 5, n. 8, p. 7-18, 1978.

FURNESS, G. Herbicide application in vineyards. *The Australian grapegrower and winemaker*, Adelaide, n. 343, p. 32, 1992. (Weed Control 1992).

GALET, P. *Cépages et vignobles de France*: l'ampélographie française. Montpellier: Déhan, 1990.

GALET, P. *Cépages et vignobles de France*: les vignes américaines. Montpellier: Déhan, 1988.

GALET, P. *Les maladies et les parasites de la vigne*. Montpellier: Paysin du Midi, 1977. V. I.

GALET, P. *Les maladies et les parasites de la vigne:* les parasites animaux. Montpellier: Déhan, 1982.

GALET, P. *Précis d'ampélographie pratique*. Montpellier: Déhan, 1971.

GALET, P. *Précis de pathologie viticole*. Montpellier: Déhan, 1991.

GALET, P. *Précis de viticulture*. Montpellier: Déhan, 1993.

GALLO, D. et al. *Manual de entomologia agrícola*. São Paulo: Ceres, 1978.

GALLO, J. R.; OLIVEIRA, A. S. Variações sazonais na composição mineral de folhas de videira e efeitos do porta-enxerto e da presença de frutos. *Bragantia*, Campinas, v. 19, p. 883-889, 1960.

GALLO, J. R.; RIBAS, W. C. Análise foliar de diferentes combinações enxerto-cavalo, para dez variedades de videira. *Bragantia*, Campinas, v. 21, p. 397-410, 1962.

GALLOTTI, G. J. M. Avaliação da resistência de Vitis spp. a fusarium oxysporum f. sp. herbemontis. *Fitopatologia Brasileira*, Campinas, v. 6, n. 1, p. 74-77, 1991.

GALLOTTI, G. J. M.; GRIGOLETTI JR., A. *Doenças fúngicas da videira e seu controle no Estado de Santa Catarina.* Florianópolis: EMPASC, 1990. (Boletim Técnico, 51).

GALLOTTI, G. J. M.; GRIGOLETTI JR., A. Fusariose da videira. *Hortisul*, Pelotas, v. 2, n. 1, p. 37-39, 1992.

GARAU, R. et al. On the possible relationship between kober stem grooving and grapevine virus A. *Vitis*, Landau, v. 33, n. 3, p. 161-163, 1994.

GIAMBELLI, A. Impiego integrato di mezzi agronomici, chimici e meccanici nella gestione del terreno in viticoltura. *Vignevini*, Bologna, v. 17, n. 4, p. 17-21, 1990.

GIL, G. F.; PSZCZÓLKWSKI, P. *Viticultura*: fundamentos para optimizar producción y calidad. Santiago: Ediciones Universidad Católica de Chile, 2007.

GIORGESSI, F.; CALÒ, A.; COSTACURTA, A. Indagine per la ricerca dei livelli nutritivi degli elementi fogliari, in una zona viticola del veronese (valpolicella). *Rivista di Viticoltura ed Enologia*, Conegliano, v. 48, n. 1, p. 21-37, 1991.

GIOVANNINI, E. *Estado nutricional de vinhedos de cabernet sauvignon na Serra Gaúcha.* 1995. 109 f. Dissertação (Mestrado) – Universidade Federal do Rio Grande do Sul, Porto Alegre, 1995.

GIOVANNINI, E. A utilização de ervilhaca em solos de vinhedos no Rio Grande do Sul. *Hortisul*, Pelotas, v. 3, n. 4, p. 29-33, 1996.

GIOVANNINI, E. Caracterização climática de quatro localidades do Rio Grande do Sul para a viticultura. *Hortisul*, Pelotas, v. 3, n. 4, p. 34-43, 1996.

GIOVANNINI, E. et al. Estudo comparativo de três metodologias de diagnose nutricional para a videira. *Pesquisa Agropecuária Gaúcha*, Porto Alegre, v. 7, n. 1, p. 41-48, 2001.

GIOVANNINI, E. et al. Extração de nutrientes pela videira cv. Cabernet Sauvignon na Serra Gaúcha. *Pesquisa Agropecuária Gaúcha*, Porto Alegre, v. 7, n. 1, p. 27-40, 2001.

GIOVANNINI, E. *Produção de uvas para vinho, suco e mesa.* Porto Alegre: Renascença, 2004.

GIOVANNINI, E. Toxidez por cobre em vinhedos. *Pesquisa Agropecuária Gaúcha*, Porto Alegre, v. 3, n. 2, p. 115-117, 1997.

GIOVANNINI, E. *Uva agroecológica*. Porto Alegre: Renascença, 2001.

GIOVANNINI, E. *Viticultura*: gestão para qualidade. Porto Alegre: Renascença, 2004.

GIOVANNINI, E.; RISSO, A. Caracterização das regiões ecoclimáticas do Rio Grande do Sul para a viticultura. In: CONGRESO LATINOAMERICANO DE VITICULTURA Y ENOLOGÍA, 8., 2001, Montevideo. *Publicaciones Técnicas*... Montevideo: INAVI; AEU, 2001. 1 CD– ROM.

GIOVANNINI, E.; RISSO, A. Macrozoneamento do Rio Grande do Sul para a viticultura. In: CONGRESSO BRASILEIRO DE AGROMETEOROLOGIA, 12., 2001, Fortaleza, *Anais...* Fortaleza: SBA, 2001. p. 327-328.

GISHEN, M.; BOWES, L. Development of a quality assurance starter kit for the grape and wine industry In: ASVO SEMINAR – QUALITY MANAGEMENT IN VITICULTURE, 1996, Adelaide. *Proceedings...* Adelaide: Australian Society of Viticulture and Oenology, 1996. p. 39-40.

GIULIVO, C. et al. Effetti della tecnica colturale del terreno sullo stato nutritivo e sull'apparato radicale della vite. *Rivista di Viticoltura ed Enologia*, Conegliano, v. 41, n. 8-9, p. 335-350, 1988.

GLADSTONES, J. *Viticulture and environment.* Adelaide: Winetitles, 1992.

GLIESSMAN, S. R. *Agroecologia*: processos ecológicos em agricultura sustentável. Porto Alegre: UFRGS, 2000.

GOBBATO, C. *Manual do viti-vinicultor brasileiro.* Porto Alegre: Globo, 1931.

GOHEEN, A. C. Grape leafroll. In: In: FRAZIER, N. W. (Ed). Virus diseases of small fruits and grapevines. Berkeley: University of California; Division of Agricultural Sciences, 1970. p. 209-212.

GOLDY, R. G. Breeding muscadine grapes. *Horticultural Reviews*, New York, v. 14, p. 357-405, 1992.

GOLINO, D. A.; SIM, S. T.; ROWHANI, A. Transmission studies of grapevine leafroll associated virus and grapevine corky bark associated virus by the obscure mealybug.

American Journal of Enology and Viticulture, Davis, v. 46, n. 3, p. 408, 1995.

GRASSO, S. Infezioni di Fusarium oxysporum e di cylindrocarpon destructans associate a una moria di giovani piante di vite in Sicilia. Informatore Fitopatologico, Bologna, v. 1, p. 59-63, 1984.

GRIBAUDO, I.; SCHUBERT, A. Le biotecnologie nel miglioramento genetico della vite. Vignevini, Bologna, v. 16, n. 10, p. 37-40, 1989.

GRIGOLETTI JR., A. Fusariose da videira: caracterização, variabilidade do Fusarium oxysporum f.sp. herbemontis e fontes de resistência em vitis spp. 1985. 76 f. Tese. (Doutorado) – Universidade Federal de Viçosa, Viçosa, 1985.

GRIGOLETTI JR., A. Fusariose da videira: resistência de cultivares, sintomas e controle. Bento Gonçalves: CNPUV; EMBRAPA, 1993. (Circular Técnica, 18).

GRIGOLETTI JR., A. Tratamento de inverno em videiras. Hortisul, Pelotas, v.1, n.1, p.10-13, 1989.

GRIGOLETTI JR., A.; KUHN, G. B. Considerações sobre alguns fungicidas sistêmicos e recomendações sobre seu uso no controle do míldio da videira. Bento Gonçalves: UEPAE; EMBRAPA, 1984. (Comunicado Técnico, 2).

GRIGOLETTI JR., A.; SÔNEGO, O. R. Controle químico da escoriose da videira (Phomopsis viticola). Bento Gonçalves: CNPUV; EMBRAPA, 1993. (Boletim de Pesquisa, 5).

GRIGOLETTI JR., A.; SÔNEGO, O. R. Principais doenças fúngicas da videira. Bento Gonçalves: CNPUV; EMBRAPA, 1993. (Circular Técnica, 17).

GROW, C. Undervine mulch made simple: grow your own. The Australian grapegrower and winemaker, Adelaide, n. 343, p. 33, 1992. (Weed Control 1992).

GUERRA, M. S. Receituário caseiro: alternativas para o controle de doenças e pragas de plantas cultivadas e de seus produtos. Brasília: EMBRATER, 1985. (Informações Técnicas, 7).

GULLINO, M. L. Modalità d'intervento e resistenza ai fungicidi. Vignevini, Bologna, v. 21, n. 9, p. 49-54, 1994.

HAESELER, C. W. et al. Response of mature vines of vitis labrusca L. cv. concord grapes to application of phosphorus and potassium to the soil over an eight-year span in Pennsylvania. American Journal of Enology and Viticulture, Davis, v. 31, n. 3, p. 237-244, 1980.

HALL, D. O.; RAO, K. K. Fotossíntese. São Paulo: E.P.U.; EDUSP, 1980.

HEGWOOD, C. P. et al. Establishment and maintenance of muscadine vineyards. Mississippi: Mississippi Agricultural & Forestry Experimental Station; Misssissippi State University; Mississippi Cooperative Extension Service, 1987. (Bulletin, 913).

HELLMANN, H.; ESTELLE, M. Plant development: regulation by protein degradation. Science, n. 297, p. 793-797, 2002.

HERNANDEZ, A. El cultivo de la viña y la calidad del vino. In: JORNADAS LATIINOAMERICANAS DE VITICULTURA Y ENOLOGIA, 3., 1988, Mendoza. Anais... Mendoza: Instituto Nacional de Vitivinicultura, 1988.

HICKEL, E. R. Pragas da videira e seu controle no Estado de Santa Catarina. Florianópolis: EPAGRI, 1996. (Boletim Técnico, 77).

HICKEL, E. R.; SCHUCK, E. Vespas e abelhas atacando a uva no Alto Vale do Rio do Peixe. Agropecuária Catarinense, Florianópolis, v. 8, n. 1, p. 38-40, 1995.

HIDALGO, L. F. C. Tratado de viticultura general. Madrid: Mundi-prensa, 2002.

HIDALGO, L. F. C.; HIDALGO, J. T. Tratado de viticultura. Madrid: Mundi-prensa, 2011. t. 1-2.

HIMELRICK, D. G. Growth and nutritional responses of nine grape cultivars to low pH soil. Hortscience, Alexandria, v. 26, n. 3, p. 269-271, 1991.

HIROCE, R.; GALLO, J. R.; RIBAS, W. C. Efeitos de dez diferentes cavalos de videira na composição foliar da copa da cultivar Seibel 2. Bragantia, Campinas, v. 29, n. 5, p. 21-24, 1970.

HOAD, G. V. Fruit. In: THOMAS, T. H. (Ed.). Plant growth regulator potential and practice. Cryodon: TSCPC, 1982.

HU, J. S.; GONSALVES, D.; TELIZ, D. Characterization of closterovirus-like particles associated with grapevine leafroll disease. Journal of Phytopathology, Saint Paul, n. 128, p. 1-14, 1990.

HUGLIN, P.; SCHNEIDER, C. *Biologie et écologie da la vigne*. Paris: Lavoisier, 1998.

HUNTER, J. J.; ARCHER, E. Long-term cultivation strategies to improve grape quality. In: CONGRESO LATINOAMERICANO DE VITICULTURA Y ENOLOGÍA, 8., 1999, Montevideo. *Anais...* Montevideo: [s.n.], 1999.

HUNTER, J. J.; ARCHER, E. Short-term cultivation strategies to improve grape quality. In: CONGRESO LATINOAMERICANO DE VITICULTURA Y ENOLOGÍA, 8., 1999, Montevideo. *Anais...* Montevideo: [s.n.], 1999.

IACONO, F. Orientamenti per l'impianto razionale di un vigneto. *Vignevini*, Bologna. v. 15, n. 1-2, p. 27-30, 1988.

INGLEZ DE SOUSA, J. S. *Uvas para o Brasil*. Piracicaba: FEALQ, 1996.

INGLEZ DE SOUSA, J. S.; MARTINS, F. P. *Viticultura brasileira*. Piracicaba: FEALQ, 2002.

INTERNATIONAL SYMPOSIUM ON CLONAL SELECTION, 1995, Portand. *Proceedings...* Portand: ASEV, 1995.

INTRIERI, C. Le nuove proposte francesi per la viticoltura di qualitá: marcia indietro sull'alta densitá di impianto. *Vignevini*, v. 18, n. 3, p. 13-14, 1991.

INTRIERI, C.; FILIPPETTI, I. Planting density and physiological balance: comparing approaches to European viticulture in the 21st century. In: ANNUAL MEETING, 50., 2001, Davis. *Proceedings...* Davis: American Society for Enology and Viticulture, 2001. p. 296-308.

JACKSON, D. *Monographs in cool climate viticulture*: 1 pruning and training. Thorndon: Daphne Brassell Associates, 2001.

JACKSON, D. *Monographs in cool climate viticulture*: 2 climate. Thorndon: Daphne Brassell Associates, 2001.

JACKSON, D.; SCHUSTER, D. *The production of grapes and wines in cool climates*. Wellington: Gypsum & Daphne Brassel, 2001.

JACKSON, R. S. *Wine science*: principles, practice, perception. London: Academic, 2000.

JANAT, M. M. et al. Grape response to phosphorus fertilizer: petiole to blade P ratio as a guide for fertilizer application. *Communications on Soil Science and Plant Analysis*, New York, v. 21, n. 9-10, p. 667-686, 1990.

JOHNSTONE, R. Specifying grape flavour. In: ASVO SEMINAR – QUALITY MANAGEMENT IN VITICULTURE, 1996, Adelaide. *Proceedings...* Adelaide: Australian Society of Viticulture and Oenology, 1996. p. 7-9.

KELLER, M. *The science of grapevines*: anatomy and physiology. Amsterdam: Elsevier, 2010.

KENDRICK, R. E.; FRANKLAND, B. *Fitocromo e crescimento vegetal*. São Paulo: EDU/USP, 1981.

KERRIDGE, G.; ANTCLIFF, A. *Winegrape varieties of Australia*. Adelaide: Winetitles; CSIRO, 1999.

KERRIDGE, G.; GACKLE, A. *Vines for wines*. Collingwood: CSIRO, 2005.

KIMURA, P. H.; OKAMOTO, G.; HIRANO, K. Effects of gibberellic acid and streptomycin on pollen germination and ovule and seed development in muscat bailey A. *American Journal of Enology and Viticulture*, Davis, v. 47, n. 2, p. 152-156, 1996.

KISHINO, A. Y.; CARVALHO, S. L. C.; ROBERTO, S. R. (Ed.). *Viticultura tropical*: o sistema de produção do Paraná. Londrina: IAPAR, 2007.

KLIEWER, W. M. *Grapevine physiology*: how does a grapevine make sugar? Berkeley: USDA Cooperative Extension Service; University of California Press, 1981. (Leaflet, 21231).

KLIEWER, W. M.; SMART, R. E. Canopy manipulation for optimizing vine microclimate, crop yield and composition of grapes. In: MANIPULATING OF FRUIT, 47., 1989, London. *Proceedings ...* London: Easter School Agricultural Science Symposium, 1989. p. 275-291.

KRIEDEMANN, P. E. Photosynthesis in vine leaves as a function of light intensity, temperature and leaf age. *Vitis*, Landau, v. 7, p. 213-220, 1968.

KUHN, G. B. (Ed.). *Uva para processamento produção*. Brasília: EMBRAPA; SPI, 2003.

KUHN, G. B. et al. *O cultivo da videira:* informações básicas. Bento Gonçalves: CNPUV; EMBRAPA, 1996. (Circular Técnica, 10).

KUHN, G. B. Identificação, incidência e controle do vírus do enrolamento da folha da videira no Estado do Rio Grande do Sul. *Fitopatologia Brasileira*, Campinas, v. 14, n. 3-4, p. 220-226, 1989.

KUHN, G. B. Intumescimento dos ramos da videira (corky bark), doença constatada no Rio Grande do Sul. *Fitopatologia Brasileira*, Campinas, v. 17, n. 4, p. 399-406. 1992.

KUHN, G. B. Manchas das nervuras da folha da videira (vitis spp.), doença constatada no Rio Grande do Sul. *Fitopatologia Brasileira*, Campinas, v. 17, n. 4, p. 435-440, 1992.

KUHN, G. B. *Morte de plantas de videira (vitis spp) devido à ocorrência de fungos causadores de podridões radiculares e doenças vasculares*. Bento Gonçalves: UEPAE; EMBRAPA, 1981. (Circular Técnica, 6).

KUHN, G. B. *Necrose das nervuras e manchas das nervuras da folha da videira, doenças que ocorrem de forma latente nos vinhedos do Rio Grande do Sul*. Bento Gonçalves: CNPUV; EMBRAPA, 1996. (Circular Técnica, 19).

KUHN, G. B. Necrose das nervuras, doença que ocorre de forma latente na maioria das cultivares de videira no Rio Grande do Sul. *Fitopatologia Brasileira*, Campinas, v. 19, n. 1, p. 79-83, 1994.

KUHN, G. B. *Principais doenças consideradas de origem viral que ocorrem nos vinhedos do Rio Grande do Sul*. Bento Gonçalves: CNPUV; EMBRAPA, 1992. (Circular Técnica, 16).

KUHN, G. B. *Seleção sanitária da videira*. Bento Gonçalves: UEPAE; EMBRAPA, 1981. (Circular Técnica, 7).

KUHN, G. B.; BORBA, C. S. *Influência da eliminação de gemas e profundidade de plantio sobre o enraizamento de estacas de porta-enxertos de videira*. Bento Gonçalves: UEPAE; EMBRAPA, 1996. (Boletim de Pesquisa, 7).

KUHN, G. B.; MANÇO, G. R. *Eficiência de tratamentos à base de produtos sistêmicos no controle do míldio da videira*. Bento Gonçalves: UEPAE; EMBRAPA, 1982. (Boletim de Pesquisa, 1).

KUNIYUKI, H.; COSTA, A. S. Incidência de vírus da videira em São Paulo. *Fitopatologia Brasileira*, Campinas, v. 12, n. 3, p. 240-245, 1987.

KUNIYUKI, H.; COSTA, A. S. Mosaico das nervuras, uma virose da videira em São Paulo. *Summa Phytopathologica*, São Paulo, v. 20, n. 3-4, p. 152-157, 1994.

LANGGAKE, P.; LOWELL, P. A. Light and electron microscopial studies of the infection of vitis spp. by plasmopara viticola, the downy mildew pathogen. *Vitis*, Landau, v. 19, p. 321-337, 1980.

LAVÍN, A. A. Problemas de brotación y niveles de boro en tejidos de cuatro cultivares de vitis vinifera L. *Agricultura Técnica*, Santiago, v. 44, n. 1, p. 93-94, 1984.

LAVÍN, A. A.; VALENZUELA, B. J. Fuentes y dosis de nitrógeno aplicadas sobre vides cv. Pedro Jiménez, bajo secano V.: efectos sobre el contenido de N-Total y N-NO$_3$, en brotes y raíces, en cuatro estadios fenológicos. *Agricultura Técnica*, Santiago, v. 47, p. 10-14, 1987.

LAVIOLA, C. Prime asservazioni sulla biologia di plasmopara viticola (Berk et. Curt) Berl. et De Toni in Puglia. *Annali della Facoltà di Agraria*, v. 18, p. 141-195, 1964.

LEÃO, P. C. S. Comportamento de cultivares de uva sem sementes no submédio São Francisco. *Revista Brasileira de Fruticultura*, Jaboticabal, v. 24, n. 3, p. 734-737, 2002.

LEÃO, P. C. S.; ASSIS, J. S. Efeito do ethephon sobre a coloração e qualidade da uva red globe no vale do São Francisco. *Revista Brasileira de Fruticultura*, Jaboticabal, v. 21, n. 1, p. 84-87, 1999.

LEÃO, P. C. S.; PEREIRA, F. M. Estudo da brotação e da fertilidade das gemas de cultivares de uvas sem sementes nas condições tropicais do vale do submédio São Francisco. *Revista Brasileira de Fruticultura*, Jaboticabal, v. 23, n. 1, p. 30-34, 2001.

LEÃO, P. C. S.; SOARES, J. M. (Ed.). *A viticultura no semi-árido brasileiro*. Petrolina: Embrapa Semi Árido, 2000.

LIMA, M. F. *Cancro bacteriano da videira, causado por xantomonas campestris pv viticola*: epidemiologia e manejo. Petrolina: EMBRAPA, 2000. (Circular Técnica, 54).

LINTON, G. R.; WALL, P. J. Customer quality issues and international wine markets. In: ASVO SEMINAR – QUALITY MANAGEMENT IN VITICULTURE, 1996, Adelaide. *Proceedings...* Adelaide: Australian Society of Viticulture and Oenology, 1996. p. 3-4.

LODER, M. A.; MARKIDES, A. J. Downy mildew: general principles of disease management. *The Australian Grapegrower and Winemaker*, Adelaide, n. 232, p. 45-49, 1983.

LONG, J. *Vignes et vignobles*. Paris: Hachete, 1979.

LORDELLO, L. G. E. *Nematóides de plantas cultivadas*. São Paulo: Nobel, 1968.

LOUÉ, A. Étude des liaisons entre le diagnostic foliaire et l'analyse du sol dans le traitement d'une enquete sur la nutrition de la vigne. In: COLLOQUE INTERNATIONAL SUR LE CONTROLE DE L'ALIMENTATION DES PLANTES CULTIVÉES, 4., 1976, Belgique. *Comptes redues...* Belgique: [s.n.], 1976. v. 31, p. 255-268.

LOVATEL, J. L. Práticas culturais que podem determinar uma melhor qualidade da uva. In: ENCONTRO DE VITICULTURA, 1980, Caxias do Sul. *Anais...* Caxias do Sul: FETAG; Sindicato dos Trabalhadores Rurais de Caxias do Sul, 1980. p. 22-35.

MACGREGOR, A. Verification of product quality: agrochemical residues. In: ASVO SEMINAR – QUALITY MANAGEMENT IN VITICULTURE, 1996, Adelaide. *Anais...* Adelaide: Australian Society of Viticulture and Oenology, 1996. p. 36-38.

MACRAE, I. The management of shallow and potentially unstable soils. *Australian and New Zealand Wine Industry Journal*, Adelaide, v. 6, n. 1, p. 32-34, 1991.

MACHADO, P. L. O. A. *Considerações gerais sobre a toxicidade do alumínio nas plantas*. Rio de Janeiro: CNPS; EMBRAPA, 1997. (Documentos, 2).

MAGALHÃES, A. C. N. Fotossíntese. In: FERRI, M. G. (Coord.). *Fisiologia vegetal*. São Paulo: EPU; EDUSP, 1985. p. 117-166.

MALAVOLTA, E. Absorção e transporte de íons. In: FERRI, M. G. (Coord.). *Fisiologia vegetal*. São Paulo: EPU; EDUSP, 1985. p. 77-96.

MALAVOLTA, E. *Manual de química agrícola*: nutrição de plantas e fertilidade do solo. São Paulo: Ceres, 1976.

MALAVOLTA, E.; VITTI, G. C.; OLIVEIRA, S. A. *Avaliação do estado nutricional das plantas*: princípios e aplicações. Piracicaba: Associação Brasileira para Pesquisa da Potassa e do Fósforo, 1989.

MARAIS, P. G. Infection of table grapes by *Botrytis cinerea*. *Deciduous Fruit Grower*, Capetown, v. 35, n. 5, p. 166-170, 1985.

MARENGHI, M. (Ed.). *Manuale di viticoltura*: impianto, gestione e difesa del vigneto. Bologna: Edagricole, 2007.

MARSON, P. *Concentração e extração de nutrientes em diferentes partes da videira cv. concord*. 1992. 119 f. Dissertação (Mestrado) – Universidade Federal do Rio Grande do Sul, Porto Alegre, 1992.

MARTELLI, G. P. Grapevine degeneration. *Handbook for detection and diagnosis*. Rome: FAO; ICSVVDG, 1993. p. 37-44.

MARTINEZ DE TODA, F. *Biologia de la vid*: fundamentos biológicos de la viticultura. Madrid: Mundi-prensa, 1991.

MARTÍNEZ DE TODA, F. *Claves de la viticultura de calidad*. Madrid: Mundi-prensa, 2011.

MARTINEZ GARCIA, J. F.; HUQ, E.; QUAIL, P. H. Direct targeting of light signals to a promoter element-bound transpiration factor. *Science*, n. 288, p. 859-863, 2000.

MARTÍNEZ, R. et al. *Prácticas integradas de viticultura*. Madrid: Mundi-prensa; Vicente Madrid, 2001.

MASHIMA, C. H. *Uva sem semente*. Recife: SEBRAE PE, 2000. (Agricultura, 14).

MATOS, C. S. et al. *Cultivares de uva em Santa Catarina*. Florianópolis: EMPASC, 1984. (Boletim técnico, 12).

MATOS, C. S.; SCHUCK, E. Controle de pragas na videira. *Agropecuária Catarinense*, Florianópolis, v. 1, n. 2, p. 12-14, 1988.

MAZZALI, E. Il rapporto potassio:magnesio nel disseccamento del rachide. *Vignevini*, Bologna, v. 18, n. 4, p. 33-35, 1991.

MEDEIROS, C. A. B. Fungos micorrízicos e sua utilização em horticultura. *Hortisul*, Pelotas, v. 2, n. 4, p. 5-11, 1992.

MIELE, A. et al. Efeito do vírus-do-enrolamento-da-folha na composição mineral do pecíolo e do limbo da videira Cabernet Franc. *Pesquisa Agropecuária Brasileira*, Brasília, v. 22, n. 11-12, p. 1151-1155, 1987.

MIELE, A.; DALL'AGNOL, I. Efeito da cianamida hidrogenada na quebra de dormência da videira cv. trebbiano submetida a dois tipos de poda. *Revista Brasileira de Fruticultura*, Cruz das Almas, v. 16, n. 1, p. 156-165, 1994.

MIRAVALLE, R. La nutrizione minerale della vite in rapporto alla tecnica di gestione del suolo del vigneto. *Vignevini*, Bologna, v. 16 n. 4, p. 37-42, 1989.

MORANDO, A. et al. Vite e rame. *Vignevini*, Bologna, v. 24, n. 7-8, p. 53-57, 1997.

MORANDO, A. *Materiali e tecniche per l'impianto del vigneto*. Calosso: Vit.En., 1994.

MORANDO. A.; GUERCIO, P. La peronospora della vite. *Vignevini*, Bologna, v. 11, n. 4, p. 33-48, 1984.

MORETTI, G. (Coord.). Vitigni e cloni d'Italia: catalogo cloni 2002/2003. *Vignevini*, Bologna, v. 29, n. 12, p. 26-102, 2002.

MORETTI, G.; ANACLERIO, F. Influenza della sfemminellatura sul portinnesto 1103P. *Vignevini*, Bologna, v. 21, n. 6, p. 27-30, 1994.

MORETTI, G.; ANACLERIO, F. La stanchezza del terreno a barbatellaio. *Vignevini*, Bologna, v. 22, n. 5, p. 45-49, 1995.

MORETTI, G.; CALÒ, A.; COSTACURTA, A. *Aree viticole del Veneto*: vitigni per nuovi impianti. Venezia: Veneto Agricoltura, 2000.

MORETTI, G.; DA DALT, E. Costi di produzione del legno di portinnesto con alcuni sistemi di allevamento. *Vignevini*, Bologna, v. 15, n. 11, p. 55-58, 1988.

MORLAT, R. et al. Influence de la densité de plantation et du mode d'entretien du sol sur l'alimentation minérale de la vigne. *Connaissance de la Vigne et du Vin*, Talence, v. 18, n. 2, p. 83-94, 1984.

MORLAT, R. Influence du mode d'entretien du sol sur l'alimentation en eau de la vigne en Anjou. Conséquences agronomiques. *Agronomie*, Paris, v. 7, p. 183-191, 1987.

MORRIS, J. R. et al. Effects of cultivar, maturity, cluster thinning and excessive potassium fertilization on yield and quality of Arkansas wine grapes. *American Journal of Enology and Viticulture*, Davis, v. 38, n. 4, p. 260-264, 1987.

MORRIS, J. R.; CAWTHON, D. L.; FLEMING, J. W. Effects of high rates of potassium fertilization on raw product quality and changes in pH and acidity during storage of concord grape juice. *American Journal of Enology and Viticulture*, Davis, v. 31, n. 4, p. 323-328, 1980.

MORTON, L. The myth of the universal rootstock. *Wines & vines*, San Rafael, v. 66, n. 2, p. 34, 1985.

MOUTOUS, G.; HEVIN, M. Transmission expérimentale de la maladie de l'écorce liégeuse de la vigne, corky bark, par la cicadelle scaphoideus littoralis ball (homoptera jassidae). *Agronomie*, Paris, v. 6, n. 4, p. 387-392, 1986.

MULLINS, M. G.; BOUQUET, A.; WILLIAMS, L. E. *Biology of the grapevine*. Cambridge: Cambridge University, 1996.

MURAKAMI, K. R. N. et al. Caracterização fenológica da videira cv. Itália (vitis vinifera L.) sob diferentes épocas de poda na região norte do estado do Rio de Janeiro. *Revista Brasileira de Fruticultura*, Jaboticabal, v. 24, n. 3, p. 615-617, 2002.

MURPHY, F. A. et al. Virus taxonomy. In: REPORT OF THE INTERNATIONAL COMMITEEE ON TAXONOMY OF VIRUSES, 6., 1995, Vienna. *Anais...* Vienna: Springer Verlag, 1995. p. 461-464.

NAGAO, A. et al. Effects of gibberellic acid spraying on peduncle elongation of riesling berry clusters. *American Journal of Enology and Viticulture*, Davis, v. 48, n. 1, p. 126, 1997.

NASCIMENTO, A. R. P.; MASHIMA, C. H.; LIMA, M. F. *Cancro bacteriano*: nova doença no submédio São Francisco. Petrolina: EMBRAPA, 2000. (Circular Técnica, 58).

NATT, C. Effect of slow release iron fertilizers on chlorosis in grape. *Journal of Plant Nutrition*, New York, v. 15, n. 10, p. 1891-1912, 1992.

NIELSEN, G. H.; STEVENSON, D. S.; GEHRINGER, A. The effect of NPK fertilization on element uptake, yield and fruit composition of Foch grapes in British Columbia. *Canadian Journal of Plant Science*, Ottawa, v. 67, p. 511-520, 1987.

NODA, M. et al. Utilization of a growth regulator on grapevines under espalier training. *American Journal of Enology and Viticulture*, Davis, v. 48, n. 1, p. 126, 1997.

NOGUEIRA PUJOL, J. *Viticultura práctica*. Madrid: Dilagro, 1972.

NOGUEIRA, D. J. P. et al. Diagnóstico foliar com recursos aos balanços percentuais. *Ciência e Prática*, Lavras, v. 16, n. 1, p. 25-30, 1992.

NORTHOVER, J. Infection sites and fungicidal prevention of botrytis cinerea bunch rot of grapes in Ontario. *Canadian Journal of Plant Pathology*, Ottawa, v. 9, n. 2, p. 129-136, 1987.

NUCLEO DI PREMOLTIPLICAZIONE DELLE VENEZIE. *Catalogo dei cloni*. Mezzolombardo: NPVV, 2000.

OFFICE INTERNATIONAL DE LA VIGNE ET DU VIN. *Liste internationale des varietés de vigne et leurs synonymes*. Paris: O.I.V., 2000.

OLIEN, W.C. The muscadine grape: botany, viticulture, history and current industry. *Hortscience*, Alexandria, v. 25, n. 7, p. 732-739, 1990.

OLIVEIRA, F. Z. *Viabilidade de utilização da escova plástica, associada ou não a outras práticas, no desbaste de uva Itália no Vale do São Francisco*. 1990. 86 f. Dissertação (Mestrado) – Faculdade de Ciências Agronômicas, Universidade Estadual Paulista, Jaboticabal, 1990.

O'REILLY, H. J. *Armillaria root rot of deciduous fruits, nuts and grapevines*. Davis: Agricultural Extension Service, 1963. (Circular, 525).

OVER DE LINDEN, A. J.; CHAMBERLAIN, V. Effect of grapevine leafroll virus on vine growth and fruit yield and quality. *New Zealand Journal of Agricultural Research*, Auckland, v. 13, p. 689-698, 1970.

PARADELA, F. O. et al. Eutypa lata agente causador do declínio da videira no estado de São Paulo. *Summa Phytopathologica*, São Paulo, v. 19, n. 2, p. 86-89, 1993.

PARSONS, D. C.; EATON, G. W. Nutrient content of the petioles of some grape cultivars in British Columbia. *Canadian Journal of Plant Science*, Ottawa, v. 60, p. 873-877, 1980.

PASSOS, L. P. Resposta da videira cv. merlot a cinco épocas de enxertia. *Pesquisa Agropecuária Brasileira*, Brasília, v. 16, n. 6, p. 845-849, 1981.

PASSOS, L. P.; TRINTIN, P. L. Influência da desbrota na produtividade e na qualidade dda uva Isabel. *Pesquisa Agropecuária Brasileira*, Brasília, v. 17, n. 6, p. 859-864, 1982.

PASTENA, B. Azione rizogena di alcune sostanze in talee di vite americane -- terza nota: le vitamine A, B_1, B_2, B_6, B_{12} e C. *Rivista di Viticoltura ed Enologia*, Conegliano, v. 27, n. 5, p. 197-205, 1974.

PASTENA, B.; BRISCIANA, G. La stanchezza dei terreni vitati ed il reimpianto dei vigneti. *Vignevini*, Bologna, v. 18, n. 6, p. 27-28, 1991.

PEARSON, R. C.; GOHEEN, A. C. (Ed.). *Compendium of grape diseases*. Saint Paul: American Phytopathological Society, 1988.

PEDRO JR.; M. J. et al. Efeito do uso de quebra-ventos nas produtividade da videira niágara rosada. *Revista Brasileira de Agrometeorologia*, Santa Maria, v. 6, n. 1, p. 75-79, 1998.

PEGORARO, O.; GIOVANNINI, E. Avaliação de sistemas de aplicação de cianamida hidrogenada sobre a brotação e a fertilidade das gemas da cultivar Itália (vitis vinifera L.) na região do submédio São Francisco. In: CONGRESSO BRASILEIRO DE VITICULTURA E ENOLOGIA, 10., 2003, Bento Gonçalves. *Anais...* Bento Gonçalves: EMBRAPA, 2003. p. 199.

PENNA, N. G.; DAUDT, C. E.; DURANTE, E. C. Minerais de *Vitis vinifera* cultivadas na fronteira do Rio Grande do Sul. *Ciência Rural*, Santa Maria, v. 23, n. 1, p. 81-85, 1993.

PEREIRA, F. N. et al. Pegamento, desenvolvimento e extração de macronutrientes de cinco diferentes porta--enxertos de videira. *Bragantia*, Campinas, v. 35, n. 11, p. 47-54, 1976.

PETRI, J. L. et al. *Dormência e indução da brotação de fruteiras de clima temperado*. Florianópolis: EPAGRI, 1996. (Boletim Técnico, 75).

PEYNAUD, E. *Conhecer e trabalhar o vinho*. Lisboa: Livros Técnicos e Científicos, 1982.

PEZET, R.; PONT, V. Infection florale et latence de Botrytis cinerea dans les grapes de vitis vinifera (cv. gamay). *Revue Suisse de Vitivulture Arboriculture Horticulture*, Nyon, v. 18, n. 5, p. 317-322, 1986.

PIMENTEL, O. P. *Poda da videira e particularidades para o Rio Grande do Sul*. Porto Alegre: UFRGS; Faculdade de Agronomia, 1962.

PIRES, E. J. P. Emprego de reguladores de crescimento em viticultura tropical. *Informe Agropecuário*, Belo Horizonte, v. 19, n. 194, p. 40-43, 1998.

PISANI, P. L.; DI COLLALTO, G. Prospettive di riduzione della manodopera per la potatura invernale della vite in Toscana. *Vignevini*, Bologna, v. 15, n. 10, p. 41-46, 1988.

POLATO, F. La produzione di gemme innestabili. *Vignevini*, Bologna, v. 22, n. 5, p. 41-43, 1995.

POMMER, C. V. (Ed.). *Uva tecnologia de produção*: pós--colheita, mercado. Porto Alegre: Cinco Continentes, 2003.

POMMER, C. V. et al. Streptomycin-induced seedlessness in the grape cultivar Rubi (Italia Red). *American Journal of Enology and Viticulture*, Davis, v. 47, n. 3, p. 340-342, 1996.

POMMER, C. V. et al. *Variedades de videira para o Estado de São Paulo*. Campinas: IAC, 1997. (Boletim Técnico, 166).

POMMER, C. V. Uva. In: FURLANI, A. M. C.; VIEGAS, G. P. (Ed.). *O melhoramento de plantas no Instituto Agronômico*. Campinas: Instituto Agronômico de Campinas, 1993. V. 1. p. 489-524.

PONI, S.; ARGNANI, P. Le potatrici per il vigneto. *Vignevini*, Bologna, v. 15, n. 10, p. 33-40, 1988.

PONI, S.; VOLPELLI, P. Gradienti vegetativi dei germogli di vite in rapporto alla posizione dei capi a frutto. *Vignevini*, Bologna, v. 15, n. 1-2, p. 59-64, 1988.

POPOLI, F. Prezzi differenziati delle uve per premiare la qualitá. *Vignevini*, v. 11, n. 10, p. 48-50, 1984.

PRATT, C. *Anatomia reprodutiva em videiras cultivadas*: uma revisão. Mossoró: Ufersa, 2012.

PRATT, C. Vegetative anatomy of cultivated grapes: a review. *American Journal of Enology and Viticulture*, Davis, v. 25, n. 2, p. 131-150, 1974.

PROVIS, B. Light pruning for greater profit. *The Australian Grapegrower and Winemaker*, Adelaide, n. 346, p. 37-41, 1992.

QUAIL, P. H. et al. Phytocromes: photosensory perception and signal transduction. *Science*, n. 268, p. 675-680, 1995.

REGINA, M. A. et al. (Ed.). *Viticultura e enologia*: atualizando conceitos. Caldas: EPAMIG; FECD, 2002.

REGINA, M. A. Produção e certificação de mudas de videira na França 2: técnica de produção de mudas pela enxertia de mesa. *Revista Brasileira de Fruticultura*, Jaboticabal, v. 24, n. 2, p. 590-596, 2002.

REGINA, M. A. Produção e certificação de mudas de videira na França 1: situação atual da produção. *Revista Brasileira de Fruticultura*, Jaboticabal, v. 24, n. 2, p. 586-589, 2002.

REICHARDT, K. A água: absorção e translocação. In: FERRI, M. G. (Coord.). *Fisiologia vegetal*. São Paulo: EPU; EDUSP, 1985.

RETAMALES, A. J.; RAZETO, M. B. Efecto de altos niveles de nitrógeno en parrón de vid cv. sultanina. *Agricultura Técnica*, Santiago, v. 45, n. 1, p. 53-56, 1985.

REYNER, A. *Manuel de viticulture*. Paris: Lavoisier, 1997.

RILEY, L. Load parameters at the winery Weighbridge. In: ASVO SEMINAR – QUALITY MANAGEMENT IN VITICULTURE, 1996, Adelaide. *Anais...* Adelaide: Australian Society of Viticulture and Oenology, 1996. p. 5-6.

RIO GRANDE DO SUL. Secretaria da Agricultura e Abastecimento. *Macrozoneamento agroecológico e econômico do estado do Rio Grande do Sul*. Porto Alegre: Secretaria da Agricultura e Abastecimento; Centro Nacional de Pesquisa do Trigo, 1994. 2 v.

ROBERTO, S. R. et al. Antecipação da maturação da uva rubi produzida fora de época no noroeste do estado do Paraná. *Revista Brasileira de Fruticultura*, Jaboticabal, v. 24, n. 3, p. 780-782, 2002.

ROBINSON, J. B.; NICHOLAS, P. R.; MCCARTHY, J. R. A comparison of three methods of tissue analysis for assessing the nutrient status of plantings of vitis vinifera in a irrigated area in South Australia. *Australian Journal of Experimental Agriculture and Animal Husbandry*, Melbourne, v. 18, p. 294-300, 1978.

ROBINSON, J.; Harding, J.; VOUILLAMOZ, J. Wine grapes. New York: Harper Collins, 2012.

ROBINSON, J. *Guide to wine grapes*. Oxford: Oxford University, 1996.

ROLLIN, H.; MERIAUX, S.; BOUBALS, D. Sur l'irrigation de la vigne dans le midi de la France. *Le progrès agricole et viticole*, Montpellier, v. 98, n. 9, p. 447-459, 1981.

ROMBOUGH, L. *The grape grower*: a guide to organic viticulture. White River Junction: Chelsea Green, 2002.

ROSCIGLIONE, B. et al. Mealybug transmission of grapevine virus A. *Vitis*, Landau, v. 22, p. 331-347, 1983.

ROSIER, J. P. *Manual de elaboração de vinho para pequenas cantinas*. Florianópolis, EPAGRI, 1995.

ROYO, D. B; SOLA, J. D. Papel del hierro (Fe) en la vid. *Viticultura y Enología Profesional*, Barcelona, v. 8 n. 3, p. 60-61, 1990.

RUHL, E. H.; FUDA, A. P.; TREEBY, M. T. Effect of potassium, magnesium and nitrogen supply on grape juice composition of riesling, chardonnay and cabernet sauvignon vines. *Australian Journal of Experimental Agriculture*, East Melbourne, v. 32, n. 5, p. 645-649, 1992.

RYSER, J. P.; AERNY, J.; MURISIER, F. Fumure potassique de la vigne et acidité du vin. *Revue Suisse de Viticulture d'Arboriculture et d'Horticulture*, Nyon, v. 21, n. 5, p. 319-323, 1989.

RYUGO, K. *Fruit culture*: its science and art. New York: John Wiley, 1988.

SALES, L. A. B. *Bioecologia e controle da mosca das frutas sul-americana*. Pelotas: CPACT; EMBRAPA, 1995.

SANHUEZA, R. M. V.; SÔNEGO, O. R. *Descrição e recomendações de manejo da fusariose da videira (fusarium oxysporum f.sp. herbemontis)*. Bento Gonçalves: CNPUV; EMBRAPA, 1993. (Comunicado Técnico, 12).

SANHUEZA, R. M. V.; SÔNEGO, O. R.; MARCANTONI, G. E. S. *Botrytis cinerea, mofo cinzento da videira*. Bento Gonçalves: CNPUV; EMBRAPA, 1996. (Comunicado Técnico, 20).

SCHUCK, E. Efeitos de reguladores de crescimento sobre o peso dos cachos, bagas e maturação da uva de mesa, cv. vênus. *Revista Brasileira de Fruticultura*, Cruz das Almas, v. 16, n. 1, p. 295-306, 1994.

SCHUCK, E.; SILVA, A. L.; CRESTANI, O. A. *Seleção e controle sanitário da videira em Santa Catarina para viroses e anomalias similares*. Florianópolis: EMPASC, 1988. (Boletim Técnico, 42).

SHAULIS, N.; AMBERG, H.; CROWE, D. Response of concord grapes to light, exposure and Geneva Double Courtain training. *Proceedings of the American Society for the Horticultural Science*, Alexandria, v. 89, p. 268-280, 1966.

SHAULIS, N.; KIMBALL, K. The association of nutrient composition of concord grape petioles with deficiency symptoms, growth, and yield. *Proceedings of the American Society for Horticultural Science*, Saint Joseph, v. 68, p. 141-156, 1956.

SHIKHAMANY, S. D. Physiology and cultural practices to produce seedless grapes in tropical environments. In: CONGRESSO BRASILEIRO DE VITICULTURA E ENOLOGIA, 9., 1999, Bento Gonçalves. *Anais...* Bento Gonçalves: EMBRAPA, 1999. p. 43-48.

SILVA, A. L.; FACHINELLO, J. C.; MACHADO, A. A. Efeito do ácido indolilbutírico na enxertia e enraizamento da videira. *Pesquisa Agropecuária Brasileira*, Brasília, v. 21, n. 8, p. 865-871, 1986.

SILVESTRONI, O.; INTRIERI, C.; PONI, S. Dinamica della funzionalità fogliare e rilievi ecofisiologici in alcune forme di allevamento della vite. *Rivista di Frutticoltura*, Bologna, v. 61, n. 10, p. 25-36, 1994.

SIMON. J. L et al. *Viticulture*. Paris: Payot Lausanne, 1977.

SIMTH, S. et al. Viticultural and enological implications of leaf removal for New Zealand vineyards. In: INTERNATIONAL SYMPOSIUM ON COOL CLIMATE VITICULTURE AND ENOLOGY, 2., 1988, Auckland. *Proceedings ...* Auckland: New Zealand Society for Viticulture – Enology, 1988. p. 127-133.

SKINNER, P. W.; MATTHEWS, M. A. A novel interaction of magnesium translocation with the supply of phosphorus to roots of grapevine (vitis vinifera L.). *Plant, Cell and Environment*, Rockville, v. 13, n. 8, p. 821-826, 1987.

SKINNER, P. W.; MATTHEWS, M. A.; CARLSON, R. M. Phosporus requirements of wine grapes: extractable phosphate of leaves indicates phosporus status. *Journal of the American Society for Horticultural Science*, Alexandria, v. 112, n. 3, p. 449-454, 1987.

SMART, R. Aspects of water relations of the grapevine (vitis vinifera). *American Journal of Enology and Viticulture*, Davis, v. 25, n. 1, p. 84-91, 1974.

SMART, R. Canopy management: current developments in Australia. *The Australian Grapegrower and Winemaker*, Adelaide, n. 354, p. 17-28, 1993.

SMART, R. E. Aspects of water relations of the grapevine (vitis vinifera). *American Journal of Enology and Viticulture*, Davis, v. 25, n. 1, p. 84-91, 1974.

SMART, R. E.; SMITHE, S. M.; WINCHESTER, R. V. Light quality and quantity effects on fruit ripening for cabernet sauvignon. *American Journal of Enology and Viticulture*, Davis, v. 39, p. 250-258, 1988.

SMART, R. et al. Canopy management to improve yield and wine quality: principles and practices. *South African Journal of Enology and Viticulture*, Stellenbosch, v. 11, n. 1, p. 3-17, 1990.

SMART, R. Principles of canopy management. *The Australian Grapegrower and Winemaker*, Adelaide, n. 319, p. 14-15, 1990.

SMART, R.; ROBINSON, M. *Sunlight into wine*. Adelaide: Winetitles, 1991.

SMITH, C. B.; FLEMING, H. K.; POORBAUGH, H. J. The nutritional status of concord grape vines in Erie County, Pennsylvania as indicated by petiole and soil analyses. *Proceedings of the American Society for Horticultural Science*, Saint Joseph, v. 70, p. 189-196, 1957.

SOARES, J. M.; LEÃO, P. C. S. (Ed.). *A vitivinicultura no semiárido brasileiro*. Brasília: Embrapa Informação Tecnológica; Petrolina: Embrapa Semi-árido, 2009.

SOMERS, T. (Coord.). *Grapevine management guide 1996-1997*. Maitland: New South Wales Agriculture, 1997.

SÔNEGO, O. R. *Associação do tratamento de inverno com pulverizações, durante a brotação, para o controle da antracnose da videira*. Bento Gonçalves: CNPUV; EMBRAPA, 1998. (Comunicado Técnico, 29).

SÔNEGO, O. R. *Avaliação de porta-enxertos de videira frente à fusariose, em condições de campo*. Bento Gonçalves: CNPUV; EMBRAPA, 1998. (Comunicado Técnico, 28).

SÔNEGO, O. R. *Considerações sobre o controle do míldio da videira*. Bento Gonçalves: CNPUV; EMBRAPA, 1998. (Comunicado Técnico, 27).

SÔNEGO, O. R.; GARRIDO, L. R.; CZERMAINSKI, A. B. C. *Avaliação do fosfito de potássio no controle do míldio da videira*. Bento Gonçalves: Embrapa Uva e Vinho, 2003. (Boletim de Pesquisa e Desenvolvimento, 11).

SÔNEGO, O. R.; GRIGOLETTI JR.; ZARPELON, S. L. *Eficácia de fungicidas no controle da antracnose da videira*. Bento Gonçalves: CNPUV; EMBRAPA, 1996. (Boletim de Pesquisa, 8).

SORIA, S. J. V. *A mosca das frutas e seu controle*. Bento Gonçalves: UEPAE; EMBRAPA, 1985. (Comunicado Técnico, 3).

SORIA, S. J. V.; GALLOTTI, B. J. *O margarodes da videira eurhizococcus brasiliensis (homoptera: margariodidae): biologia, ecologia e controle, no sul do Brasil*. Bento Gonçalves: CNPUV; EMBRAPA, 1986. (Circular Técnica, 13).

SOUZA, V. C.; LORENZI, H. *Botânica sistemática*. Nova Odessa: Plantarum, 2005.

SOYER, J. P. et al. Vineyard cultivation techniques, potassium status and grape quality. In: CONGRESS OF THE EUROPEAN SOCIETY FOR AGRONOMY, 2., 1992, Wellesbourne. *Proceedings...* Wellesbourne: [s.n.], 1992. p. 308-309.

SPAYD, S. E. et al. Nitrogen fertilization of white riesling in Washington: effects on petiole nutrient concentration, yield, yield components, and vegetative growth. *American Journal of Enology and Viticulture*, Davis. v. 44, n. 4, p. 378-386, 1993.

SPEZIA, G. Forbici automatiche per la potatura invernale del vigneto. *Vignevini*, Bologna, v. 16, n. 11, p. 27-29, 1989.

SPEZIA, G. Tecniche per il trattamento del suolo. *Vignevini*, Bologna, v. 18, n. 3, p. 33-37, 1991.

SPIERS, J. M.; BRASWELL, J. H. Nitrogen rate and source affects leaf elemental concentration and plant growth in muscadine grapes. *Journal of Plant Nutrition*, New York, v. 16, n. 8, p. 1546-1554, 1993.

STACEY, I. Importance of keeping vineyards weed free. *The Australian Grapegrower and Winemaker*, Adelaide, n. 343, p. 42, 1992. (Weed Control 1992).

SUAREZ, L. C. Lucha contra el Mildiu y estaciones de aviso. *Agricultura*, Madrid, v. 47 n. 549, p. 55-58, 1978.

SWANEPOEL, J. J.; HUNTER, J. J.; ARCHER, E. The effect of trellis systems on the performance of vitis vinifera L. cvs. sultanina and chenel in the lower Orange River region. *South African Journal of Enology and Viticulture*, Stellenbosch, v. 11, n. 2, p. 59-66, 1990.

TABLINO, L. I parametri della maturazione – quali controlli per l'uva? *Vignevini*, v. 29, n. 9, p. 48-54, 2002.

TAGLIAVINI, M.; STEFFENS, D.; PELLICONI, F. La carenza di potassio nei vigneti della Romagna. *Vignevini*, Bologna, v. 23, n. 4, p. 41-46, 1996.

TAN, S.; CRABTREE, G. D. Competition between perennial ryegrass sod and chardonnay wine grapes for mineral nutrients. *Hortscience*, Alexandria, v. 25, n. 5, p. 533-535, 1990.

TERRA, M. M.; PIRES, E. J. P.; NOGUEIRA, N. A. M. *Tecnologia para a produção de uva Itália na região noroeste do Estado de São Paulo*. Campinas: Coordenadoria de Assistência Técnica Integral, 1993. (Documento Técnico, 97).

TIZIO, C. Manejo de canopia en vid, su influencia en la producción y composición de frutos. In: JORNADAS LATINOAMERICANAS DE VITICULTURA Y ENOLOGIA, 3., 1988, Mendoza. *Anais...* Mendoza: Instituto Nacional de Vitivinicultura, 1988.

TOCCHETTO, A. *Moléstias da videira e controle*. Porto Alegre: Secretaria da Agricultura; SIDA, 1967.

TONIETTO, J. Diagnóstico nutricional das videiras Isabel e Concord através da análise foliar. *Revista Brasileira de Fruticultura*, Cruz das Almas, v. 16, n. 1, p. 185-194, 1994.

TONIETTO, J.; CARBONNEAU, A. Análise mundial do clima das regiões vitícolas e de sua influência sobre a tipicidade dos vinhos. IN: CONGRESSO BRASILEIRO DE VITICULTURA E ENOLOGIA, 9., 1999, Bento Gonçalves. *Anais...* Bento Gonçalves: Embrapa Uva e Vinho, 1999. p. 75-90.

TONIETTO, J.; MIELE, A.; SILVEIRA JR., P. O ácido giberélico no desenvolvimento de bagas sem sementes de uva Isabel. *Pesquisa Agropecuária Brasileira*, Brasília, v. 18, n. 4, p. 381-386, 1983.

TRIPOLI, L. M.; MEUSA, J. L. Desenvolvimento do fruto em algumas cultivares de videira no Rio Grande do Sul. *Agronomia Sulriograndense*, Porto Alegre, v. 17, n. 2, p. 305-339, 1981.

TRUCHOT, R. et al. Variations des concentrations de zinc, cuivre et manganèse dans le raisin. *Annales des Falsifications et de l'Expertise Chimique*, Paris, v. 72, n. 771, p. 15-24, 1979.

VALENTI, L.; PIROVANO, S.; MANNINO, M. La dinamica dell'azoto nella vite. *Vignevini*, Bologna, v. 24, n. 6, p. 48-50, 1997.

VALENZUELA, B. J.; RUIZ, S. R. Condiciones ambientales asociadas a la utilización del K por vides cv. sultanina. *Agricultura Técnica*, Santiago, v. 39, n. 3, p. 82-86, 1979.

VALLI, R.; CORRADI, C. *Viticoltura*: técnica, qualità, ambiente. Bologna: Edagricole, 2004.

VELIKSAR, S. G. et al. Iron content in grape tissue when supplied with iron-containing compounds. *Journal of Plant Nutrition*, New York, v. 18, n. 1, p. 117-125, 1995.

VERCESI, A. Fertilizzazione e fertilizzanti del vigneto. *Vignevini*, Bologna, v. 23, n. 9, p. 47-54, 1996.

VERCESI, A. Osservazioni sulla sensibilità varietale al mal dell'esca della vite. *Vignevini*, Bologna, v. 15, n. 4, p. 55-58, 1988.

VIEZZER, H. P. O.; FRÁGUAS, J. C.; SINSKI, I. Adsorção de boro em solos sob vinhedos na Serra Gaúcha. *Bragantia*, Campinas, v. 54, n. 1, p. 187-191, 1995.

WALTER, B.; MARTELLI, G. P. Selezione sanitaria e selezione genetica. *Vignevini*, Bologna, v. 23, n. 10, p. 53-59, 1996.

WEAVER, R. *Grape growing*. New York: John Wiley, 1976.

WEAVER, R. J. *Plant growth substances in agriculture*. San Francisco: W. H. Freeman, 1972.

WERMELINGER, B.; BAUMGARTNER, J. Application of a demographic crop growth model: an explorative study on the influence of nitrogen on grapevine performance. *Acta Horticulturae*, Wageningen, v. 276, p. 113-121, 1990.

WESTPHALEN, S. J. Análise dos critérios dos zoneamentos para viticultura do Rio Grande do Sul e Santa Catarina. In: ENCONTRO DE ATUALIZAÇÃO VITIVINÍCOLA, 5., 1980, Bento Gonçalves. *Anais*... Bento Gonçalves: FERVI, 1980.

WESTPHALEN, S. J. Bases ecológicas para determinação de regiões de maior aptidão vitícola no Rio Grande do Sul. In: SIMPÓSIO LATINO AMERICANO DE LA UVA Y DEL VINO, 1977, Montevideo. *Anais*... Montevideo: Ministerio de Industria y Energía, 1977. V. 1. p. 89-101. (Cuaderno técnico).

WHITE, R. E. *Understanding vineyard soils*. Oxford: University, 2009.

WINKLER, A. J. et al. *General viticulture*. Berkeley: University of California, 1974.

WOLF, T. K.; POOL, R. M. Effects of rootstock and nitrogen fertilization on the growth and yield of Chardonnay grapevines in New York. *American Journal of Enology and Viticulture*, Davis, v. 39, n. 1, p. 29-37, 1988.

WOLF, T. *The mid-atlantic winegrape grower's guide*. Blacksbourgh: Department of Agronomy; Virginia Polytechnic Institute and State University, 2001.

ZAFFIGNANI, F. L'inerbimento del vigneto. *Vignevini*, Bologna, v. 17, n. 6, p. 19-22, 1990.

ZAMBONI, M. (Coord.). Operazioni al verde sulla vite. *Vignevini*, Bologna, v. 24, n. 6, p. 31-48, 1997.

ZAMBONI, M. et al. Influenza della carica di gemme e della lughezza di potatura sulla produttività e sull'agostamento del vitigno croatina. *Vignevini*, Bologna, v. 18, n. 12, p. 51-55, 1991.

ZAMBONI, M. I portainnesti della vite: scelta in funzione degli aspetti nutrionali. *Vignevini*, Bologna, v. 15, n. 5, p. 35-39, 1988.

ZAMBONI, M.; IACONO, F. Influenza dell'interazione tra concimazione potassica, portainnesto e terreno sulle caratteristiche del mosto di viti allevate in vaso. *Vignevini*, Bologna, v. 16, n. 9, p. 37-41, 1989.

ZANUZ, M. C.; RIZZON, L. A.; KUHN, G. B. Efeito da virose do enrolamento da folha na composição química do vinho cabernet franc. *Revista Brasileira de Fruticultura*, Cruz das Almas, v. 14, n. 3, p. 219-226, 1992.

ZOECKLEIN, B. W. et al. Effect of fruit zone leaf thinning on total glycosides and selected aglycone concentrations of riesling (vitis vinifera L.) grapes. *American Journal of Enology and Viticulture*, Davis, v. 49, n. 1, p. 35-43, 1998.

ZOECKLEIN, B. W. et al. Effect of fruit zone removal on total glycoconjugates and conjugate fraction concentration of riesling and chardonnay (vitis vinifera L.) grapes. *American Journal of Enology and Viticulture*, Davis, v. 49, n. 3, p. 259-265, 1998.